U0286014

计算机技术开发与应用丛书

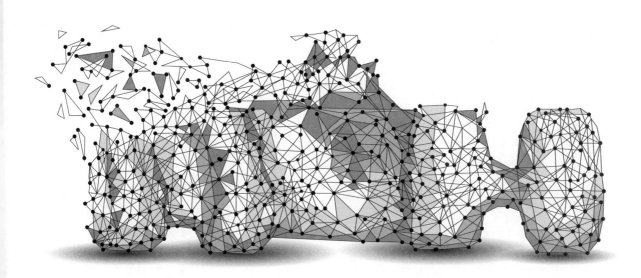

Autodesk Inventor 2022

快速入门与深入实战 微课视频版

邵为龙　冯元超　高纯◎编著

清华大学出版社

北京

内 容 简 介

本书针对零基础的读者，循序渐进地介绍了使用 Inventor 进行机械设计的相关内容，包括 Inventor 概述、Inventor 软件的安装、软件的工作界面与基本操作设置、二维草图设计、零件设计、钣金设计、装配设计、模型的测量与分析、工程图设计等。

为了能够使读者更快地掌握该软件的基本功能，在内容安排上，书中结合大量的案例对 Inventor 软件中一些抽象的概念、命令和功能进行讲解；在写作方式上，本书结合软件真实的操作界面、真实的对话框、操控板和按钮进行具体讲解，这样就可以让读者直观、准确地操作软件进行学习，从而尽快入手，提高读者的学习效率；另外，本书的案例都是根据国内外著名公司的培训教案整理而成，具有很强的实用性。

本书内容全面，条理清晰、实例丰富、讲解详细、图文并茂，可以作为广大工程技术人员学习 Inventor 的自学教材和参考书，也可作为大中专院校学生和各类培训学校学员的 Inventor 课程上课或者上机练习素材。

本书附赠书中所有的范例文件及练习素材，以及与本书全程同步的视频讲解，方便读者学习。

本书封面贴有清华大学出版社防伪标签，无标签者不得销售。

版权所有，侵权必究。举报：010-62782989，beiqinquan@tup.tsinghua.edu.cn。

图书在版编目（CIP）数据

Autodesk Inventor 2022 快速入门与深入实战：微课视频版 / 邵为龙，冯元超，高纯编著. —北京：清华大学出版社，2023.3
   （计算机技术开发与应用丛书）
   ISBN 978-7-302-61658-0

Ⅰ.①A…　Ⅱ.①邵…　②冯…　③高…　Ⅲ.①机械设计—计算机辅助设计—应用软件　Ⅳ.①TH122

中国版本图书馆 CIP 数据核字（2022）第 145421 号

责任编辑：赵佳霓
封面设计：吴　刚
责任校对：郝美丽
责任印制：沈　露

出版发行：清华大学出版社
　　　　　网　　　址：http://www.tup.com.cn，http://www.wqbook.com
　　　　　地　　　址：北京清华大学学研大厦 A 座　　　邮　　编：100084
　　　　　社　总　机：010-83470000　　　　　　　　　邮　　购：010-62786544
　　　　　投稿与读者服务：010-62776969，c-service@tup.tsinghua.edu.cn
　　　　　质量反馈：010-62772015，zhiliang@tup.tsinghua.edu.cn
　　　　　课件下载：http://www.tup.com.cn，010-83470236
印　装　者：三河市铭诚印务有限公司
经　　销：全国新华书店
开　　本：186mm×240mm　　印　张：25.75　　字　　数：582 千字
版　　次：2023 年 3 月第 1 版　　　　　　　印　　次：2023 年 3 月第 1 次印刷
印　　数：1~2000
定　　价：99.00 元

产品编号：095305-01

前 言
PREFACE

Inventor 是美国 Autodesk 公司推出的一款三维可视化实体模拟软件，已推出最新版本 AIP 2022。Autodesk Inventor Professional 包括 Autodesk Inventor 三维设计软件，基于 AutoCAD 平台开发的二维机械制图和详图软件 AutoCAD Mechanical，还加入了用于缆线和线束设计、管道设计及 PCB IDF 文件输入的专业功能模块，以及由业界领先的 ANSYS 技术支持的 FEA 功能，可以直接在 Autodesk Inventor 软件中进行应力分析。在此基础上，集成的数据管理软件 Autodesk Vault 用于安全地管理进展中的设计数据。

Autodesk Inventor 产品系列正在改变传统的 CAD 工作流程：因为简化了复杂三维模型的创建，工程师可专注于设计的功能实现；通过快速创建数字样机，并利用数字样机来验证设计的功能，工程师在投产前更容易发现设计中的错误；Inventor 能够加速概念设计到产品制造的整个流程，并凭借着这一创新方法，连续 7 年销量居同类产品之首。

本书可作为系统、全面学习 Inventor 2022 的自学教材和参考书，其特色如下：

内容全面。涵盖了草图设计、零件设计、钣金设计、装配设计、工程图制作。

讲解详细，条理清晰。保证自学的读者能独立学习和实际使用 Inventor 软件。

范例丰富。本书对软件的主要功能及命令，先结合简单的范例进行讲解，然后安排一些较复杂的综合案例帮助读者深入理解、灵活运用。

写法独特。结合 Inventor 2022 真实对话框、操控板和按钮进行讲解，使初学者可以直观、准确地操作软件，大大提高学习效率。

附加值高。本书制作了包含几百个知识点、设计技巧和工程师多年的设计经验且具有针对性的实例教学视频，时长达 25 小时。

本书编写人员大部分来自济宁格宸教育咨询有限公司，该公司专业从事 CAD/CAM/CAE 技术的研究、开发、授权、咨询及产品设计与制造服务，并且提供 Inventor、SolidWorks、UG NX、Pro/E、Creo、CATIA、AutoCAD、Mastercam、CAXA、CAXA 3D、ANSYS、Abaqus 等软件的专业培训和技术咨询。

本书由邵为龙、冯元超、高纯编著，参加编写的人员还有罗俊、王文娟、张璟、吴嘉、吕广凤、邵玉霞、陆辉、石磊、邵翠丽、陈瑞河、吕凤霞、孙德荣、吕杰。本书虽经过多次审核，但仍难免有疏漏之处，恳请广大读者予以指正，以便及时更新和改正。

编 者
2023 年 1 月

目 录

CONTENTS

教学课件（PPT）

配套素材

第 1 章

Inventor 概述

1.1　Inventor 2022 主要功能模块简介

15min

Inventor 是美国 Autodesk 公司推出的一款三维可视化实体建模软件，Autodesk Inventor 产品系列正在改变传统的 CAD 工作流程：它简化了复杂三维模型的创建，工程师可专注于设计，通过快速创建数字样机，并利用数字样机来验证设计的功能，就可在投产前更容易发现设计中的错误，以便及时进行更改，以更快的速度把新的产品推向市场。

Inventor 主要包含零件设计、曲面设计、钣金设计、装配设计、管道设计、电气布线、工程制图、运动仿真及模具设计等。通过认识 Inventor 中的模块，读者可以快速了解它的主要功能。下面具体介绍 Inventor 2022 中的一些主要功能模块。

1. 零件设计

Inventor 提供了非常强大的实体建模功能。通过拉伸、旋转、扫描、放样、拔模、加强筋、镜像、阵列等功能实现产品的快速设计；通过对特征或者草图进行编辑或者编辑定义就可以非常方便地对产品进行快速设计及修改；Inventor 还可以帮助设计人员更为轻松地重复利用已有的设计数据，生动地表现设计意图。借助其中全面关联的模型，零件设计中的任何变化都可以反映到装配模型和工程图文件中。由此，设计人员的工作效率将得到显著提高。Inventor 还可以把经常使用的自定义特征和零件的设计标准化和系列化，从而提高客户的生产效率。利用 Inventor 中的 iPart 技术，设计公司可以轻松设置智能零件库，以确保始终以同种方式创建常用零件。

2. 曲面设计

Inventor 曲面造型设计功能主要用于曲线线框设计及曲面造型设计，用来完成一些外观比较复杂的产品造型设计，软件提供多种高级曲面造型工具，如拉伸曲面、旋转曲面、扫掠曲面、放样曲面、边界嵌片及偏移曲面等，帮助用户完成复杂曲面的设计。

3. 钣金设计

Inventor 钣金设计模块主要用于钣金件结构设计，包括平板、凸缘、异形板、钣金放样、卷边、钣金折叠、钣金展开及钣金成型等，还可以在考虑钣金折弯参数的前提下对钣金件进行展平，从而方便钣金件的加工与制造。

4. 装配设计

Inventor 装配设计模块主要用于产品装配设计，软件向用户提供了两种装配设计方法，一种是自下向顶的装配设计方法；另一种是自顶向下的装配设计方法。使用自下向顶的装配设计方法可以将已经设计好的零件导入 Inventor 装配设计环境进行参数化组装以得到最终的装配产品；使用自顶向下设计方法首先设计产品总体结构造型，然后分别向产品零件级别进行细分以完成所有产品零部件结构的设计，得到最终产品。

5. 管道设计

使用 Inventor 中规范的布管工具来选择合适的配件，确保管路符合最小和最大长度、舍入增量和弯曲半径这三类设计规则；用户可以按照最小或最大长度标准及折弯半径等布管规则选择不同的布管方式；此外，用户也可以通过创建三维几何草图手动定义管线，或利用管线编辑工具交互式创建管线，自动布好的管段可以与用户定义的管段结合在一起，让用户实现最大限度的控制；通过从内容丰富的管件库中选取正确的零件并自动放置，可以提高质量、轻松组织零件并避免烦琐乏味的搜索过程。该库包含基于行业标准（ANSI、DIN、ISO 和 JIS）的常用配件、管材、管件和软管，可以添加或修改属性，包括现有零件的零件标号，以及用于引用配件、管材、管件和其他内容的控制文件名称。

6. 电气布线

从电路设计软件导出的导线表，可以接续进行电缆和线束设计，将电缆与线束（包括软质排线）集成到数字样机中，用户可以准确计算路径长度，避免过小的弯曲半径，并确保电气零部件与机械零部件匹配，从而节约大量时间和成本；在三维环境中设计电缆和线束可以减少制造问题，有利于输出加工工程图，并避免后期的工程变更，导线表和接头通过内置的电气与机械数据检验功能，可以优化导线束设计。因此，导线表中的所有导线和接头都可以使三维电缆设计成为三维模型。

7. 工程制图

Autodesk Inventor 中包含从数字样机中生成工程设计和制造文档的全套工具。这些工具可减少设计错误，缩短设计交付时间。Inventor 还支持所有主流的绘图标准，与三维模型的完全关联（在出现设计变更时，工程图将同步更新），以及 DWG 输出格式，因此是创建和共享 DWG 工程图的理想选择。

8. 运动仿真

借助 Autodesk Inventor Professional 的运动仿真功能，用户能了解机器在真实条件下如何运转，从而能节省花费在构建物理样机上的成本、时间和高额的咨询费用。用户可以根据实际工况添加载荷、摩擦特性和运动约束，然后通过运行仿真功能验证设计。借助与应力分析模块的无缝集成，可将工况传递到某一个零件上，以此来优化零部件设计。

9. 模具设计

Mold Design 为 Autodesk Inventor 提供了集成的模具功能。使用 Mold Design 中提供的这些智能工具和目录，可以直接从数字原型快速生成精确的模具设计；使用一个数字模型，工程团队可以在制造团队设计模具的同时设计产品。该过程有助于避免出现制造错误并且可显著缩短交付时间。

1.2　Inventor 2022 新功能

5min

Inventor 2022 是目前市场上较新版本的 Inventor 系列软件，继续保持了行业领先的地位，帮助机械设计师更快地开发更优秀的产品。相比于早期的版本，Inventor 2022 做出了如下改进。

（1）草图功能。现在可以将距离和三点角度尺寸应用于零件、部件和工程图草图中的草图线、圆弧和零件边中点；可以通过零件和部件中选定的草图尺寸标注来编辑或共享草图，选择尺寸标注后，零件和部件的关联菜单中将提供"编辑草图"选项，而"共享草图"选项仅适用于零件，支持以下二维草图尺寸标注：偏移尺寸标注、两点距离尺寸标注、切线距离尺寸标注、两直线夹角尺寸标注、三点角度尺寸标注、直径尺寸标注、半径尺寸标注。

（2）零件设计。执行"距离 - 距离"倒角（"完全"或"部分"）时，可以选择多条不相切的边；特征尺寸已更新为显示带有延长的指引线，让用户能够清晰地查看特征及它在创建期间和创建之后对模型的影响。

（3）装配设计。默认情况下，约束状态在部件浏览器中显示为[●]（完全约束）、[○]（欠约束）或[-]（未知），以指示 3 种状态之一。

（4）简化功能。新"简化"命令取代了"包覆面提取"和"包覆面提取替换"命令。借助"简化"命令，可以从复杂部件中删除零部件和特征，以使协作和下游使用更容易。

（5）工程图。新版本改进了着色工程视图显示；与尺寸相交时，会打断带有延伸线的中心线和中心标记，此增强功能使读取尺寸值更容易；为设计视图添加了用于提取照相机视图和三维标注的选项。

（6）三维布管功能。将一个或多个管路保存为 ISOGEN.pcf 文件时，会导出角度属性。

（7）工作效率增强。测量命令已更新为使用特性面板样式，并且具有"完成"和"重新开始"按钮，以改进工作流和提升工作效率。部件中的测量具有一个用于快速访问选择过滤功能的工具选项板和一个循环修改器。

（8）导出为 Revit。在 Inventor 模型浏览器中添加了"Revit 导出"浏览器文件夹。它填充了已导出模型的节点。单击要编辑的节点以进行修改。只要模型保留在指定的路径中，就可以在 Revit 或关联的应用程序中编辑、预览和打开，或者更新 RVT 模型。

1.3　Inventor 2022 软件的安装

1.3.1　Inventor 2022 软件安装的硬件要求

Inventor 2022 软件系统可以安装在工作站（Work Station）或者个人（PC）计算机上运行。如果在个人计算机上安装，为了保证软件安全和正常使用，计算机硬件要求如下：

CPU 芯片：最低要求 2.5GHz 或更高；建议 3.0GHz 或更高，4 个或更多内核。

内存：最低要求 16GB RAM（少于 500 个零部件），建议 32GB 或更大 RAM。

驱动器：建议使用 SSD 驱动器。

磁盘空间：安装程序及完整安装约需 40GB。

显卡：最低要求 1GB GPU，具有 29GB/s 带宽，与 DirectX 11 兼容，建议 4GB GPU，具有 106GB/s 带宽，与 DirectX 11 兼容。

电子表格：在本地完整安装 Microsoft Excel 2016 或更高版本，用于创建和编辑电子表格的工作流；读取或导出电子表格数据的 Inventor 工作流不需要 Microsoft Excel。

鼠标：建议使用三键（带滚轮）鼠标。

显示器分辨率：最低要求 1280×1024，建议 3840×2160（4K）；首选缩放比例为 100%、125%、150% 或 200%。

键盘：标准键盘。

1.3.2　Inventor 2022 软件安装的操作系统要求

Inventor 2022 需要在 Windows 10 64 位系统下运行。

1.3.3　单机版 Inventor 2022 软件的安装

安装 Inventor 2022 的操作步骤如下。

（步骤1）将 Inventor 2022 软件安装光盘中的文件复制到计算机中，然后双击 Setup 文件（将安装光盘放入光驱内），等待片刻后会出现如图 1.1 所示的法律协议界面。

（步骤2）选中 ✓ 我同意使用条款复选框，单击 下一步 按钮，系统会弹出如图 1.2 所示的安装位置界面。

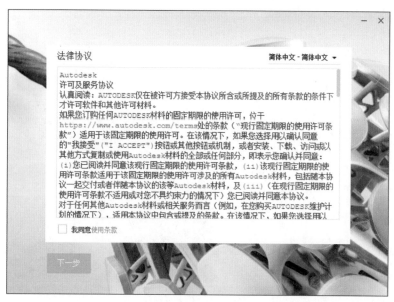

图 1.1　法律协议界面

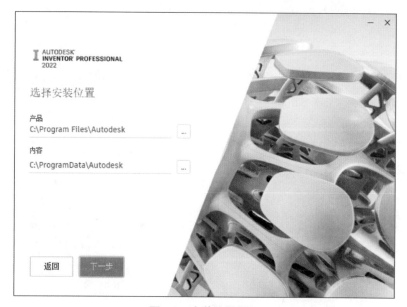

图 1.2　安装位置界面

　　⭕步骤 3　设置产品和内容的安装位置，单击 下一步 按钮，系统会弹出如图 1.3 所示的选择组件界面。

　　⭕步骤 4　用户根据实际需求选择需要安装的组件，然后单击 安装 下一步 按钮，系统会弹出如图 1.4 所示的安装界面。

图 1.3　选择组件界面

图 1.4　安装界面

◎步骤5　安装完成后，单击如图 1.5 所示的▓▓按钮完成安装，启动软件后的界面如图 1.6 所示。

图 1.5　安装完成

图 1.6　启动软件

第 2 章 Inventor 软件的工作界面与基本操作设置

10min

2.1 项目

1. 什么是项目

项目简单来讲对应于 Inventor 的一个文件夹，这个文件夹的作用又是什么呢？我们都知道当使用 Inventor 完成一个零件的具体设计后，肯定需要将其保存下来，即将项目的内容保存下来。

2. 为什么要设置项目

项目其实是用来帮助我们管理当前所做的产品项目，是一个非常重要的管理工具。下面以一个简单的装配文件为例，介绍项目的重要性，例如一个装配文件需要 4 个零件来装配，如果之前没注意项目的问题，将这 4 个零件分别保存在 4 个文件夹中，则在装配时，依次需要到这 4 个文件夹中寻找装配零件，这样操作起来就比较麻烦，也不便于工作效率的提高，最后在保存装配文件时，如果不注意，则很容易将装配文件保存于一个我们不知道的地方，如图 2.1 所示。

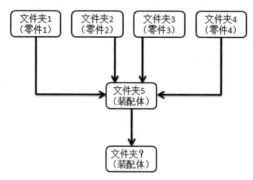

图 2.1 不合理的文件管理

如果在进行装配之前设置了项目，并且对这些需要进行装配的文件进行了有效管理（将这 4 个零件都放在创建的项目中），则这些问题都不会出现了；另外，在完成装配后，装配文件和各零件都必须保存在同一个文件夹中（同一个项目中），否则下次打开装配文件时会出现打开失败的问题，如图 2.2 所示。

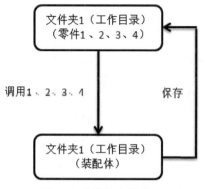

图 2.2　合理的文件管理

3. 如何设置项目

在项目开始之前，首先在计算机上创建一个文件夹作为项目（如在 D 盘中创建一个 Inventor 2022 的文件夹），用来存放和管理该项目的所有文件（如零件文件、装配文件和工程图文件等）。

○步骤 1　选择 快速入门 功能选项卡 启动 区域中的 📇（项目）命令，如图 2.3 所示，系统会弹出如图 2.4 所示的"项目"对话框。

图 2.3　选择项目命令

图 2.4　"项目"对话框

○步骤 2 单击"项目"对话框中的 新建 按钮，系统会弹出如图 2.5 所示的"Inventor 项目向导"对话框。

图 2.5 "Inventor 项目向导"对话框

○步骤 3 单击"Inventor 项目向导"对话框中的 下一步(N) 按钮，系统会弹出如图 2.6 所示的"Inventor 项目向导 - 项目文件"对话框，此处可设置如图 2.6 所示的参数。

图 2.6 "Inventor 项目向导 - 项目文件"对话框

○步骤 4 依次单击 完成(F) 与 完毕 按钮，完成项目的创建。

2.2 软件的启动与退出

▶4min

2.2.1 软件的启动

启动 Inventor 软件主要有以下几种方法。

○方法 1 双击 Windows 桌面上的 Inventor 2022 软件快捷图标，如图 2.7 所示。

○方法 2 右击 Windows 桌面上的 Inventor 2022 软件快捷图标选择"打开"命令，如图 2.8 所示。

图 2.7 Inventor 2022 快捷图标

图 2.8 右击快捷菜单

> **说明**
>
> 读者正常安装 Inventor 2022 后，Windows 桌面上都会显示 Inventor 2022 的快捷图标。

◎方法3 从 Windows 系统开始菜单启动 Inventor 2022 软件，操作方法如下。

◎步骤1 单击 Windows 左下角的⊞按钮。

◎步骤2 选择⊞→ Autodesk Inventor 2022 → Autodesk Inventor Professional... 命令，如图 2.9 所示。

图 2.9　Windows 开始菜单

◎方法4 双击现有的 Inventor 文件也可以启动软件。

2.2.2　软件的退出

退出 Inventor 软件主要是有以下几种方法。

◎方法1 选择下拉菜单 文件 → 退出 Autodesk Inventor Professional 命令退出软件。

◎方法2 单击软件右上角的 × 按钮。

2.3　Inventor 2022 工作界面

在学习本节前，先打开一个随书配套的模型文件。选择 快速入门 功能选项卡 启动 区域中的 ▱（打开）命令，在"打开"对话框中选择目录 D:\inventor2022\work\ch02.03，选中"工作界面"文件，单击"打开"按钮。

2.3.1　基本工作界面

Inventor 2022 版本零件设计环境的工作界面主要包括快速访问工具栏、标题栏、功能区面板、浏览器、图形区、状态栏、消息中心、ViewCube 工具及导航栏等，如图 2.10 所示。

9min

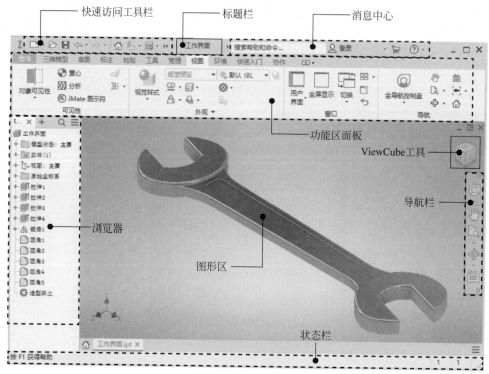

图 2.10　工作界面

1. 快速访问工具栏

快速访问工具栏中包含用于新建、保存、修改模型和设置 Inventor 模型的材料和外观等命令。快速访问工具栏为快速进入命令及设置工作环境提供了极大的方便。

快速访问工具条中的内容是可以自定义的，用户可以通过单击快速访问工具条最右侧的"工具条选项" 按钮，系统会弹出如图 2.11 所示的下拉菜单，前面有 ✔ 代表已经在快速访问工具条中显示，前面没有 ✔ 代表没有在快速访问工具条中显示。

2. 标题栏

标题栏用于显示当前活动的模型文件的名称。

3. 消息中心

消息中心是 Autodesk 产品独有的界面，使用该功能可以搜索信息、显示关注的网址、帮助用户实时获得网络支持和服务等。

图 2.11　自定义快速访问工具栏

4. 功能区面板

功能选项卡显示了 Inventor 建模中的常用功能按钮，并以选项卡的形式进行分类；有的面板中没有足够的空间显示所有的按钮，用户在使用时可以单击下方带三角的按钮 ，以展开折叠区域，显示其他相关的命令按钮。如果在 Inventor 中分别打开零件、装配和工程图文件，则功能区变化分别如图 2.12（a）～图 2.12（c）所示。

(a) 零件环境功能区面板

(b) 装配环境功能区面板

(c) 工程图环境功能区面板

图　2.12

> **注意**
>
> 　　用户会看到有些菜单命令和按钮处于非激活状态（呈灰色，即暗色），这是因为它们目前还没有处在发挥功能的环境中，一旦它们进入有关的环境，便会自动激活。

下面是零件模块功能区中部分选项卡的介绍。

（1）三维模型功能选项卡包含 Inventor 中常用的零件建模工具，主要有实体建模工具、平面工具、草图工具、阵列工具及特征编辑工具等，如图 2.13 所示。

图 2.13　三维模型功能选项卡

（2）草图功能选项卡用于草图的绘制、草图的编辑、草图约束的添加等与草图相关的功能，如图 2.14 所示。

图 2.14 草图功能选项卡

（3）标注功能选项卡用于几何标注、常规标注、三维注释添加及导出等功能，如图 2.15 所示。

图 2.15 标注功能选项卡

（4）检验功能选项卡用于测量零件中的物理属性，并能检测曲线和曲面的光顺程度，如图 2.16 所示。

图 2.16 检验功能选项卡

（5）工具功能选项卡用于特征模型外观的设置、物理属性的测量、系统选项的设置及零部件的查找等，如图 2.17 所示。

图 2.17 工具功能选项卡

（6）管理功能选项卡用于更新模型文件、修改模型参数、生成零部件、创建钣金冲压工具等，如图 2.18 所示。

图 2.18 管理功能选项卡

（7）视图功能选项卡用于设置管理模型的视图，可以调整模型的显示效果，设置显示样式，控制基准特征的显示与隐藏，文件窗口管理等，如图 2.19 所示。

图 2.19 视图功能选项卡

（8）环境功能选项卡用于工作环境的切换，如图 2.20 所示。

图 2.20　环境功能选项卡

5. 浏览器

浏览器中列出了活动文件中的所有零件、特征、基准和坐标系等，并以树的形式显示模型结构。浏览器的主要功能及作用有以下几点：

（1）查看模型的特征组成。例如，如图 2.21 所示的带轮模型就是由旋转、孔和环形阵列 3 个特征组成的。

（2）查看每个特征的创建顺序。例如，如图 2.22 所示的模型第 1 个创建的特征为旋转 1，第 2 个创建的特征为孔 1，第 3 个创建的特征为环形阵列 1。

（3）查看每一步特征创建的具体结构。将鼠标指针放到如图 2.21 所示的造型终止上，按住鼠标左键将其拖动到旋转 1 下，此时绘图区将只显示旋转 1 创建的特征，如图 2.22 所示。

图 2.21　设计树

图 2.22　旋转特征 1

（4）编辑修改特征参数。右击需要编辑的特征，在系统弹出的下拉菜单中选择编辑特征命令就可以修改特征数据了。

6. 图形区

Inventor 各种模型图像的显示区，也叫主工作区，类似于计算机的显示器。

7. 状态栏

在用户操作软件的过程中，信息会实时地显示与当前操作相关的提示信息等，以引导用户的操作，如图 2.23 所示。

提示信息

选择平面以创建草图或选择现有草图以进行编辑

图 2.23　状态栏

8. ViewCube 工具

ViewCube 工具直观地反映了图形在三维空间内的方向，是模型在二维模型空间或三维视觉样式中处理图形时的一种导航工具。使用 ViewCube 工具，可以方便地调整模型的视点，可使模型在标准视图和等轴测视图间切换。

9. 导航栏

导航栏包含通用导航工具和特定于产品的导航工具。

8min

2.3.2　工作界面的自定义

1. 功能区域的自定义

在进入 Inventor 2022 后，选择 视图 功能选项卡后在区域 窗口 区域中单击"用户界面"节点，在系统弹出的如图 2.24 所示的自定义软件工作界面。□图标代表此内容没有显示在工作界面，☑图标代表此内容显示在工作界面，例如，在默认情况下工作界面中包含导航栏，可以将导航栏前的□取消选中，此时工作界面将不显示导航栏，如图 2.25 所示。

图 2.24　自定义软件工作界面

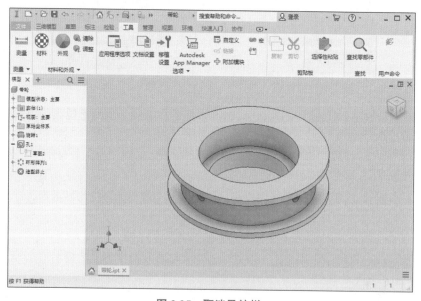

图 2.25　取消导航栏

2. 功能区的自定义

选择 工具 功能选项卡区域 选项 ▾ 区域中的 自定义 命令，系统会弹出如图 2.26 所示的"自定义"对话框，确认选中"功能区"选项卡，在左侧区域中选择要添加的功能命令（如选择 1/4 剖视图），在右侧的 选择要将自定义面板添加到的选项卡(T): 下拉列表中选择要添加的选项卡（如选择 零件 | 三维模型），然后单击 ≫（添加）按钮，最后单击 确定 按钮，完成后如图 2.27 所示。

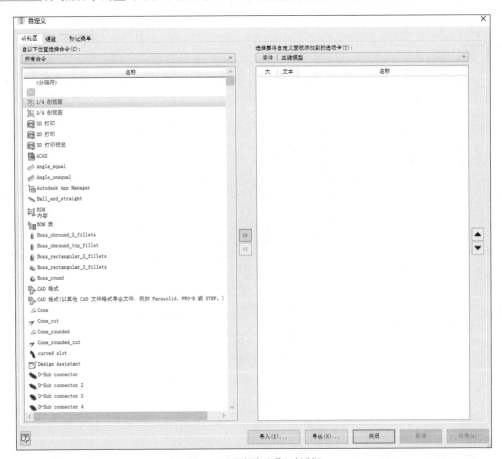

图 2.26　"自定义"对话框

图 2.27　功能区自定义

3. 键盘的自定义

选择 工具 功能选项卡区域 选项 ▾ 区域中的 自定义 命令，系统会弹出"自定义"对话框，选中"键盘"选项卡，在命令名列表中选中需要添加快捷键的命令（如分割），在命令名前的"键"文本框单击输入快捷键（例如 Ctrl+K），最后单击 **确定** 按钮即可。

4. 标记菜单的自定义

选择 **工具** 功能选项卡区域 **选项▾** 区域中的 **自定义** 命令，系统会弹出"自定义"对话框，选中"标记菜单"选项卡，用户可以在选择菜单位置右击某一个功能选择"删除"即可删除此功能，在右侧的功能列表中可以选择用户所需要的功能。

> **注意**
>
> 此功能只在取消选中 ☐ **使用经典关联菜单** 时可用。

标记菜单的使用方法：在建模环境下图形区右击，系统会弹出如图 2.28 所示的快捷菜单，鼠标指针向上移动后单击即可执行圆角命令，鼠标指针向右上方移动即可执行拉伸命令。

图 2.28　标记菜单的自定义

2.4　Inventor 基本鼠标操作

9min

使用 Inventor 软件执行命令时，主要用鼠标指针单击工具栏中的命令图标，也可以用键盘输入快捷键来执行命令，可以使用键盘输入相应的数值。与其他的 CAD 软件类似，Inventor 也提供了各种鼠标的功能，包括执行命令、选择对象、弹出快捷菜单、控制模型的旋转、缩放和平移等。

2.4.1　使用鼠标控制模型

1. 旋转模型

按住 Shift 键，再按住鼠标中键，移动鼠标就可以旋转模型，鼠标移动的方向就是旋转的方向。

选择"导航栏"中的 ⊕ "动态观察"命令（选择 视图 功能选项卡 导航 区域中的 ⊕动态观察 命令），然后在如图 2.29 所示的圆内部按住鼠标左键移动鼠标即可旋转模型。

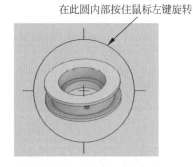

在此圆内部按住鼠标左键旋转

图 2.29　动态旋转

2. 缩放模型

滚动鼠标中键，向前滚动可以缩小模型，向后滚动可以放大模型。

选择 视图 功能选项卡 导航 区域中的 ±Q 缩放 命令，然后按住鼠标左键，向前移动可以缩小模型，向后移动鼠标可以放大模型。

3. 平移模型

按住鼠标中键，移动鼠标就可以移动模型，鼠标移动的方向就是模型移动的方向。

选择"导航栏"中的 🖑 "平移"命令（选择 视图 功能选项卡 导航 区域中的 🖑 平移 命令），然后按住鼠标左键移动鼠标即可移动模型。

> **注意**
>
> 如果由于使用不熟练或者误操作可能导致模型无法在绘图区显示，此时用户只需双击鼠标中键（或者选择 视图 功能选项卡 导航 区域中的 🔍 全部缩放 命令）便可将图形以最大化的形式快速显示在图形区域中。

2.4.2　对象的选取

1. 选取单个对象

（1）直接单击需要选取的对象。

（2）在浏览器中单击对象名称即可选取对象，被选取的对象会加亮显示。

2. 选取多个对象

（1）按住 Ctrl 键，单击多个对象就可以选取多个对象。

（2）在浏览器中按住 Ctrl 键，单击多个对象名称即可选取多个对象。

（3）在浏览器中按住 Shift 键选取第一对象，再选取最后一个对象，就可以选中从第 1 个
到最后一个对象之间的所有对象。

3. 利用选择过滤器快速选取对象

使用如图 2.30 所示的选择过滤器可以帮助我们选取特定类型的对象，例如只想选取面或
者边，此时可以选择 选择面和边 类型。

图 2.30　选择过滤器

> **注意**
>
> 选择过滤器只在使用鼠标在图形区选取对象时有效。

2.5　Inventor 文件操作

2.5.1　打开文件

7min

正常启动软件后，要想打开名称为转板的文件，其操作步骤如下。

○步骤1 执行命令。选择 快速入门 功能选项卡 启动 区域中的 📂（打开）命令，如图 2.31 所
示，系统会弹出"打开"对话框。

图 2.31　选择打开命令

○步骤2 打开文件。找到模型文件所在的文件夹后，在文件列表中选中要打开的文件名
为转板的文件，单击"打开"按钮，即可打开文件（或者双击文件名也可以打开文件）。

注意

对于最近打开的文件，用户可以在最近使用的文档区域直接双击，如图 2.32 所示。

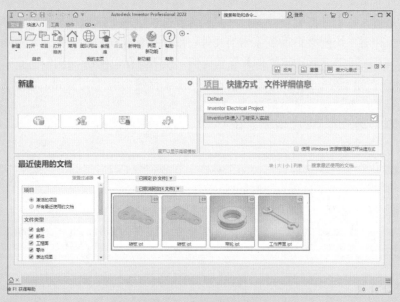

图 2.32　最近使用文档

单击"打开"对话框"文件类型"文本框右侧的 ⌄ 按钮，选择某一种文件类型，此时文件列表中将只显示此类型的文件，方便用户打开某一种特定类型的文件，如图 2.33 所示。

图 2.33　文件类型列表

2.5.2　保存文件

保存文件非常重要，读者一定要养成间隔一段时间就对所做工作进行保存的习惯，这样就可以避免出现一些意外造成不必要的麻烦。保存文件分两种情况，如果要保存已经打开的文件，文件保存后系统则会自动覆盖当前文件；如果要保存新建的文件，系统则会弹出另存为对话框。下面以新建一个 save 文件并保存为例，说明保存文件的一般操作过程。

○步骤1　新建文件。选择 快速入门 功能选项卡 启动 区域中的 ▢（新建）命令，系统会弹出如图 2.34 所示的"新建文件"对话框。

○步骤2　选择零件模板。在"新建文件"对话框中选择 Standard.ipt，然后单击 创建 按钮。

○步骤3　保存文件。选择快速访问工具栏中的 ▤ 命令（或者选择下拉菜单"文件"→"保存"命令），系统会弹出"另存为"对话框。

○步骤4　在"另存为"对话框中选择文件保存的路径（例如 D:\inventor2022\ch02.05），在文件名文本框中输入文件名称（例如 save），单击"另存为"对话框中的 保存 按钮，即可完成保存操作。

图 2.34　"新建文件"对话框

注意

　　保存与另存为的区别主要在于保存是保存当前文件，另存为可以将当前文件复制进行保存，并且保存时可以调整文件名称，原始文件不受影响。

　　如果打开多个文件，并且进行了一定的修改，则可以通过“文件”→“保存”→“全部保存”命令将全部文件进行快速保存。

2.5.3　关闭文件

　　关闭文件主要有以下两种情况：

　　第一，如果关闭文件前已经对文件进行了保存，则可以选择下拉菜单“文件”→“关闭”命令直接关闭文件。

　　第二，如果关闭文件前没有对文件进行保存，则在选择“文件”→“关闭”命令后，系统会弹出如图 2.35 所示的 Autodesk Inventor Professional 对话框，提示用户是否需要保存文件，此时单击对话框中的“是”按钮就可以将文件保存后关闭文件；单击“否”按钮将不保存文件而直接关闭；单击“取消”按钮将撤销关闭的操作。

图 2.35　**Autodesk Inventor Professional** 对话框

第3章

Inventor 二维草图设计

3min

3.1　Inventor 二维草图设计概述

　　Inventor 零件设计是以特征为基础进行创建的，大部分零件的设计来源于二维草图。一般的设计思路为首先创建特征所需的二维草图，然后将此二维草图结合某一个实体建模的功能将其转换为三维实体特征，多个实体特征依次堆叠而得到零件，因此二维草图是零件建模中最基层也是最重要的部分。掌握绘制二维草图的一般方法与技巧对于创建零件及提高零件设计的效率都非常关键。

> **注意**
>
> 　　二维草图的绘制必须选择一个草图基准面，也就是要确定草图在空间中的位置。例如，草图相当于写的文字，我们都知道写字要有一张纸，要把字写在一张纸上，纸就是草图基准面，纸上写的字就是二维草图，并且一般写字都要把纸铺平之后写，所以草图基准面需要是一个平的面。草图基准面可以是系统默认的三个基准平面，XY 平面、XZ 平面和 YZ 平面，如图 3.1 所示，也可以是现有模型的平面表面，另外还可以是自己创建的基准平面。

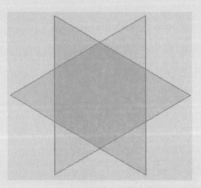

图 3.1　系统默认基准平面

3.2　进入与退出二维草图设计环境

1. 进入草图环境的操作方法

◎步骤1 启动 Inventor 软件。

◎步骤2 新建文件。选择 快速入门 功能选项卡 启动 区域中的 □（新建）命令，在"新建文件"对话框中选择 Standard.ipt，然后单击 创建 按钮进入零件建模环境。

◎步骤3 单击 三维模型 功能选项卡 草图 区域中的 □（开始创建二维草图）按钮，在系统"选择平面以创建草图或选择现有草图以进行编辑"的提示下，选取"XY 平面"作为草图平面，进入草图环境。

> **说明**
>
> 　　还有一种进入草绘环境的途径，就是在创建某些特征（例如拉伸、旋转等）时，以这些特征命令为入口，进入草绘环境，详见第 4 章的有关内容。

2. 退出草图环境的操作方法

在草图设计环境中单击 草图 功能选项卡 退出 区域中的 ✔（完成草图）按钮（或者在图形区右击，在弹出的快捷菜单中选择 ✔ 完成二维草图 命令）。

> **说明**
>
> 　　退出草绘环境还有两种方法。
> 　　方法一：在 三维模型 选项卡 退出 区域单击 ✔ 按钮。
> 　　方法二：在 三维模型 选项卡 草图 区域单击 ☑ 按钮。

3.3　草绘前的基本设置

1. 设置栅格间距

进入草图设计环境后，用户可以根据所设计模型的具体大小设置草图环境中栅格的大小，这样对于控制草图的整体大小非常有帮助，下面介绍显示控制栅格大小的方法。

◎步骤1 单击 工具 功能选项卡 选项▼区域中的 □（应用程序选项）按钮，系统会弹出如图 3.2 所示的"应用程序选项"对话框。

◎步骤2 显示网格线。在"应用程序选项"对话框中单击 草图 选项卡，在 显示 区域选中 ☑网格线，然后单击 确定 按钮，效果如图 3.3 所示。

◎步骤3 单击 工具 功能选项卡 选项▼区域中的 □（文档设置）按钮，系统会弹出如图 3.4

所示的"文档设置"对话框。

◎步骤4 设置栅格参数。在"文档设置"对话框中单击 草图 选项卡，在 捕捉间距 区域的 X 文本框输入水平间距 10，在 Y 文本框输入竖直间距 10，在 网格显示 文本框输入 2，在 每条主网格线之间绘制 文本框输入 10，然后单击 确定 按钮，效果如图 3.5 所示。

图 3.2 "应用程序选项"对话框

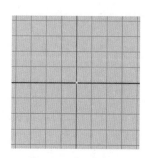

图 3.3 显示网格线

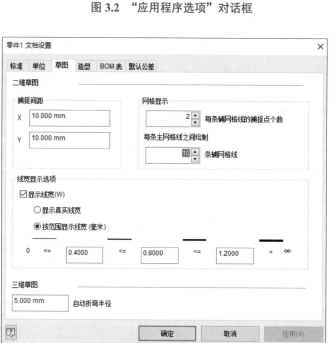

图 3.4 "文档设置"对话框

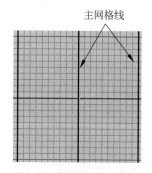

图 3.5 调参数后的网格

说明

如果 **网格显示** 文本框的数值为 2，**捕捉间距** 文本框的数值为 10，则代表相邻两个辅助网格线之间可以捕捉两次，说明相邻两个辅助网格间距为 20。

如果用户想捕捉到栅格，则可以在"应用程序选项"对话框中选中☑**捕捉到网格** 。

---

2. 设置草图参数

○步骤1 单击 **工具** 功能选项卡 **选项▾** 区域中的 🖳 （应用程序选项）按钮，系统会弹出"应用程序选项"对话框。

○步骤2 设置约束参数，在"应用程序选项"对话框中单击 **草图** 选项卡，单击 **约束设置** 区域中的 ［　设置…　］ 按钮，系统会弹出如图 3.6 所示的"约束设置"对话框，在 **常规** 功能选项卡下取消选中□**在创建后编辑尺寸**，其他参数采用默认；在 **推断** 功能选项卡 **约束推断优先** 区域选中⦿**水平和竖直**，其他参数采用系统默认，如图 3.7 所示，单击 ［　确定　］ 按钮完成约束设置。

图 3.6 "约束设置"对话框

图 3.7 推断选项卡

○步骤3 设置其他参数，在"应用程序选项"对话框中选中 ☑将对象投影为构造几何图元 复选框，其他参数采用默认，如图 3.8 所示，单击 确定 按钮完成设置。

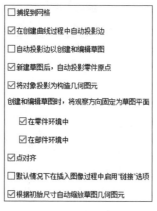

图 3.8 其他参数设置

3.4 Inventor 二维草图的绘制

3.4.1 直线的绘制

5min

○步骤1 进入草图环境。选择 快速入门 功能选项卡 启动 区域中的 ▭（新建）命令，在"新建文件"对话框中选择 Standard.ipt，然后单击 创建 按钮进入零件建模环境；单击 三维模型 功能选项卡 草图 区域中的 ▣（开始创建二维草图）按钮，在系统"选择平面以创建草图或选择现有草图以进行编辑"的提示下，选取"XY 平面"作为草图平面，进入草图环境。

> **说明**
>
> （1）在绘制草图时，必须选择一个草图平面才可以进入草图环境进行草图的具体绘制。
> （2）以后在绘制草图时，如果没有特殊的说明，则都在 XY 平面上进行草图绘制。
> （3）草图平面可以是系统默认的三个基准面，也可以是已有特征上的平面，还可以是新创建的工作平面。

○步骤2 选择命令。单击 草图 功能选项卡 创建▾ 中的 ╱（线）按钮。

> **说明**
>
> 选择直线命令还有下面两种方法。
> （1）在绘图区空白处按住鼠标右键，在系统弹出的如图 3.9 所示的快捷菜单按钮界面中单击 ╱ 创建直线 按钮。
> （2）进入草图环境后，直接单击键盘上的 L 键即可绘制执行直线命令。

◎步骤3 定义直线起点。在图形区任意位置单击，即可确定直线的起始点（单击位置就是起始点位置），此时可以在绘图区看到橡皮筋线附着在鼠标指针上，如图 3.10 所示。

图 3.9　快捷菜单按钮

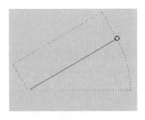

图 3.10　直线绘制橡皮筋

◎步骤4 定义直线终点。在图形区任意位置单击，即可确定直线的终点（单击位置就是终点位置），系统会自动在起点和终点之间绘制一条直线，并且在直线的终点处再次出现"橡皮筋"线。

◎步骤5 连续绘制。重复步骤 4 可以创建一系列连续的直线。

◎步骤6 结束绘制。在键盘上按 Esc 键，结束直线的绘制。

说明

（1）在草图环境中，单击"撤销"按钮 ⤺ 可撤销上一个操作，单击"重做"按钮 ⤻ 可重新执行被撤销的操作。这两个按钮在草图环境中十分有用。

（2）Inventor 具有尺寸驱动功能，即图形的大小随着图形尺寸的改变而改变。

（3）用 Inventor 进行设计时，一般先绘制大致的草图，然后修改其尺寸，在修改尺寸时输入准确的尺寸值，即可获得最终所需的图形。

3.4.2　矩形的绘制

方法一：两点矩形

◎步骤1 进入草图环境。单击 三维模型 功能选项卡 草图 区域中的 ▣（开始创建二维草图）▶ 12min 按钮，在系统提示下，选取"XY 平面"作为草图平面，进入草图环境。

◎步骤2 选择命令。单击 草图 功能选项卡 创建 ▾ 中的 矩形，在系统弹出的快捷列表中选择 □ 矩形 两点 命令。

◎步骤3 定义两点矩形的第 1 个拐角点。在图形区任意位置单击，即可确定边角矩形的第 1 个拐角点。

◎步骤4 定义两点矩形的第 2 个对角点。在图形区任意位置再次单击，即可确定边角矩形的第 2 个对角点，此时系统会自动在两个点间绘制一个两点矩形。

◎步骤5 结束绘制。在键盘上按 Esc 键，结束两点矩形的绘制。

> **说明**
> 此方法主要用于绘制已知两个角点的正矩形。

方法二：三点矩形

◎步骤1 进入草图环境。单击 三维模型 功能选项卡 草图 区域中的 ⬚（开始创建二维草图）按钮，在系统提示下，选取"XY 平面"作为草图平面，进入草图环境。

◎步骤2 选择命令。单击 草图 功能选项卡 创建▾ 中的 矩形，在系统弹出的快捷列表中选择 ◇ 矩形 三点 命令。

◎步骤3 定义三点矩形的第 1 个拐角点。在图形区任意位置单击，即可确定边角矩形的第 1 个拐角点。

◎步骤4 定义三点矩形的第 2 个点。在图形区任意位置再次单击，即可确定三点矩形的第 2 个点，此时系统会绘制矩形的一条边线。

> **说明**
> 第 1 个拐角点与第 2 个点的连线直接决定了矩形的角度。

◎步骤5 定义三点矩形的第 3 个点。在图形区任意位置再次单击，即可确定三点矩形的第 3 个点，此时系统会自动在 3 个点间绘制一个矩形。

◎步骤6 结束绘制。在键盘上按 Esc 键，结束三点矩形的绘制。

> **说明**
> 此方法主要用于绘制已知三个角点的倾斜矩形。

方法三：两点中心矩形

◎步骤1 进入草图环境。单击 三维模型 功能选项卡 草图 区域中的 ⬚（开始创建二维草图）按钮，在系统提示下，选取"XY 平面"作为草图平面，进入草图环境。

◎步骤2 选择命令。单击 草图 功能选项卡 创建▾ 中的 矩形，在系统弹出的快捷列表中选择 ▫ 矩形 两点中心 命令。

◎步骤3 定义两点中心矩形的中心。在图形区任意位置单击，即可确定两点中心矩形的中心点。

◎步骤4 定义两点中心矩形的一个角点。在图形区任意位置再次单击，即可确定两点中心矩形的角点，此时系统会自动绘制一个两点中心矩形。

◎步骤5 结束绘制。在键盘上按 Esc 键，结束两点中心矩形的绘制。

> **说明**
> 此方法主要用于绘制已知中心的正矩形。

方法四：三点中心矩形

（步骤1）进入草图环境。单击 三维模型 功能选项卡 草图 区域中的 [图]（开始创建二维草图）按钮，在系统提示下，选取 "XY 平面" 作为草图平面，进入草图环境。

（步骤2）选择命令。单击 草图 功能选项卡 创建▾ 中的 [矩形]，在系统弹出的快捷列表中选择 [矩形 三点中心] 命令。

（步骤3）定义三点中心矩形的中心点。在图形区任意位置单击，即可确定三点中心矩形的中心点。

（步骤4）定义三点中心矩形一边的中点。在图形区任意位置再次单击，即可确定三点中心矩形一条边的中点。

说明

第 1 个中心点与第 2 个点的连线直接决定了矩形的角度。

（步骤5）定义三点中心矩形的一个角点。在图形区任意位置再次单击，即可确定三点中心矩形的一个角点，此时系统会自动在 3 个点间绘制一个矩形。

（步骤6）结束绘制。在键盘上按 Esc 键，结束三点中心矩形的绘制。

说明

此方法主要用于绘制已知中心的斜矩形。

3.4.3　圆的绘制

方法一：圆心方式

（步骤1）进入草图环境。单击 三维模型 功能选项卡 草图 区域中的 [图]（开始创建二维草图）按钮，在系统提示下，选取 "XY 平面" 作为草图平面，进入草图环境。

▶ 5min

（步骤2）选择命令。单击 草图 功能选项卡 创建▾ 中的 [圆]，在系统弹出的快捷列表中选择 [圆 圆心] 命令。

（步骤3）定义圆的圆心。在图形区任意位置单击，即可确定圆的圆心。

（步骤4）定义圆的圆上点。在图形区任意位置再次单击，即可确定圆的圆上点，此时系统会自动在两个点间绘制一个圆。

（步骤5）结束绘制。在键盘上按 Esc 键，结束圆的绘制。

方法二：相切方式

在确定要相切的三条直线后，可以绘出与三条直线相切的圆。下面以图 3.11 为例介绍一般操作。

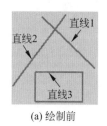
（a）绘制前

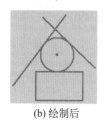
（b）绘制后

图 3.11　相切圆

◎步骤1 打开文件 D:\inventor2022\ ch03.04\ 相切圆 -ex。

◎步骤2 进入草图环境。在浏览器中右击"草图 1"，在弹出的快捷菜单中选择 请提草图 命令。

◎步骤3 选择命令。单击 草图 功能选项卡 创建 ▾ 中的 圆 ，在系统弹出的快捷列表中选择 圆 相切 命令。

◎步骤4 选择参考直线。在系统提示下依次选取如图 3.11（a）所示的直线 1、直线 2 与直线 3 为参考。

> **注意**
>
> 相切的对象只可以是直线，不支持其他图元的相切选取。

◎步骤5 结束绘制。在键盘上按 Esc 键，结束圆的绘制，如图 3.11（b）所示。

3.4.4　圆弧的绘制

▶ 8min

方法一：三点圆弧

◎步骤1 进入草图环境。单击 三维模型 功能选项卡 草图 区域中的 （开始创建二维草图）按钮，在系统提示下，选取"XY 平面"作为草图平面，进入草图环境。

◎步骤2 选择命令。单击 草图 功能选项卡 创建 ▾ 中的 圆弧 ，在系统弹出的快捷列表中选择 圆弧 三点 命令。

◎步骤3 定义圆弧起点。在图形区任意位置单击，即可确定圆弧的起始点。

◎步骤4 定义圆弧终点。在图形区任意位置再次单击，即可确定圆弧的终点。

◎步骤5 定义圆弧上的点。在图形区任意位置再次单击，即可确定圆弧的通过点，此时系统会自动在 3 个点间绘制一个圆弧。

◎步骤6 结束绘制。在键盘上按 Esc 键，结束三点圆弧的绘制。

方法二：相切圆弧

相切圆弧主要用于绘制与现有开放对象相切的圆弧对象，下面以绘制如图 3.12 所示的相切圆弧为例介绍一般操作。

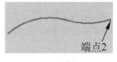

(a) 绘制前　　　　　　　　　　　　　　　(b) 绘制后

图 3.12　相切圆弧

步骤 1　打开文件 D:\inventor2022\ ch03.04\ 相切圆弧 -ex。

步骤 2　进入草图环境。在浏览器中右击"草图 1"，在弹出的快捷菜单中选择 命令。

步骤 3　选择命令。单击 草图 功能选项卡 创建 ▾ 中的 ，在系统弹出的快捷列表中选择 命令。

步骤 4　选择圆弧起点。在系统提示下选取如图 3.12（a）所示的端点 1 为参考。

> **注意**
>
> 　　圆弧的起点必须是现有开放对象（例如直线、圆弧、样条曲线等）的端点。

步骤 5　选择圆弧终点。在系统提示下选取如图 3.12（b）所示的端点 2 为参考。

步骤 6　结束绘制。在键盘上按 Esc 键，结束圆弧的绘制，如图 3.12（b）所示。

方法三：圆心圆弧

步骤 1　进入草图环境。单击 三维模型 功能选项卡 草图 区域中的 （开始创建二维草图）按钮，在系统提示下，选取"XY 平面"作为草图平面，进入草图环境。

步骤 2　选择命令。单击 草图 功能选项卡 创建 ▾ 中的 ，在系统弹出的快捷列表中选择 命令。

步骤 3　定义圆弧的圆心。在图形区任意位置单击，即可确定圆弧的圆心。

步骤 4　定义圆弧的起点。在图形区任意位置再次单击，即可确定圆弧的起点。

步骤 5　定义圆弧的终点。在图形区任意位置再次单击，即可确定圆弧的终点，此时系统会自动绘制一个圆弧（鼠标移动的方向就是圆弧生成的方向）。

步骤 6　结束绘制。在键盘上按 Esc 键，结束圆弧的绘制。

3.4.5　直线圆弧的快速切换

▶ 5min

　　直线与圆弧对象在进行具体绘制草图时是两个非常普遍的功能命令，如果还是采用传统的直线命令绘制直线，采用圆弧命令绘制圆弧，则绘图的效率将会非常低，因此软件向用户提供了一种快速切换直线与圆弧的方法，接下来就以绘制如图 3.13 所示的图形为例，介绍直线圆弧的快速切换方法。

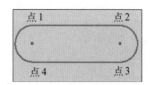

图 3.13　直线圆弧的快速切换

步骤 1　进入草图环境。单击 三维模型 功能选项卡 草图 区域中的 （开始创建二维草图）

按钮，在系统提示下，选取"XY平面"作为草图平面，进入草图环境。

◎步骤2 选择直线命令。选择 草图 功能选项卡 创建▾ 中的╱（线）命令。

◎步骤3 绘制直线1。在图形区点1位置单击，即可确定直线的起点；水平移动鼠标在点2位置单击确定直线的端点，此时完成第一段直线的绘制。

◎步骤4 绘制圆弧1。当直线端点出现一个"橡皮筋"时，将鼠标移动至直线的端点位置，按住鼠标左键拖动即可切换到圆弧，在点3位置单击即可确定圆弧的端点。

◎步骤5 绘制直线2。当圆弧端点出现一个"橡皮筋"时，水平移动鼠标，在点4位置单击即可确定直线的端点完成直线2的绘制。

◎步骤6 绘制圆弧2。当直线端点出现一个"橡皮筋"时，将鼠标移动至直线的端点位置，按住鼠标左键拖动即可切换到圆弧，在点1位置单击即可确定圆弧的端点。

◎步骤7 结束绘制。在键盘上按Esc键，结束图形的绘制。

3.4.6 椭圆的绘制

◎步骤1 进入草图环境。单击 三维模型 功能选项卡 草图 区域中的 ◲（开始创建二维草图）按钮，在系统提示下，选取"XY平面"作为草图平面，进入草图环境。

◎步骤2 选择命令。单击 草图 功能选项卡 创建▾ 中的 ▾，在系统弹出的快捷列表中选择 ⊙椭圆 命令。

◎步骤3 定义椭圆的中心。在图形区任意位置单击，即可确定椭圆的中心点。

◎步骤4 定义椭圆长半轴点。在图形区任意位置再次单击，即可确定椭圆长半轴点（圆心与长半轴点的连线将决定椭圆的角度）。

◎步骤5 定义椭圆短半轴点。在图形区与长半轴垂直方向上的合适位置单击，即可确定椭圆短半轴点，此时系统会自动绘制一个椭圆。

◎步骤6 结束绘制。在键盘上按Esc键，结束椭圆的绘制。

3.4.7 多边形的绘制

方法一：内切正多边形

◎步骤1 进入草图环境。单击 三维模型 功能选项卡 草图 区域中的 ◲（开始创建二维草图）按钮，在系统提示下，选取"XY平面"作为草图平面，进入草图环境。

◎步骤2 选择命令。单击 草图 功能选项卡 创建▾ 中的 矩形，在系统弹出的快捷列表中选择 ⬠多边形 命令，系统会弹出如图3.14所示的"多边形"对话框。

◎步骤3 定义多边形的类型。在"多边形"对话框中选中 ◙（内切）单选框。

◎步骤4 定义多边形的边数。在"多边形"对话框的"边数"文本框中输入6。

◎步骤5 定义多边形的中心。在图形区点A位置单击，即可确定多边形的中心点。

◎步骤6 定义多边形的角点。在图形区任意位置再次单击（例如点B），即可确定多边形的角点，此时系统会自动在两个点间绘制一个正六边形。

◎步骤⑦ 结束绘制。在键盘上按 Esc 键，结束多边形的绘制，如图 3.15 所示。

方法二：外切正多边形

◎步骤① 进入草图环境。单击 三维模型 功能选项卡 草图 区域中的 ⊡（开始创建二维草图）按钮，在系统提示下，选取 "XY 平面" 作为草图平面，进入草图环境。

◎步骤② 选择命令。单击 草图 功能选项卡 创建▾ 中的 矩形，在系统弹出的快捷列表中选择 ⬠ 多边形 齐礼 命令，系统会弹出 "多边形" 对话框。

◎步骤③ 定义多边形的类型。在 "多边形" 对话框中选中 ⊙（外切）单选框。

◎步骤④ 定义多边形的边数。在 "多边形" 对话框的 "边数" 文本框中输入 6。

◎步骤⑤ 定义多边形的中心。在图形区点 A 位置单击，即可确定多边形的中心点。

◎步骤⑥ 定义多边形的角点。在图形区任意位置再次单击（例如点 B），即可确定多边形的一条边的中点，此时系统会自动在两个点间绘制一个正六边形。

◎步骤⑦ 结束绘制。在键盘上按 Esc 键，结束多边形的绘制，如图 3.16 所示。

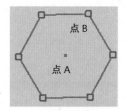

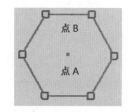

图 3.14 "多边形" 对话框　　图 3.15 内切多边形参考点　　图 3.16 外切多边形参考点

3.4.8　点的绘制

点是最小的几何单元，点可以帮助我们绘制线对象、圆弧对象等，点的绘制在 Inventor 中也比较简单；在零件设计、曲面设计时点有很大的作用。

2min

◎步骤① 进入草图环境。单击 三维模型 功能选项卡 草图 区域中的 ⊡（开始创建二维草图）按钮，在系统提示下，选取 "XY 平面" 作为草图平面，进入草图环境。

◎步骤② 选择命令。单击 草图 功能选项卡 创建▾ 中的 ＋ 点 按钮。

◎步骤③ 定义点的位置。在绘图区域中的合适位置单击就可以放置点，如果想继续放置更多的点，则可以继续单击放置点。

◎步骤④ 结束绘制。在键盘上按 Esc 键，结束点的绘制。

3.4.9　槽的绘制

方法一：中心到中心

12min

◎步骤① 进入草图环境。单击 三维模型 功能选项卡 草图 区域中的 ⊡（开始创建二维草图）

按钮，在系统提示下，选取"XY平面"作为草图平面，进入草图环境。

◎步骤2 选择命令。单击 草图 功能选项卡 创建▾ 中的 槽形，在系统弹出的快捷列表中选择 中心到中心 命令。

◎步骤3 定义槽的起始中心点。在图形区任意位置单击，即可确定槽的起始中心点。

◎步骤4 定义槽的终止中心点。在图形区任意位置单击，即可确定槽的终止中心点（起始中心点与终止中心点的连线将直接决定槽的整体角度）。

◎步骤5 定义槽的大小控制点。在图形区任意位置再次单击，即可确定槽的大小控制点，此时系统会自动绘制一个槽。

> **注意**
>
> 大小控制点不可以与起始定位点和终止定位点之间的连线重合，否则将不能创建槽；起始定位点与终止定位点之间的连线与大小控制点之间的距离将直接决定槽的半宽。

◎步骤6 结束绘制。在键盘上按 Esc 键，结束槽的绘制。

方法二：整体

◎步骤1 进入草图环境。单击 三维模型 功能选项卡 草图 区域中的 図（开始创建二维草图）按钮，在系统提示下，选取"XY平面"作为草图平面，进入草图环境。

◎步骤2 选择命令。单击 草图 功能选项卡 创建▾ 中的 槽形，在系统弹出的快捷列表中选择 整体 命令。

◎步骤3 定义槽的起点。在图形区任意位置单击，即可确定槽的起点。

◎步骤4 定义槽的终点。在图形区任意位置单击，即可确定槽的终点。

> **注意**
>
> 起点与终点的连线将直接决定槽的角度；起点与终点的连线长度直接决定槽的整体长度。

◎步骤5 定义槽的大小控制点。在图形区任意位置再次单击，即可确定槽的大小控制点，此时系统会自动绘制一个槽。

◎步骤6 结束绘制。在键盘上按 Esc 键，结束槽的绘制。

方法三：中心点

◎步骤1 进入草图环境。单击 三维模型 功能选项卡 草图 区域中的 図（开始创建二维草图）按钮，在系统提示下，选取"XY平面"作为草图平面，进入草图环境。

◎步骤2 选择命令。单击 草图 功能选项卡 创建▾ 中的 槽形，在系统弹出的快捷列表中选择 中心点 命令。

◎步骤3 定义槽的中心点。在图形区任意位置单击，即可确定槽的中心点。

◎步骤4 定义槽的第2个点。在图形区任意位置单击，即可确定槽的第2个点（中心点与第 2 个点的连线将直接决定槽的整体角度）。

步骤5　定义槽的大小控制点。在图形区任意位置再次单击，即可确定槽的大小控制点，此时系统会自动绘制一个槽。

步骤6　结束绘制。在键盘上按 Esc 键，结束槽的绘制。

方法四：三点圆弧

步骤1　进入草图环境。单击 三维模型 功能选项卡 草图 区域中的 ☑ （开始创建二维草图）按钮，在系统提示下，选取 "XY 平面" 作为草图平面，进入草图环境。

步骤2　选择命令。单击 草图 功能选项卡 创建 ▾ 中的 ，在系统弹出的快捷列表中选择 槽 三点圆弧 命令。

步骤3　定义三点圆弧的起点。在图形区任意位置单击，即可确定三点圆弧的起点。

步骤4　定义三点圆弧的端点。在图形区任意位置再次单击，即可确定三点圆弧的终点。

步骤5　定义三点圆弧的通过点。在图形区任意位置再次单击，即可确定三点圆弧的通过点。

步骤6　定义三点圆弧槽的大小控制点。在图形区任意位置再次单击，即可确定三点圆弧槽的大小控制点，此时系统会自动绘制一个槽。

步骤7　结束绘制。在键盘上按 Esc 键，结束槽的绘制。

方法五：圆心圆弧

步骤1　进入草图环境。单击 三维模型 功能选项卡 草图 区域中的 ☑ （开始创建二维草图）按钮，在系统提示下，选取 "XY 平面" 作为草图平面，进入草图环境。

步骤2　选择命令。单击 草图 功能选项卡 创建 ▾ 中的 ，在系统弹出的快捷列表中选择 槽 圆心圆弧 命令。

步骤3　定义圆弧的中心点。在图形区任意位置单击，即可确定圆弧的中心点。

步骤4　定义圆弧的起点。在图形区任意位置再次单击，即可确定圆弧的起点。

步骤5　定义圆弧的端点。在图形区任意位置再次单击，即可确定圆弧的端点。

步骤6　定义圆心圆弧槽的大小控制点。在图形区任意位置再次单击，即可确定圆心圆弧槽的大小控制点，此时系统会自动在 4 个点间绘制一个槽。

步骤7　结束绘制。在键盘上按 Esc 键，结束槽的绘制。

3.4.10　样条曲线的绘制

样条曲线是通过任意多个位置点（至少两个点）的平滑曲线，样条曲线主要用来帮助用户得到各种复杂的曲面造型，因此在进行曲面设计时会经常使用。

▶ 14min

方法一：插值

下面以绘制如图 3.17 所示的样条曲线为例，说明绘制插值样条曲线的一般操作过程。

步骤1　进入草图环境。单击 三维模型 功能选项卡 草图 区域中的 ☑ （开始创建二维草图）按钮，在系统提示下，选取 "XY 平面" 作为草图平面，进入草图环境。

图 3.17　插值类型

◎步骤2　选择命令。单击 草图 功能选项卡 创建 ▾ 中的 线 ，在系统弹出的快捷列表中选择 样条曲线 插值 命令。

◎步骤3　定义样条曲线的第一定位点。在图形区点 1（如图 3.17 所示）位置单击，即可确定样条曲线的第一定位点。

◎步骤4　定义样条曲线的第二定位点。在图形区点 2（如图 3.17 所示）位置再次单击，即可确定样条曲线的第二定位点。

◎步骤5　定义样条曲线的第三定位点。在图形区点 3（如图 3.17 所示）位置再次单击，即可确定样条曲线的第三定位点。

◎步骤6　定义样条曲线的第四定位点。在图形区点 4（如图 3.17 所示）位置再次单击，即可确定样条曲线的第四定位点。

◎步骤7　结束绘制。在键盘上按 Enter 键，确定样条曲线的绘制，在键盘上按 Esc 键，结束样条曲线的绘制功能。

注意

　　插值类型的样条曲线可以开放也可以封闭，当第 1 个点与最后一个点为同一个点时，将绘制封闭样条曲线，如图 3.18 所示。

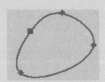

图 3.18　封闭样条曲线

方法二：控制顶点

下面以绘制如图 3.19 所示的样条曲线为例，说明绘制控制顶点类型样条曲线的一般操作过程。

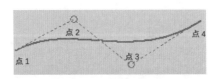

图 3.19　控制顶点类型

◎步骤1　进入草图环境。单击 三维模型 功能选项卡 草图 区域中的 囗（开始创建二维草图）

按钮，在系统提示下，选取"XY 平面"作为草图平面，进入草图环境。

🔵步骤2 选择命令。单击 草图 功能选项卡 创建 ▾ 中的 线，在系统弹出的快捷列表中选择 ∿ 样条曲线 控制顶点 命令。

🔵步骤3 定义控制顶点样条曲线的第 1 个控制点。在图形区点 1（如图 3.19 所示）位置单击，即可确定样式样条曲线的第一定位点。

🔵步骤4 定义控制顶点样条曲线的第 2 个控制点。在图形区点 2（如图 3.19 所示）位置单击，即可确定样式样条曲线的第二定位点。

🔵步骤5 定义控制顶点样条曲线的第 3 个控制点。在图形区点 3（如图 3.19 所示）位置单击，即可确定样式样条曲线的第三定位点。

🔵步骤6 定义控制顶点样条曲线的第 4 个控制点。在图形区点 4（如图 3.19 所示）位置单击，即可确定样式样条曲线的第四定位点。

🔵步骤7 结束绘制。在键盘上按 Enter 键，确定样条曲线的绘制，在键盘上按 Esc 键，结束样条曲线的绘制功能。

注意

　　控制顶点类型的样条曲线可以开放也可以封闭，当第 1 个点与最后一个点为同一个点时，将绘制封闭样条曲线，如图 3.20 所示，样条曲线只通过第 1 个点与最后一个点。

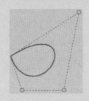

图 3.20　封闭样条曲线

方法三：表达式

下面以绘制如图 3.21 所示的正弦曲线为例，说明绘制表达式类型样条曲线的一般操作过程。

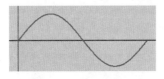

图 3.21　表达式类型

🔵步骤1 进入草图环境。单击 三维模型 功能选项卡 草图 区域中的 回（开始创建二维草图）按钮，在系统提示下，选取"XY 平面"作为草图平面，进入草图环境。

🔵步骤2 选择命令。单击 草图 功能选项卡 创建 ▾ 中的 线，在系统弹出的快捷列表中选择 ⌒ 表达式曲线 表达式曲线 命令，系统会弹出如图 3.22 所示的表达式输入窗口。

○步骤 3 输入方程式。在 x(t): 文本框输入 50（一个周期的长度）*t，在 y(t): 文本框输入 10（极限值）*sin(t*360)，在 tmin: 文本框输入 0，在 tmax: 文本框输入 1（周期数）。表达式参数含义如图 3.23 所示。

图 3.22　表达式窗口

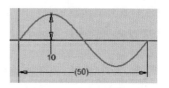

图 3.23　表达式参数含义

○步骤 4 完成绘制。单击表达式输入窗口中的 ✓ 按钮，完成曲线的绘制。

方法四：桥接曲线

下面以绘制如图 3.24 所示的桥接曲线为例，说明绘制桥接曲线的一般操作过程。

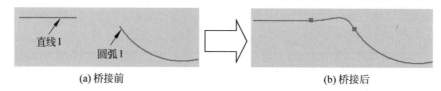

(a) 桥接前　　　　　　　　　　　　　(b) 桥接后

图 3.24　桥接曲线

○步骤 1 打开文件 D:\inventor2022\ ch03.04\ 桥接曲线 -ex。

○步骤 2 进入草图环境。在浏览器中右击"草图 1"，在弹出的快捷菜单中选择 🖉 编辑草图 命令。

○步骤 3 选择命令。单击 草图 功能选项卡 创建 ▾ 中的 线，在系统弹出的快捷列表中选择 桥接曲线 命令。

○步骤 4 定义第一条曲线。在系统提示下，选取如图 3.24（a）所示的直线 1（靠近右侧端点选取直线 1）作为第一条曲线。

○步骤 5 定义第二条曲线。在系统提示下，选取如图 3.24（a）所示的圆弧 1（靠近左侧端点选取圆弧 1）作为第二条曲线，完成后如图 3.24（b）所示。

3.4.11　文本的绘制

8min

文本是指常说的文字，它是一种比较特殊的草图，在 Inventor 中软件提供了草图文字功能来帮助我们绘制文字。

方法一：普通文字

下面以绘制如图 3.25 所示的文本为例，说明绘制文本的一般操作过程。

清华大学出版社

图 3.25　文本

○步骤 1　进入草图环境。单击 三维模型 功能选项卡 草图 区域中的 ▢（开始创建二维草图）按钮，在系统提示下，选取"XY 平面"作为草图平面，进入草图环境。

○步骤 2　选择命令。单击 草图 功能选项卡 创建 ▾ 中的 A 文本 按钮。

○步骤 3　定义文本位置。在图形区的合适位置单击，即可确定文本的位置，此时系统会弹出如图 3.26 所示的"文本格式"对话框。

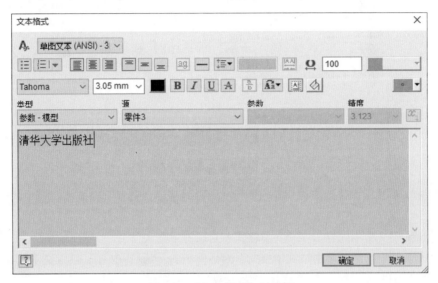

图 3.26　"文本格式"对话框

○步骤 4　定义文本内容。在文本格式对话框中输入"清华大学出版社"。

○步骤 5　结束绘制。单击"文本格式"对话框中的 确定 按钮，结束文本的绘制。

方法二：沿曲线文字

下面以绘制如图 3.27 所示的沿曲线文字为例，说明绘制沿曲线文字的一般操作过程。

(a) 创建前　　　　　　　　　　(b) 创建后

图 3.27　沿曲线文字

○步骤 1　打开文件 D:\inventor2022\ ch03.04\ 沿曲线文字 -ex。

○步骤 2　进入草图环境。在浏览器中右击"草图 1"，在弹出的快捷菜单中选择 编辑草图 命令。

○步骤 3　选择命令。单击 草图 功能选项卡 创建 ▾ 中 A 文本 后的 ▾ 按钮，在系统弹出的快捷列表中选择 A 几何图元文本 命令。

○步骤 4　选择定位曲线。在系统提示下选取如图 3.27（a）所示的圆弧曲线，系统会弹出如图 3.28 所示的"几何图元文本"对话框。

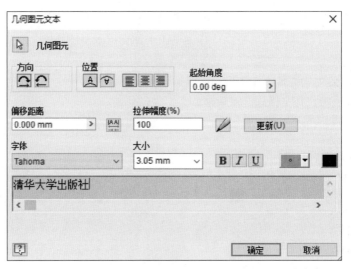

图 3.28 "几何图元文本"对话框

步骤 5 定义文本位置。在"几何图元文本"对话框"位置"区域选中 ▲（向外）与 ▤（左对齐）。

步骤 6 定义文本内容。在"文本格式"对话框中输入"清华大学出版社"。

步骤 7 结束绘制。单击"文本格式"对话框中的 确定 按钮，结束文本的绘制。

图 3.28 所示的几何图元文本对话框中各选项的说明如下。

（1）方向区域：用于指定文本是按顺时针（从左到右）还是按逆时针（从右到左）显示，如图 3.29 所示。

(a) 顺时针   (b) 逆时针

图 3.29 方向

（2）位置区域：用于指定文本是在几何图元的外部还是内部，并确定文本的竖直方向，如图 3.30 所示。

(a) 外部   (b) 内部

图 3.30 位置

（3）位置对齐区域：用于指定文本相对于几何图元参考点（对于水平直线、成角度直线和圆弧，将左侧端点视为参考点；对于竖直直线，底部端点是参考点；对于圆，左象限点是参考点）是左对齐、居中对齐还是右对齐，如图 3.31 所示。

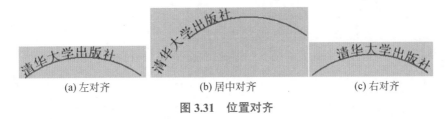

| (a) 左对齐 | (b) 居中对齐 | (c) 右对齐 |

图 3.31　位置对齐

（4）起始角度区域：指定圆（相对于左象限点）和圆弧（相对于左起始点）的参考点位置。对于直线，该选项不可用，如图 3.32 所示。

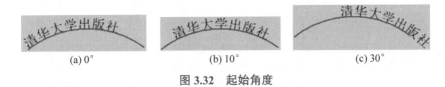

| (a) 0° | (b) 10° | (c) 30° |

图 3.32　起始角度

（5）字体属性区域：用于指定选定文本的字体属性（字体、大小、样式等）。

3.5　Inventor 二维草图的编辑

对于比较简单的草图，在具体绘制时，对各个图元可以确定好，但并不是每个图元都可以一步到位地绘制好，在绘制完成后还要对其进行必要的修剪或复制才能完成，这就是草图的编辑；在绘制草图时，绘制的速度较快，经常会出现绘制的图元形状和位置不符合要求的情况，这个时候就需要对草图进行编辑；草图的编辑包括操纵移动图元、镜像、修剪图元等，可以通过这些操作将一个很粗略的草图调整到很规整的状态。

3.5.1　操纵图元

9min

图元的操纵主要用来调整现有对象的大小和位置。在 Inventor 中不同图元的操纵方法是不一样的，接下来就把常用的几类图元的操纵方法具体介绍一下。

1. 直线的操纵

整体移动直线位置：在图形区，把鼠标指针移动到直线上，按住左键不放，同时移动鼠标，此时直线将随着鼠标指针一起移动，达到绘图意图后松开鼠标左键即可。

调整直线的大小：在图形区，把鼠标指针移动到直线端点上，按住左键不放，同时移动鼠标，此时会看到直线会以另外一个点为固定点伸缩或转动直线，达到绘图意图后松开鼠标左键即可。

2. 圆的操纵

整体移动圆位置：在图形区，把鼠标指针移动到圆心上，按住左键不放，同时移动鼠标，此时圆将随着鼠标指针一起移动，达到绘图意图后松开鼠标左键即可。

调整圆的大小：在图形区，把鼠标指针移动到圆上，按住左键不放，同时移动鼠标，此时会看到圆随着鼠标的移动而变大或变小，达到绘图意图后松开鼠标左键即可。

3. 圆弧的操纵

整体移动圆弧位置：在图形区，把鼠标指针移动到圆弧圆心上，按住左键不放，同时移动鼠标，此时圆弧将随着鼠标指针一起移动，达到绘图意图后松开鼠标左键即可。

调整圆弧的大小：在图形区，把鼠标指针移动到圆弧的某一个端点上（或者靠近端点的圆弧上），按住左键不放，同时移动鼠标，此时会看到圆弧会以另一端为固定点旋转，并且圆弧的夹角也会变化，达到绘图意图后松开鼠标左键即可。

> **注意**
>
> 由于在调整圆弧大小时，圆弧圆心位置也会变化，因此为了更好地控制圆弧位置，建议读者先调整好大小，然后再调整位置。

4. 矩形的操纵

整体移动矩形位置：在图形区，通过框选的方式选中整个矩形，然后将鼠标指针移动到矩形的任意一条边线上，按住左键不放，同时移动鼠标，此时矩形将随着鼠标指针一起移动，达到绘图意图后松开鼠标左键即可。

调整矩形的大小：在图形区，把鼠标指针移动到矩形的水平边线上，按住左键不放，同时移动鼠标，此时会看到矩形的宽度会随着鼠标的移动而变大或变小；在图形区，把鼠标指针移动到矩形的竖直边线上，按住左键不放，同时移动鼠标，此时会看到矩形的长度会随着鼠标的移动而变大或变小；在图形区，把鼠标指针移动到矩形的角点上，按住左键不放，同时移动鼠标，此时会看到矩形的长度与宽度会随着鼠标的移动而变大或变小，达到绘图意图后松开鼠标左键即可。

5. 样条曲线的操纵

整体移动样条曲线位置：在图形区，把鼠标指针移动到样条曲线上，按住左键不放，同时移动鼠标，此时样条曲线将随着鼠标指针一起移动，达到绘图意图后松开鼠标左键即可。

调整样条曲线的形状大小：在图形区，把鼠标指针移动到样条曲线的中间控制点上，按住左键不放，同时移动鼠标，此时会看到样条曲线的形状随着鼠标的移动而不断变化；在图形区，把鼠标指针移动到样条曲线的某一个端点上，按住左键不放，同时移动鼠标，此时样条曲线的另一个端点和中间点固定不变，其形状随着鼠标的移动而变化，达到绘图意图后松开鼠标左键即可。

3.5.2　移动图元

图元的移动主要用来调整现有对象的整体位置。下面以如图 3.33 所示的圆弧为例，介绍图元移动的一般操作过程。

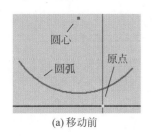

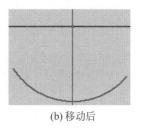

(a) 移动前　　　　　　　　　　　　　　　　　　(b) 移动后

图 3.33　图元移动

○步骤 1　打开文件 D:\inventor2022\ ch03.05\ 移动图元 -ex。

○步骤 2　进入草图环境。在浏览器中右击"草图 1"，在弹出的快捷菜单中选择 🗔 编辑草图 命令。

○步骤 3　选择命令。单击 草图 功能选项卡 修改 中的 ✛ 移动 按钮，系统会弹出如图 3.34 所示的"移动"对话框。

○步骤 4　选择移动对象。在系统"选择要移动的几何图元"的提示下，选取如图 3.33（a）所示的圆弧作为要移动的对象。

图 3.34　"移动"对话框

○步骤 5　定义移动基点。在"移动"对话框中激活 ↔ 前的 ▷ 按钮，在系统提示下，选取如图 3.33 所示的圆弧圆心为基点。

○步骤 6　定义移动端点。在系统提示下，选取坐标原点为移动端点。

○步骤 7　在"移动"对话框单击 完毕 按钮完成移动的操作。

3.5.3　修剪图元

修剪图元就是指沿着给定的剪切边界来断开对象，并删除该对象位于剪切边某一侧的部分。下面以修剪如图 3.35 所示的图元为例，说明修剪图元的一般操作过程。

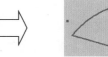

(a) 修剪前　　　　　　　　　　　　(b) 修剪后

图 3.35　修剪图元

○步骤 1 打开文件 D:\inventor2022\ ch03.05\ 修剪图元 -ex。

○步骤 2 进入草图环境。在浏览器中右击"草图 1"，在弹出的快捷菜单中选择 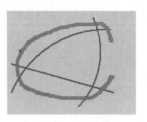 编辑草图 命令。

○步骤 3 选择命令。单击 草图 功能选项卡 修改 中的 ✂ 修剪 按钮。

○步骤 4 在系统 选择要修剪的曲线部分或按住控制键 的提示下，拖动鼠标左键绘制如图 3.36 所示的轨迹，与该轨迹相交的草图图元将被修剪，结果如图 3.35（b）所示。

图 3.36 修剪轨迹

说明

用户在需要修剪的对象上单击，也可以修剪对象。

3.5.4 延伸图元

延伸图元主要用来将现有图元延伸至边界。下面以图 3.37 为例，介绍延伸图元的一般操作过程。

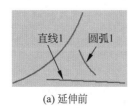 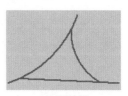

(a) 延伸前   (b) 延伸后

图 3.37 延伸图元

○步骤 1 打开文件 D:\inventor2022\ ch03.05\ 延伸图元 -ex。

○步骤 2 进入草图环境。在浏览器中右击"草图 1"，在弹出的快捷菜单中选择 编辑草图 命令。

○步骤 3 选择命令。单击 草图 功能选项卡 修改 中的 ⟶ 延伸 按钮。

○步骤 4 定义要延伸的草图图元。在绘图区靠近上方选取圆弧 1，系统会自动将圆弧 1 延伸至左侧圆弧上，如图 3.38 所示。

○步骤 5 在绘图区靠近下方选取圆弧 1，系统会自动将圆弧 1 延伸至下方直线上，如

图 3.39 所示。

◎步骤 6 在绘图区靠近左侧选取直线 1，系统会自动将直线 1 延伸至左侧圆弧上，如图 3.37（b）所示。

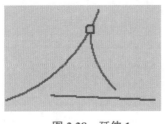

图 3.38 延伸 1

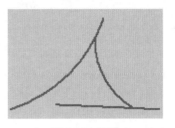

图 3.39 延伸 2

3.5.5 镜像图元

镜像图元主要用来将所选择的源对象相对于某一个镜像中心线进行对称复制，从而可以得到源对象的一个副本，这就是镜像图元。下面以图 3.40 为例，介绍图元镜像的一般操作过程。

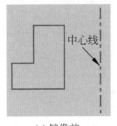

(a) 镜像前

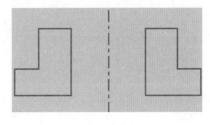

(b) 镜像后

图 3.40 图元镜像

◎步骤 1 打开文件 D:\inventor2022\ ch03.05\ 镜像图元 -ex。

◎步骤 2 进入草图环境。在浏览器中右击"草图 1"，在弹出的快捷菜单中选择 编辑草图 命令。

◎步骤 3 选择命令。单击 草图 功能选项卡 阵列 中的 ⚠镜像 按钮，系统会弹出如图 3.41 所示的"镜像"对话框。

图 3.41 "镜像"对话框

◎步骤 4 定义要镜像的草图图元。在系统 选择要镜像的几何图元 的提示下，在图形区框选要镜像的草图图元，如图 3.40（a）所示。

◎步骤 5 定义镜像中心线。在"镜像"对话框中单击激活 镜像线 前的 按钮，在系统"选择镜像线"的提示下，选取如图 3.40 所示镜像中心线。

◎步骤 6 完成操作。单击"镜像"对话框中的 应用 与 完毕 按钮，完成镜像操作，效果如图 3.40（b）所示。

> **说明**
>
> 由于图元镜像后的副本与源对象之间是一种对称的关系，因此在具体绘制对称图形时，就可以采用先绘制一半，然后通过镜像复制的方式快速得到另一半，进而提高实际绘图效率。

3.5.6 矩形阵列

矩形阵列主要用来将所选择的源对象沿着一个或者两个线性方向进行规律性复制，从而可以得到源对象的多个副本，这就是矩形阵列。下面以图 3.42 为例，介绍矩形阵列的一般操作过程。

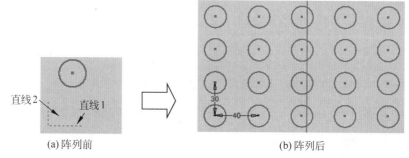

图 3.42 矩形阵列

◎步骤1 打开文件 D:\inventor2022\ ch03.05\ 矩形阵列 -ex。

◎步骤2 进入草图环境。在浏览器中右击"草图 1"，在弹出的快捷菜单中选择 □ 编辑草图 命令。

◎步骤3 选择命令。单击 草图 功能选项卡 阵列 中的 矩形 按钮，系统会弹出如图 3.43 所示的"矩形阵列"对话框。

图 3.43 "矩形阵列"对话框

◎步骤4 定义要阵列的草图图元。在系统 选择几何图元进行阵列 的提示下，在图形区选取如图 3.42（a）所示的圆作为要阵列的图元。

◎步骤5 定义方向 1 参数。在"矩形阵列"对话框激活"方向 1"区域中的 ⬆ 按钮，在系统 定义阵列方向 的提示下，选取如图 3.42 所示的直线 1 作为方向 1 的参考，此时方向如图 3.44

所示，在 ⋯ 文本框输入 5（说明在方向 1 上需要创建 5 个），在 ◇ 文本框输入 40（说明方向 1 上相邻两个实例的间距为 40）。

说明

> 如果方向反了，则用户可以通过单击"方向 1"区域中的 ⊞ 按钮进行调整。

◎步骤6　定义方向 2 参数。在"矩形阵列"对话框激活"方向 2"区域中的 ▸ 按钮，在系统 定义阵列方向 的提示下，选取如图 3.42 所示的直线 2 作为方向 2 的参考，此时方向如图 3.45 所示，在 ⋯ 文本框输入 4（说明在方向 2 上需要创建 4 个），在 ◇ 文本框输入 30（说明方向 2 上相邻两个实例的间距为 30）。

图 3.44　方向 1 参数

图 3.45　方向 2 参数

◎步骤7　完成操作。单击"矩形阵列"对话框中的 确定 按钮，完成阵列操作，效果如图 3.42（b）所示。

说明

> 用户创建矩形阵列后，如果后期想再次编辑阵列的参数，则只需在图形区右击任意一个阵列后的对象，选择 编辑阵列 命令，在系统弹出的"矩形阵列"对话框中修改参数。

3.5.7　环形阵列

环形阵列主要用来将所选择的源对象绕着一个中心点按规律进行圆周复制，从而可以得到源对象的多个副本，这就是环形阵列。下面以图 3.46 为例，介绍环形阵列的一般操作过程。

◎步骤1　打开文件 D:\inventor2022\ ch03.05\ 环形阵列 -ex。

◎步骤2　进入草图环境。在浏览器中右击"草图 1"，在弹出的快捷菜单中选择 编辑草图 命令。

(a) 阵列前

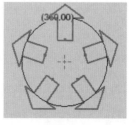

(b) 阵列后

图 3.46　环形阵列

步骤 3 选择命令。单击 草图 功能选项卡 阵列 中的 ⬡ 环形 按钮，系统会弹出如图 3.47 所示的"环形阵列"对话框。

图 3.47 "环形阵列"对话框

步骤 4 定义要阵列的草图图元。在系统 选择几何图元进行阵列 的提示下，在图形区框选整个箭头图形作为要阵列的图元。

步骤 5 定义阵列中心轴。在"环形阵列"对话框激活 ✦ 前的 ▸ 按钮，在系统 定义旋转轴 的提示下，选取如图 3.46（a）所示的点作为阵列中心，在 ⬡ 文本框输入 6（说明需要创建 6 个），在 ◇ 文本框输入 360（说明在 360° 范围内均匀分布 6 个）。

步骤 6 完成操作。单击"环形阵列"对话框中的 确定 按钮，完成阵列操作，效果如图 3.46（b）所示。

7min

3.5.8 倒角

下面以图 3.48 为例，介绍倒角的一般操作过程。

(a) 倒角前

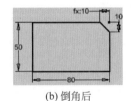

(b) 倒角后

图 3.48 倒角

步骤 1 打开文件 D:\inventor2022\ ch03.05\ 倒角 -ex。

步骤 2 进入草图环境。在浏览器中右击"草图 1"，在弹出的快捷菜单中选择 ✎ 编辑草图 命令。

步骤 3 选择命令。在 草图 功能选项卡 创建 ▾ 区域中，单击 ⌐ 圆角 后的 ▾，在系统弹出的快捷菜单中选择 ✎ 倒角 命令，系统会弹出如图 3.49 所示的"二维倒角"对话框。

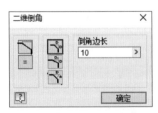

图 3.49 "二维倒角"对话框

步骤4 定义倒角参数。在"二维倒角"对话框中选中 单选项，在"倒角边长"文本框输入 10。

步骤5 定义倒角对象。选取矩形的右上角点作为倒角对象（对象选取时还可以选取矩形的上方边线和右侧边线）。

步骤6 完成操作。单击"二维倒角"对话框中的 确定 按钮，完成倒角操作，效果如图 3.48（b）所示。

图 3.49 所示的"二维倒角"对话框中各选项的说明如下。

（1） （创建尺寸）：用于在图形对象上自动标注尺寸的大小，如图 3.50 所示。

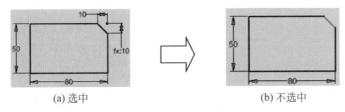

(a) 选中　　　　　　　　　　　　　(b) 不选中

图 3.50　创建尺寸

（2） （与参数相等）：用于将其他倒角的距离和角度设置为与当前实例中创建的第 1个倒角的值相等。

（3） （等边）：用于通过两个相同的值控制倒角的大小，如图 3.51（a）所示。

（4） （不等边）：用于通过两个不同的值控制倒角的大小，如图 3.51（b）所示。

（5） 单选项：用于通过距离和角度控制倒角的大小，如图 3.51（c）所示。

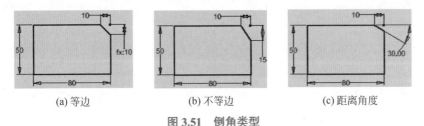

(a) 等边　　　　　　　　(b) 不等边　　　　　　　　(c) 距离角度

图 3.51　倒角类型

3.5.9　圆角

下面以图 3.52 为例，介绍圆角的一般操作过程。

4min

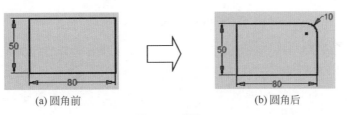

(a) 圆角前　　　　　　　　　　　　(b) 圆角后

图 3.52　圆角

○步骤 1　打开文件 D:\inventor2022\ ch03.05\ 圆角 -ex。

○步骤 2　进入草图环境。在浏览器中右击"草图 1"，在弹出的快捷菜单中选择 命令。

○步骤 3　选择命令。在 草图 功能选项卡 创建 ▼ 区域中，单击 ⌒圆角 ▼ 后的 ，在系统弹出的快捷菜单中选择 ⌒圆角 命令，系统会弹出如图 3.53 所示的"二维圆角"对话框。

图 3.53　"二维圆角"对话框

○步骤 4　定义圆角参数。在"二维圆角"对话框中的"圆角大小"文本框输入 10。

○步骤 5　定义圆角对象。选取矩形的右上角点作为圆角对象（对象选取时还可以选取矩形的上方边线和右侧边线）。

○步骤 6　完成操作。单击"二维圆角"对话框中的 ✕ 按钮，完成圆角操作，效果如图 3.52（b）所示。

3.5.10　复制图元

▶ 6min

下面以图 3.54 为例，介绍复制图元的一般操作过程。

(a) 复制前　　　　　　　　　　　　　　(b) 复制后

图 3.54　复制图元

○步骤 1　打开文件 D:\inventor2022\ ch03.05\ 复制图元 -ex。

○步骤 2　进入草图环境。在浏览器中右击"草图 1"，在弹出的快捷菜单中选择 编辑草图 命令。

○步骤 3　选择命令。单击 草图 功能选项卡 修改 中的 复制 按钮，系统会弹出如图 3.55 所示的"复制"对话框。

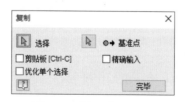

图 3.55　"复制"对话框

○步骤 4　选择要复制的几何对象。在系统 选择要复制的几何图元 的提示下，选取圆弧作为要复制的对象。

○步骤 5　定义基准点。在"复制"对话框激活 ↦ 前的 按钮，在系统 选择基准点 的提示下，选取圆弧的左侧端点作为基准点。

◯步骤⑥ 定义要复制到的点。在系统 指定要复制的端点 的提示下，选取如图 3.54（a）所示的点作为要复制到的点。

◯步骤⑦ 结束操作。单击"复制"对话框中的 完毕 按钮，完成复制操作，效果如图 3.54（b）所示。

图 3.55 所示的"复制"对话框中各选项的说明如下。

（1）□剪贴板 [Ctrl-C] 复选框：用于保存所选结合图元的临时副本，从而粘贴到其他图形中。

（2）□精确输入 复选框：用于调出如图 3.56 所示的"精确输入"工具栏，从而可以通过输入具体的 X 和 Y 坐标控制所选几何图元的位置。

图 3.56　"精确输入"工具条

（3）□优化单个选择 复选框：用于在选择单个复制对象后，自动激活基准点的选取，针对单个对象的复制非常实用。

3.5.11　旋转图元

下面以图 3.57 所示的圆弧为例，说明旋转图元的一般操作过程。

▶4min

旋转中心点

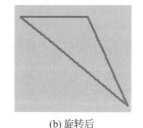

（a）旋转前　　　　　　　　　　　　　（b）旋转后

图 3.57　旋转图元

◯步骤① 打开文件 D:\inventor2022\ ch03.05\ 旋转图元 -ex。

◯步骤② 进入草图环境。在浏览器中右击"草图 1"，在弹出的快捷菜单中选择 编辑草图 命令。

◯步骤③ 选择命令。单击 草图 功能选项卡 修改 中的 ↻旋转 按钮，系统会弹出如图 3.58 所示的"旋转"对话框。

◯步骤④ 选择要旋转的几何对象。在系统 选择要旋转的几何图元 的提示下，选取整个三角形作为要旋转的对象。

◯步骤⑤ 定义旋转中心。单击"旋转"对话框中的"选择中心点"按钮 ，在图形区选择如图 3.57（a）所示的点作为旋转中心。

◯步骤⑥ 在系统弹出的如图 3.59 所示的 Autodesk Inventor Professional 对话框中选择 是(Y) 。

图 3.58　"旋转"对话框

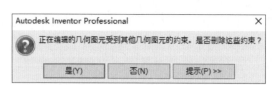

图 3.59　Autodesk Inventor Professional 对话框

> **说明**
>
> 此对话框只有在图元中包含与旋转相冲突的约束时才会弹出，否则不会弹出。

（步骤 7）在 角度 的文本框中输入值 90，单击 应用 按钮，单击 完毕 按钮，完成旋转的操作。

图 3.58 所示的"旋转"对话框中各选项的说明如下。

（1）□精确输入 复选框：用于调出"精确输入"工具栏，从而可以通过输入具体的 X 和 Y 坐标控制所选几何图元的位置。

（2）☑复制 复选框：用于保留原始对象，如图 3.60 所示。

（3）□优化单个选择 复选框：用于在选择单组旋转对象后，自动激活中心点的选取，针对单组对象的旋转非常实用。

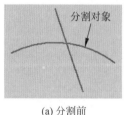

图 3.60　选中复制复选框

3.5.12　分割图元

4min

下面以图 3.61 所示的圆弧为例，说明分割图元的一般操作过程。

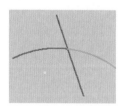

(a) 分割前　　　　　　　　　　　　　　　　(b) 分割后

图 3.61　分割图元

（步骤 1）打开文件 D:\inventor2022\ ch03.05\ 分割图元 -ex。

（步骤 2）进入草图环境。在浏览器中右击"草图 1"，在弹出的快捷菜单中选择 编辑草图 命令。

（步骤 3）选择命令。单击 草图 功能选项卡 修改 中的 分割 按钮。

（步骤 4）选择要分割的几何对象。在系统 选择要分割的曲线 的提示下，选取如图 3.61（a）所示的圆弧作为分割对象。

（步骤 5）按 Esc 键退出分割操作。

说明

　　分割的刀具系统会自动选取，并且分割的刀具可以与分割对象相交，也可以不相交，如图 3.62 所示；当有多个分割刀具时，如果选取分割对象的位置不同，则结果也会不同，如图 3.63 所示。

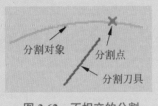

图 3.62　不相交的分割

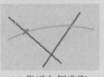

(a) 靠近左侧选取

(b) 靠近右侧选取

图 3.63　多个分割刀具

3.5.13　缩放图元

下面以图 3.64 所示的椭圆为例，说明缩放图元的一般操作过程。

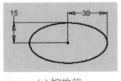

(a) 缩放前

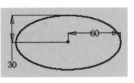

(b) 缩放后

图 3.64　缩放图元

3min

◎步骤 1　打开文件 D:\inventor2022\ ch03.05\ 缩放图元 -ex。

◎步骤 2　进入草图环境。在浏览器中右击"草图 1"，在弹出的快捷菜单中选择 编辑草图 命令。

◎步骤 3　选择命令。单击 草图 功能选项卡 修改 中的 缩放 按钮，系统会弹出如图 3.65 所示的"缩放"对话框。

图 3.65　"缩放"对话框

◎步骤 4　选择要缩放的几何对象。在系统 选择要缩放的几何图元 的提示下，选取椭圆作为要缩放的对象。

◎步骤 5　定义缩放中心。单击"缩放"对话框 前的 按钮，在图形区选择椭圆的圆心作为旋转中心。

◎步骤⑥ 在系统弹出的 Autodesk Inventor Professional 对话框中选择 是(Y) 。

◎步骤⑦ 在 比例系数 的文本框中输入值 2，单击 应用 按钮，单击 完毕 按钮，完成缩放的操作。

> **说明**
>
> 当 比例系数 的值小于 1 时，对象将被缩小；当 比例系数 的值大于 1 时，对象将被放大。

3.5.14 拉伸图元

3min

下面以图 3.66 所示的图形为例，说明拉伸图元的一般操作过程。

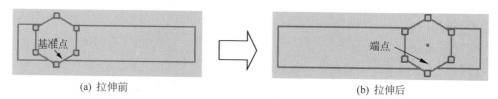

(a) 拉伸前　　　　　　　　　　　　　　(b) 拉伸后

图 3.66　拉伸图元

◎步骤① 打开文件 D:\inventor2022\ ch03.05\ 拉伸图元 -ex。

◎步骤② 进入草图环境。在浏览器中右击"草图 1"，在弹出的快捷菜单中选择 编辑草图 命令。

◎步骤③ 选择命令。单击 草图 功能选项卡 修改 中的 拉伸 按钮，系统会弹出如图 3.67 所示的"拉伸"对话框。

图 3.67　"拉伸"对话框

◎步骤④ 选择要拉伸的几何对象。在系统 选择要拉伸的几何图元 的提示下，选取正六边形作为要拉伸的对象。

◎步骤⑤ 定义拉伸基准点。单击"拉伸"对话框 ↔ 前的 按钮，在图形区选择如图 3.66（a）所示的点作为拉伸基准点。

◎步骤⑥ 在系统弹出的 Autodesk Inventor Professional 对话框中选择 是(Y) 。

◎步骤⑦ 定义拉伸端点。在系统 指定要拉伸的端点 的提示下，选取如图 3.66（b）所示的点为拉伸端点，单击 完毕 按钮，完成拉伸的操作。

3.5.15　偏移图元

6min

偏移图元主要用来将所选择的源对象沿着某一个方向移动一定的距离，从而得到源对象的一个副本。下面以图 3.68 为例，介绍偏移图元的一般操作过程。

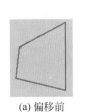

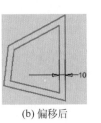

(a) 偏移前　　　　　　　　　　　　　(b) 偏移后

图 3.68　偏移图元

○步骤1　打开文件 D:\inventor2022\ ch03.05\ 偏移图元 -ex。

○步骤2　进入草图环境。在浏览器中右击"草图 1"，在弹出的快捷菜单中选择 编辑草图 命令。

○步骤3　选择命令。单击 草图 功能选项卡 修改 中的 偏移 按钮。

○步骤4　选择要偏移的几何对象。在系统 选择偏移曲线 的提示下，选取如图 3.68（a）所示的任意直线作为要偏移的对象（系统会自动选取整个对象）。

> **说明**
>
> 如果用户只想选取其中的一个或者两个对象及逆行偏移，则只需在选取对象前右击，在弹出的快捷菜单中取消选中 回路选择(L)，然后选取要偏移的对象，选取完成后按 Enter 键确认。

○步骤5　定义偏移参数，将鼠标指针移动到原始对象的外侧（说明向外侧偏移），在尺寸文本框输入偏移值 10 并按 Enter 键确定，按 Esc 键完成偏移操作，效果如图 3.68（b）所示。

> **说明**
>
> 偏距后曲线的图元片段数量必须保证与原始曲线的图元数量相等（组成片段一一对应）才可以创建成功，否则 Inventor 将拒绝创建新的曲线。

3.5.16　转换构造图元

3min

Inventor 中构造图元（构造线）的作用是作为辅助线（参考线），构造图元以虚线形式显示。草绘中的直线、圆弧和样条线等图元都可以转化为构造图元。下面以图 3.69 为例，说明其创建方法。

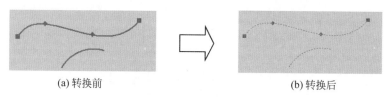

(a) 转换前　　　　　　　　　　　　　　　(b) 转换后

图 3.69　转换构造图元

◎步骤1 打开文件 D:\inventor2022\ ch03.05\ 构造图元 -ex。

◎步骤2 进入草图环境。在浏览器中右击"草图 1"，在弹出的快捷菜单中选择 编辑草图 命令。

◎步骤3 按 Ctrl 键选取图 3.69（a）中的圆弧与样条曲线，在 格式 ▾ 区域中单击"构造"按钮 ，结果如图 3.69（b）所示。

> **说明**
>
> 用户也可以在选中图元后右击并选择 构造 命令。

3.5.17　投影几何图元

6min

"投影几何图元"功能是将其他草图中的集合图形元素、特征或者草图几何图元投影到激活的草图平面上。投影过来的元素与之前的元素具有关联性，如果原来的元素做了修改，则投影过来的元素也会相应地发生变化。由于关联性，这些包含元素的位置都是相对固定的，这会给建模带来极大的方便。下面以图 3.70 为例，说明创建投影几何图元的一般过程。

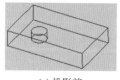　　　　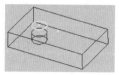

(a) 投影前　　　　　　　　　　　　　　　(b) 投影后

图 3.70　投影几何图元

◎步骤1 打开文件 D:\inventor2022\ ch03.05\ 投影几何图元 -ex。

◎步骤2 进入草图环境。单击 三维模型 功能选项卡 草图 区域中的 （开始创建二维草图）按钮，在系统提示下，选取如图 3.71 所示的模型上表面作为草图平面，进入草图环境。

◎步骤3 选择命令。单击 草图 功能选项卡 下的 投影几何图元 按钮，然后单击 投影几何图元 按钮。

◎步骤4 选择投影对象。在系统 选择边、顶点、工作几何图元或草图几何图元来投影。的提示下，选取如图 3.72 所示的圆形边线。

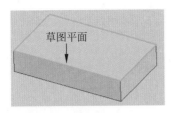

图 3.71　草图平面（1）

图 3.72　草图平面（2）

说明

为了更加方便地选取对象，用户可以将模型的显示方式设置为线框（具体操作可参考教学视频）。

○步骤5 调整对象线性。选取投影后的圆弧对象，在 格式▾ 区域中单击 ⟍，结果如图 3.70（b）所示。

○步骤6 完成操作，单击"完成草图" ✔按钮完成操作。

说明

系统在默认情况下将投影对象设置为构造对象，用户也可以通过调整系统选项将投影后的对象设置为普通对象，方法为选择 工具 功能选项卡 选项▾ 区域中的 ▣（应用程序选项）命令，在系统弹出的"应用程序选项"对话框中选择 草图 功能选项卡，取消选中 ☐将对象投影为构造几何图元 复选框，如图 3.73 所示，然后单击 确定 按钮。

图 3.73　"应用程序选项"对话框

3.5.18　投影切割边

"投影切割边"功能是将当前模型与草图平面的相交对象投影复制到当前草图。下面以图 3.74 为例，说明创建投影几何图元的一般过程。

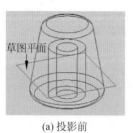

(a) 投影前　　　　　　　　　　　　　　　　　　　(b) 投影后

图 3.74　投影切割边

◎步骤 1　打开文件 D:\inventor2022\ ch03.05\ 投影切割边 -ex。

◎步骤 2　进入草图环境。单击 三维模型 功能选项卡 草图 区域中的 （开始创建二维草图）按钮，在系统提示下，选取如图 3.74（a）所示的面作为草图平面，进入草图环境。

◎步骤 3　选择命令。单击 草图 功能选项卡 下的 投影几何图元 按钮，然后单击 投影切割边 按钮。

◎步骤 4　完成操作，单击"完成草图" ✔ 按钮完成操作，如图 3.74（b）所示。

3.6　Inventor 二维草图的几何约束

3.6.1　概述

根据实际设计的要求，一般情况下，当用户将草图的形状绘制出来之后，一般会根据实际要求增加一些（如平行、相切、相等和共线等）约束来帮助进行草图定位。我们把这些定义图元和图元之间几何关系的约束叫作草图几何约束。在 Inventor 中可以很容易地添加这些约束。

3.6.2　几何约束的种类

在 Inventor 中可以支持的几何约束类型包含重合 ∟、水平 ☰、竖直 ⍿、同心 ◎、相切 ♂、平行 ⁄、垂直 ＜、相等 ＝、平滑 ↝、共线 ⁄、对称 ⊞ 及固定 🔒。

3.6.3　几何约束的显示与隐藏

单击 草图 选项卡 约束 ▾ 区域中的 按钮，然后框选绘图区域的全部图元即可显示所有约束。

> **说明**
>
> 　　读者也可以通过键盘上的 F8 与 F9 键来控制约束的显示与隐藏。F8 键用来显示所有约束，F9 键用来隐藏所有约束。

11min

3.6.4　几何约束的自动添加

1. 基本设置

单击 草图 选项卡 约束 ▼ 区域中的 ☑（约束设置）按钮，系统会弹出如图 3.75 所示的"约束设置"对话框，然后单击"约束设置"对话框中的"推断"选项卡，设置如图 3.75 所示的参数。

图 3.75　"约束设置"对话框

2. 一般操作过程

下面以绘制一条水平的直线为例，介绍自动添加几何约束的一般操作过程。

○步骤 1　选择命令。选择 草图 功能选项卡 创建 ▼ 中的 ╱（线）命令。

○步骤 2　在绘图区域中单击确定直线的第 1 个端点，然后水平移动鼠标，此时在鼠标右下角可以看到 ▱ 符号，代表此线是一条水平线，此时单击鼠标就可以确定直线的第 2 个端点了，以此完成直线的绘制。

○步骤 3　在绘制完的直线的下方如果有 ▱ 的几何约束符号就代表几何约束已经添加成功，如图 3.76 所示。

图 3.76　几何约束的自动添加框

3.6.5 几何约束的手动添加

在 Inventor 中手动添加几何约束的方法一般是先选择要添加的几何约束的类型，然后选取添加几何约束的对象。下面以添加一个合并和相切约束为例，介绍手动添加几何约束的一般操作过程。

（步骤 1） 打开文件 D:\inventor2022\ ch03.06\ 几何约束 -ex。

（步骤 2） 进入草图环境。在浏览器中右击"草图 1"，在弹出的快捷菜单中选择 编辑草图 命令。

（步骤 3） 选择命令。单击 草图 功能选项卡 约束 ▾ 区域中的"重合约束"按钮 └。

（步骤 4） 选择约束对象。在系统 选择第一曲线或点 的提示下，选取如图 3.77 所示的点 1，在系统 选择第二曲线或点 的提示下选取如图 3.77 所示的点 2。

（步骤 5） 重合约束添加完成后如图 3.78 所示。

（步骤 6） 选择命令。单击 草图 功能选项卡 约束 ▾ 区域中的"相切约束"按钮 ○。

（步骤 7） 选择约束对象。在系统 选择第一曲线 的提示下，选取如图 3.78 所示的直线，在系统 选择第二曲线 的提示下选取如图 3.78 所示的圆弧。

（步骤 8） 重合约束添加完成后如图 3.79 所示。

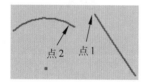
图 3.77　选择重合约束对象

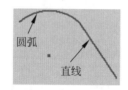
图 3.78　选择相切约束对象

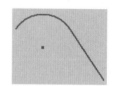
图 3.79　手动添加约束

3.6.6 几何约束的删除

在 Inventor 中添加几何约束时，如果草图中有原本不需要的约束，则此时必须先把这些不需要的约束删除，然后再添加必要的约束，原因是对于一个草图来讲，需要的几何约束应该是明确的，如果草图中存在不需要的约束，则必然会导致有一些必要约束无法正常添加，因此需要掌握约束删除的方法。下面以删除如图 3.80 所示的相切约束为例，介绍删除几何约束的一般操作过程。

(a) 删除前

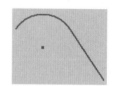
(b) 删除后

图 3.80　删除约束

◎步骤 1 打开文件 D:\inventor2022\ ch03.06\ 删除约束 -ex。

◎步骤 2 进入草图环境。在浏览器中右击"草图 1"，在弹出的快捷菜单中选择 🔲 编辑草图
命令。

◎步骤 3 选择要删除的几何约束。在绘图区选中如图 3.80（a）所示的 ◓ 符号。

◎步骤 4 删除的几何约束。按键盘上的 Delete 键即可删除约束（或者在 ◓ 符号上右击，
选择"删除"命令）。

◎步骤 5 操纵图形。将鼠标指针移动到直线右下角的端点处，按住鼠标左键拖动即可得
到如图 3.80（b）所示的图形。

3.7　Inventor 二维草图的尺寸约束

3.7.1　概述

尺寸约束也称为标注尺寸，主要用来确定草图中几何图元的尺寸，例如长度、角度、半
径和直径，它是一种以数值来确定草图图元精确大小的约束形式。一般情况下，当绘制完草
图的大概形状后，需要对图形进行尺寸定位，使尺寸满足实际要求。

3.7.2　尺寸的类型

在 Inventor 中标注的尺寸主要分为两种：一种是从动尺寸；另一种是驱动尺寸。从动尺
寸的特点有两个，一个是不支持直接修改，另一个是如果强制修改了尺寸值，则尺寸所标注
的对象不会发生变化；驱动尺寸的特点也有两个，一个是支持直接修改，另一个是当尺寸发
生变化时，尺寸所标注的对象也会发生变化。

3.7.3　标注线段长度

▶ 5min

◎步骤 1 打开文件 D:\inventor2022\ ch03.07\ 尺寸标注 -ex。

◎步骤 2 进入草图环境。在浏览器中右击"草图 1"，在弹出的快捷菜单中选择 🔲 编辑草图
命令。

◎步骤 3 选择命令。选择 草图 功能选项卡 约束 ▼ 区域中的 ┤（尺寸）命令。

◎步骤 4 选择标注对象。在系统 选择要标注尺寸的几何图元 的提示下，选取如图 3.81 所示的直线。

◎步骤 5 定义尺寸放置位置。在直线上方的合适位置单击，完成尺寸的放置，按 Esc 键
完成标注。

直线

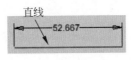

52.667

图 3.81　标注线段长度

3.7.4　标注点线距离

○步骤1　选择命令。选择 草图 功能选项卡 约束 ▾ 区域中的 ⊢（尺寸）命令。

○步骤2　选择标注对象。在系统 选择要标注尺寸的几何图元 的提示下，选取如图 3.82 所示的点与直线。

○步骤3　定义尺寸放置位置。水平向右移动鼠标指针后在合适位置单击，完成尺寸的放置，按 Esc 键完成标注。

图 3.82　标注点线距离

3.7.5　标注两点距离

○步骤1　选择命令。选择 草图 功能选项卡 约束 ▾ 区域中的 ⊢（尺寸）命令。

○步骤2　选择标注对象。在系统 选择要标注尺寸的几何图元 的提示下，选取如图 3.83 所示的点 1 与点 2。

○步骤3　定义尺寸放置位置。水平向右移动鼠标指针后在合适位置单击，完成尺寸的放置，按 Esc 键完成标注。

> **说明**
>
> 　　用户也可以在放置尺寸时右击，在弹出的快捷列表中选择竖直，即可标注两点之间的竖直尺寸；如果在右击菜单中选择水平，则将标注如图 3.84 所示的两点的水平尺寸；如果在右击菜单中选择对齐，则将标注如图 3.85 所示的两点的对齐尺寸。

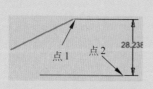

图 3.83　标注两点竖直距离

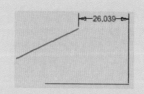

图 3.84　标注两点水平距离

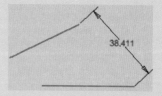

图 3.85　标注两点对齐距离

3.7.6　标注两平行线间距离

○步骤1　选择命令。选择 草图 功能选项卡 约束 ▾ 区域中的 ⊢（尺寸）命令。

○步骤2　选择标注对象。在系统 选择要标注尺寸的几何图元 的提示下，选取如图 3.86 所示的直线 1 与直线 2。

○步骤3　定义尺寸放置位置。水平向右移动鼠标指针后再在合适位置单击，完成尺寸的放置，按 Esc 键完成标注。

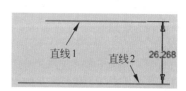

图 3.86　标注两平行线间距离

3.7.7　标注直径

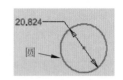

○步骤1 选择命令。选择 草图 功能选项卡 约束 ▼区域中的 ⊢⊣（尺寸）命令。

○步骤2 选择标注对象。在系统 选择要标注尺寸的几何图元 的提示下，选取如图 3.87 所示的圆。

图 3.87　标注直径尺寸

说明

直径尺寸的标注对象可以是圆或者圆弧。

○步骤3 定义尺寸放置位置。在圆左上方的合适位置单击，完成尺寸的放置，按 Esc 键完成标注。

说明

针对圆对象，系统默认标注直径尺寸，当对象为圆弧时，系统默认标注为半径尺寸，如果用户想标注圆弧对象的直径尺寸，则可以在放置尺寸前右击，在弹出的快捷菜单中选择尺寸类型下的直径命令即可，如图 3.88 所示。

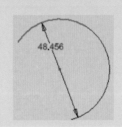

图 3.88　标注圆弧直径尺寸

3.7.8　标注半径

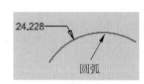

○步骤1 选择命令。选择 草图 功能选项卡 约束 ▼区域中的 ⊢⊣（尺寸）命令。

○步骤2 选择标注对象。在系统 选择要标注尺寸的几何图元 的提示下，选取如图 3.89 所示的圆弧。

图 3.89　标注半径

说明

半径尺寸的标注对象可以是圆或者圆弧。

○步骤3 定义尺寸放置位置。在圆弧左上方的合适位置单击，完成尺寸的放置，按 Esc 键完成标注。

3.7.9　标注角度

○步骤1 选择命令。选择 草图 功能选项卡 约束 ▼ 区域中的┌┐（尺寸）命令。

○步骤2 选择标注对象。在系统 选择要标注尺寸的几何图元 的提示下，选取如图 3.90 所示的直线 1 与直线 2。

○步骤3 定义尺寸放置位置。在水平直线右上方的合适位置单击，完成尺寸的放置，按 Esc 键完成标注。

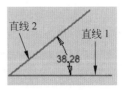

图 3.90　角度

> **说明**
>
> 用户在放置角度尺寸时，放置的位置不同显示的角度也会不同，在水平直线左上角放置时，角度如图 3.91 所示；在水平直线左下角放置时，角度如图 3.92 所示；在水平直线右下角放置时，角度如图 3.93 所示。

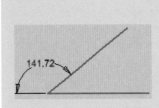

图 3.91　左上角角度

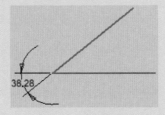

图 3.92　左下角角度

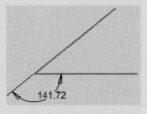

图 3.93　右下角角度

3.7.10　标注两圆弧间的最小及最大距离

○步骤1 选择命令。选择 草图 功能选项卡 约束 ▼ 区域中的┌┐（尺寸）命令。

○步骤2 选择标注对象 1。在系统 选择要标注尺寸的几何图元 的提示下，选取如图 3.94 所示的圆 1（靠近左侧选取）。

○步骤3 选择标注对象 2。在系统 选择要标注尺寸的几何图元 的提示下，将鼠标指针移动到圆 2 右侧的合适位置，当出现┌┐时单击选取即可。

○步骤4 定义尺寸放置位置。在圆上方的合适位置单击，完成尺寸的放置，按 Esc 键完成标注。

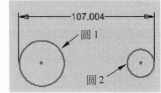

图 3.94　标注两圆间的最大距离

> **说明**
>
> 在选取对象时，如果靠近右侧的位置选取圆 1，并且将鼠标指针移动到圆 2 左侧的合适位置，当出现┌┐时单击选取，则此时将标注得到如图 3.95 所示的最小尺寸。

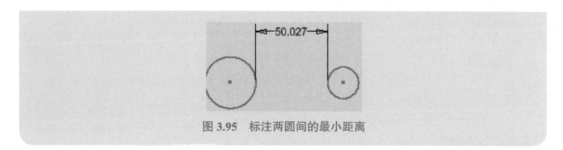

图 3.95　标注两圆间的最小距离

3.7.11　标注对称尺寸

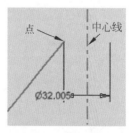

图 3.96　标注对称尺寸

○步骤1　选择命令。选择 草图 功能选项卡 约束 ▾ 区域中的 ┠（尺寸）命令。

○步骤2　选择标注对象。在系统 选择要标注尺寸的几何图元 的提示下，选取如图 3.96 所示的点与中心线。

说明

在标注对称尺寸时，所选的线必须是中心线才可以自动标注对称尺寸。

○步骤3　定义尺寸放置位置。在参考点下方的合适位置单击，完成尺寸的放置，按 Esc 键完成标注。

说明

如果用户不希望标注点到中心线的对称尺寸，则可以在放置尺寸前右击，然后在弹出的快捷菜单中取消选中心线直径即可，效果如图 3.97 所示。

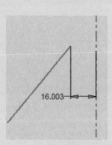

图 3.97　标注点线尺寸

3.7.12　标注弧长

○步骤1　选择命令。选择 草图 功能选项卡 约束 ▾ 区域中的 ┠（尺寸）命令。

○步骤2　选择标注对象。在系统 选择要标注尺寸的几何图元 的提示下，选取如图 3.98 所示的圆弧。

◎步骤3 调整标注类型。在图形区右击，在系统弹出的快捷菜单中选择 尺寸类型 下的 弧长(A) 类型。

◎步骤4 定义尺寸放置位置。在圆弧上方的合适位置单击，完成尺寸的放置，按 Esc 键完成标注。

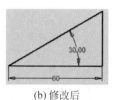

图 3.98　标注弧长

3.7.13　修改尺寸

2min

修改尺寸的一般操作步骤如下。

◎步骤1 打开文件 D:\inventor2022\ ch03.07\ 尺寸修改 -ex。

◎步骤2 进入草图环境。在浏览器中右击"草图 1"，在弹出的快捷菜单中选择 编辑草图 命令。

◎步骤3 在如图 3.99（a）所示的 75.233 的尺寸上双击，系统会弹出如图 3.100 所示的"编辑尺寸"对话框。

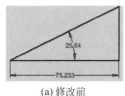

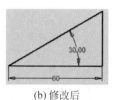

(a) 修改前　　　　　　　　　　　　　　　　　　(b) 修改后

图 3.99　修改尺寸

◎步骤4 在"编辑尺寸"对话框中输入数值 60，然后单击"编辑尺寸"对话框中的 ✔ 按钮，完成尺寸的修改。

◎步骤5 重复步骤 3 和步骤 4，修改角度尺寸，最终结果如图 3.99（b）所示

图 3.100　"编辑尺寸"对话框

3.7.14　删除尺寸

1min

删除尺寸的一般操作步骤如下。

◎步骤1 选中要删除的尺寸（单个尺寸可以单击选取，多个尺寸可以按住 Ctrl 键选取）。

◎步骤2 按键盘上的 Delete 键（或者在选中的尺寸上右击，在弹出的快捷菜单中选择 删除(D) 命令），选中的尺寸就删除了。

3.7.15　修改尺寸精度

2min

读者可以使用"文档设置"对话框来控制尺寸的默认精度。

◎步骤1 选择 工具 功能选项卡 选项 ▼ 区域中的 （文档设置）命令，系统会弹出"文档设置"对话框。

◎步骤2 在"文档设置"对话框中单击"单位"选项卡，此时"文档设置"对话框如图 3.101

所示。

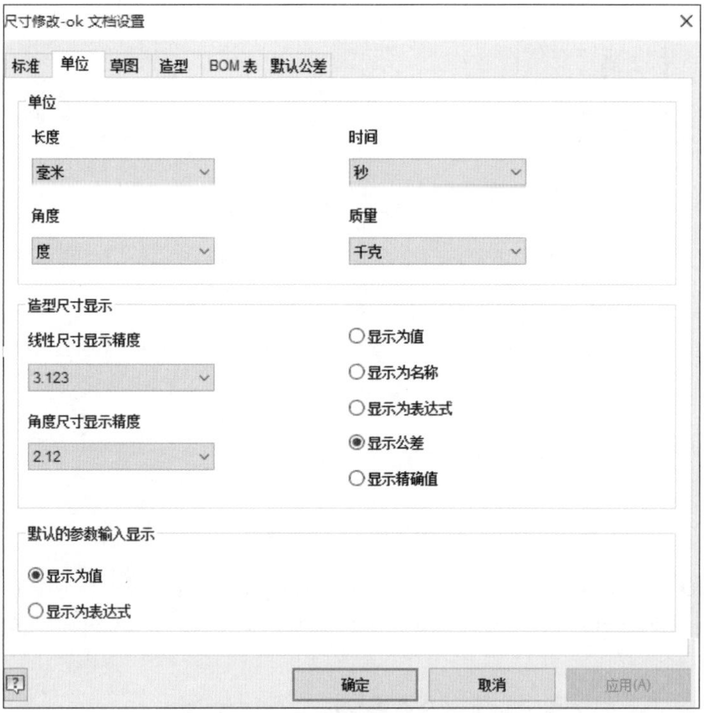

图 3.101　"文档设置"对话框

○步骤3　定义尺寸精度。在 造型尺寸显示 区域的 线性尺寸显示精度 与 角度尺寸显示精度 下拉列表中选择尺寸值的小数位数。

○步骤4　单击"文档设置"对话框中的 确定 按钮完成精度设置。

3.8　Inventor 二维草图的全约束

3.8.1　概述

我们都知道在设计完成某一个产品之后，这个产品中每个模型的每个结构的大小与位置都应该已经完全确定了，因此为了能够使所创建的特征满足产品的要求，有必要把所绘制的草图的大小、形状与位置都约束好，这种都约束好的状态就称为全约束。

3.8.2　如何检查是否全约束

检查草图是否全约束的方法主要是有以下几种：

（1）观察草图的颜色，默认情况下黑色的草图代表全约束，如图 3.102（a）所示，蓝色代表欠约束，如图 3.102（b）所示。

图 3.102　颜色判断

（2）鼠标拖动图元，如果所有图元不能拖动，则代表全约束，如果有图元可以拖动就代表欠约束。

（3）查看状态栏信息，在状态栏，软件会明确提示当前草图是全约束还是欠约束，如图 3.103 所示。

图 3.103　状态栏

（4）查看浏览器中的特殊符号，如果浏览器草图节点前是 ⊡，则代表是欠约束，如果浏览器草图前是 ⊡，则代表是全约束。

3.9　Inventor 二维草图绘制的一般方法

3.9.1　常规法

常规法绘制二维草图主要针对一些外形不是很复杂或者比较容易进行控制的图形。在使用常规法绘制二维图形时，一般会经历以下几个步骤：

（1）分析将要创建的截面几何图形。

（2）绘制截面几何图形的大概轮廓。

（3）初步编辑图形。

（4）处理相关的几何约束。

（5）标注并修改尺寸。

接下来就以绘制如图 3.104 所示的图形为例，具体介绍在每一步中具体的工作有哪些。

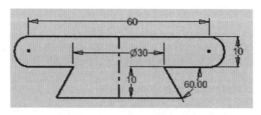

图 3.104　草图绘制一般方法

◎步骤 1　分析将要创建的截面几何图形。

（1）分析所绘制图形的类型（开放、封闭或者多重封闭），此图形是一个封闭的图形。

（2）分析此封闭图形的图元组成，此图形由 6 段直线和 2 段圆弧组成。

（3）分析所包含的图元中有没有编辑可以做的一些对象（总结草图编辑中可以创建新对象的工具，如镜像图元、偏移图元、倒角、圆角、复制图元、阵列图元等），在此图形中由于是整体对称的图形，因此可以考虑使用镜像方式实现，此时只需绘制 4 段直线和 1 段圆弧。

（4）分析图形包含哪些几何约束，在此图形中包含直线的水平约束、直线与圆弧的相切、对称及原点与水平直线中点的重合约束。

（5）分析图形包含哪些尺寸约束，此图形包含 5 个尺寸。

◎步骤 2　绘制截面几何图形的大概轮廓。单击 三维模型 功能选项卡 草图 区域中的 ▣（开始创建二维草图）按钮，在系统提示下，选取"XY 平面"作为草图平面，进入草图环境；选择 草图 功能选项卡 创建 ▾ 中的 ／（线）命令，绘制如图 3.105 所示的大概轮廓。

> **注意**
>
> 在绘制图形中的第一张图元时，应尽可能地使绘制的图元大小与实际一致，否则会导致后期修改尺寸非常麻烦。

◎步骤 3　初步编辑图形。通过图元操纵的方式调整图形的形状及整体位置，如图 3.106 所示。

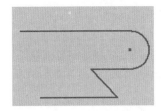

图 3.105　绘制大概轮廓

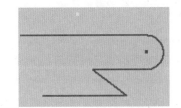

图 3.106　初步编辑图形

> **注意**
>
> 在初步编辑时，暂时先不去进行镜像、等距、复制等创建类的编辑操作。

◎步骤 4　处理相关的几何约束。

首先需要检查所绘制的图形中有没有无用的几何约束，如果有无用的约束，则需要及时删除，判断的依据就是第一步分析时所分析到的约束。

添加必要约束；添加中点约束，单击 草图 功能选项卡 约束 ▾ 区域中的"重合约束"按钮 ∟；在系统 选择第一曲线或点 的提示下，选取如图 3.107 所示的点 1（原点），在系统 选择第二曲线或点 的提示下选取如图 3.107 所示的点 2（直线的中点），完成后效果如图 3.108 所示。

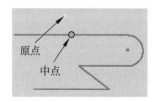

图 3.107　约束参考

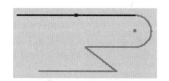

图 3.108　重合约束

添加对称约束；选择 草图 功能选项卡 创建▾ 中的 ╱（线）命令，绘制如图 3.109 所示的直线，选中绘制的竖直直线，选择 草图 功能选项卡 格式▾ 区域中的 ⊖ 命令，将直线线性设置为中心线，完成后如图 3.110 所示；单击 草图 功能选项卡 约束▾ 区域中的"对称约束"按钮 ⼧；在系统提示下，依次选取下方水平直线的两个端点与中间的竖直中心线，完成后效果如图 3.111 所示。

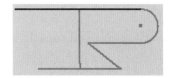

图 3.109　竖直直线

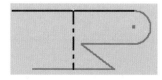

图 3.110　更改线性

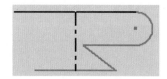

图 3.111　对称约束

〇步骤 5 标注并修改尺寸。

选择 草图 功能选项卡 约束▾ 区域中的 ⼌（尺寸）命令，标注如图 3.112 所示的尺寸。检查草图的全约束状态。

注意

如果草图是全约束就代表约束添加得没问题，如果此时草图并没有全约束，则应首先检查尺寸有没有标注完整。如果尺寸没问题，就说明草图中缺少必要的几何约束，需要通过操纵的方式检查缺少哪些几何约束，直到全约束。

修改尺寸值的最终值；双击 φ9.502 的尺寸值，在系统弹出的"编辑尺寸"文本框中输入30，单击✔按钮完成修改；采用相同的方法修改其他尺寸，修改后的效果如图 3.113 所示。

注意

一般情况下，如果绘制的图形比实际想要的图形大，则建议大家先修改小一些的尺寸，如果绘制的图形比我们实际想要的图形小，建议大家先修改大一些的尺寸。

〇步骤 6 镜像复制。选择 草图 功能选项卡 阵列 中的 ⚠ 镜像 命令，系统会弹出"镜像"对话框。在图形区选取如图 3.114 所示的一段圆弧与两条直线作为镜像的源对象，单击激活 镜像线 前的 � 按钮，选取如图 3.114 所示的镜像中心线，单击"镜像"对话框中的 应用 与 完毕 按钮，完成镜像操作，效果如图 3.115 所示。

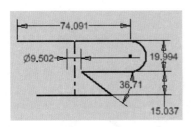

图 3.112　标注尺寸

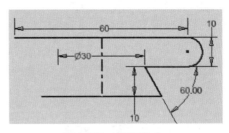

图 3.113　修改尺寸

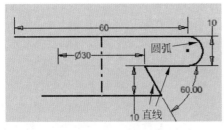

图 3.114　镜像源对象

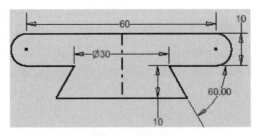

图 3.115　镜像复制

步骤 7　退出草图环境。选择 草图 功能选项卡 退出 区域的✔按钮退出草图环境。

步骤 8　保存文件。选择"快速访问工具栏"中的"保存"命令，系统会弹出"另存为"对话框，在文件名文本框输入"常规法"，单击"保存"按钮，完成保存操作。

3.9.2　逐步法

逐步法绘制二维草图主要针对一些外形比较复杂或者不容易进行控制的图形。接下来就以绘制如图 3.116 所示的图形为例，来给大家具体介绍一下，使用逐步法绘制二维图形的一般操作过程。

步骤 1　新建文件。选择 快速入门 功能选项卡 启动 区域中的 ▯（新建）命令，在"新建文件"对话框中选择 Standard.ipt，然后单击 创建 按钮进入零件建模环境。

步骤 2　单击 三维模型 功能选项卡 草图 区域中的 ▣（开始创建二维草图）按钮，在系统"选择平面以创建草图或选择现

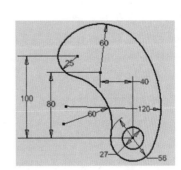

图 3.116　逐步法绘制二维图形

有草图以进行编辑"的提示下，选取"XY 平面"作为草图平面，进入草图环境。

步骤 3　绘制圆 1。单击 草图 功能选项卡 创建▼ 中的 ▣，在系统弹出的快捷列表中选择 ⊙圆 命令；在图形区原点位置单击，即可确定圆的圆心；在图形区任意位置再次单击，即可确定圆的圆上点，此时系统会自动在两个点间绘制一个圆；选择 草图 功能选项卡 约束▼ 区域中的 ➡（尺寸）命令，选取圆对象，然后在合适位置放置尺寸，双击标注的尺寸，在系统弹出的"编辑尺寸"文本框中输入 27，单击✔按钮完成修改，如图 3.117 所示。

◎步骤 4 绘制圆 2。参照步骤 3 绘制圆 2，完成后如图 3.118 所示。

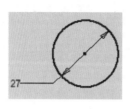

图 3.117　圆 1

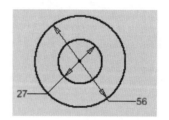

图 3.118　圆 2

◎步骤 5 绘制圆 3。单击 草图 功能选项卡 创建▼ 中的 圆 ，在系统弹出的快捷列表中选择 ⊙圆 命令；在图形区相对原点左上方合适位置单击，即可确定圆的圆心；在图形区任意位置再次单击，即可确定圆的圆上点，此时系统会自动在两个点间绘制一个圆；选择 草图 功能选项卡 约束▼ 区域中的 （尺寸）命令，标注圆的半径尺寸及圆心与原点的水平与竖直间距尺寸，分别将半径尺寸修改为 60，将水平间距修改为 40，将竖直间距修改为 80，如图 3.119 所示。

◎步骤 6 绘制圆弧 1。单击 草图 功能选项卡 创建▼ 中的 弧 ，在系统弹出的快捷列表中选择 弧 命令；在半径为 60 的圆上的合适位置单击，即可确定圆弧的起点，在直径为 56 的圆上的合适位置再次单击，即可确定圆弧的终点，在直径为 56 的圆的右上角的合适位置再次单击，即可确定圆弧的通过点，此时系统会自动在 3 个点间绘制一个圆弧；单击 草图 功能选项卡 约束▼ 区域中的“相切约束”按钮 ；在系统提示下，选取圆弧与半径为 60 的圆为第一组相切的对象，选取圆弧与直径为 56 的圆为第二组相切的对象；选择 草图 功能选项卡 约束▼ 区域中的 （尺寸）命令，标注圆弧的半径尺寸并修改为 120，完成后如图 3.120 所示。

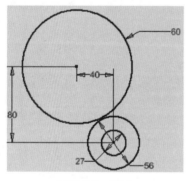

图 3.119　圆 3

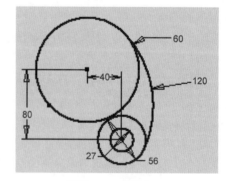

图 3.120　圆弧 1

◎步骤 7 绘制圆 4。单击 草图 功能选项卡 创建▼ 中的 圆 ，在系统弹出的快捷列表中选择 ⊙圆 命令；在图形区相对原点左上方合适位置单击，即可确定圆的圆心；在图形区任意位置再次单击，即可确定圆的圆上点，此时系统会自动在两个点间绘制一个圆；单击 草图 功能选项卡 约束▼ 区域中的“相切约束”按钮 ；在系统提示下，选取圆与半径为 60 的圆为相切的对象；选择 草图 功能选项卡 约束▾ 区域中的 ⊢ （尺寸）命令，标注圆的半径尺寸及圆心与原点的竖直间距尺寸，分别将半径尺寸修改为 25，将竖直间距修改为 100，如图 3.121 所示。

◎步骤8 绘制圆弧 2。单击 草图 功能选项卡 创建▾ 中的 弧，在系统弹出的快捷列表中选择 ⌒ 命令；在半径为 25 的圆上的合适位置单击，即可确定圆弧的起点，在直径为 56 的圆上的合适位置再次单击，即可确定圆弧的终点，在直径为 56 的圆的左上角的合适位置再次单击，即可确定圆弧的通过点，此时系统会自动在 3 个点间绘制一个圆弧；单击 草图 功能选项卡 约束▾ 区域中的 "相切约束" 按钮 ○；在系统提示下，选取圆弧与半径为 25 的圆为第一组相切的对象，选取圆弧与直径为 56 的圆为第二组相切的对象；选择 草图 功能选项卡 约束▾ 区域中的 ⊢ （尺寸）命令，标注圆弧的半径尺寸并修改为 60，完成后如图 3.122 所示。

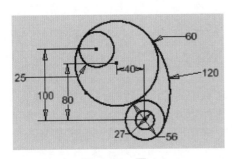

图 3.121　圆 4

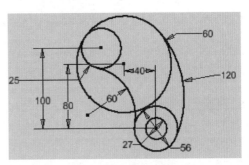

图 3.122　圆弧 2

◎步骤9 修剪图元。单击 草图 功能选项卡 修改 中的 ✂修剪 按钮；在系统 选择要修剪的曲线部分或按住控制键 的提示下，拖动鼠标左键在需要修剪的对象上滑动，与该轨迹相交的草图图元将被修剪，结果如图 3.123 所示

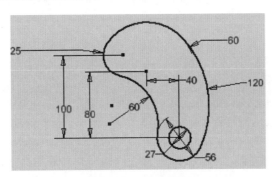

图 3.123　修剪图元

◎步骤10 退出草图环境。选择 草图 功能选项卡 退出 区域的 ✔ 按钮退出草图环境。

◎步骤11 保存文件。选择 "快速访问工具栏" 中的 "保存" 命令，系统会弹出 "另存为" 对话框，在文件名文本框输入 "逐步法"，单击 "保存" 按钮，完成保存操作。

3.10　Inventor 二维草图综合案例 1

案例概述：

本案例所绘制的图形相对简单，因此采用常规方法进行绘制，通过草图绘制功能绘制大概形状，通过草图约束限制大小与位置，通过草图编辑添加圆角圆弧，读者需要重点掌握创建常规草图的正确流程，案例如图 3.124 所示，其绘制过程如下。

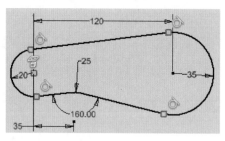

图 3.124　案例 1

⚪步骤1 新建文件。选择 快速入门 功能选项卡 启动 区域中的 ▢（新建）命令，在"新建文件"对话框中选择 Standard.ipt，然后单击 创建 按钮进入零件建模环境。

⚪步骤2 单击 三维模型 功能选项卡 草图 区域中的 ▨（开始创建二维草图）按钮，在系统"选择平面以创建草图或选择现有草图以进行编辑"的提示下，选取"XY 平面"作为草图平面，进入草图环境。

⚪步骤3 绘制圆 1。单击 草图 功能选项卡 创建 ▾ 中的 ▭ ，在系统弹出的快捷列表中选择 ⊙圆命令，绘制如图 3.125 所示的两个圆（左侧圆的圆心在原点位置）。

⚪步骤4 绘制直线。选择 草图 功能选项卡 创建 ▾ 中的 ╱（线）命令，在绘图区绘制如图 3.126 所示的直线。

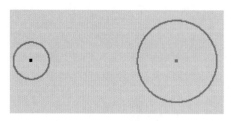

图 3.125　绘制圆

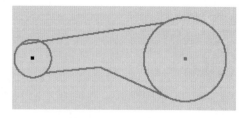

图 3.126　绘制直线

⚪步骤5 添加几何约束。单击 草图 功能选项卡 约束 ▾ 区域中的"相切约束"按钮 ⚬；在系统提示下，选取左侧圆与上方直线为第一组相切的对象，选取左侧圆与左下方直线为第二组相切的对象，选取右侧圆与上方直线为第三组相切的对象，选取右侧圆与右下方直线为第四组相切的对象；单击 草图 功能选项卡 约束 ▾ 区域中的"水平约束"按钮 ═ ；在系统提示下，选取左侧圆弧的圆心与右侧圆弧的圆心为水平的对象，完成后如图 3.127 所示。

○步骤6 修剪图元。单击 草图 功能选项卡 修改 中的 ✂修剪 按钮；在系统 选择要修剪的曲线部分或按住控制键 的提示下，拖动鼠标左键在需要修剪的对象上滑动，与该轨迹相交的草图图元将被修剪，结果如图 3.128 所示

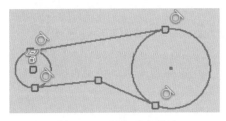

图 3.127　添加几何约束

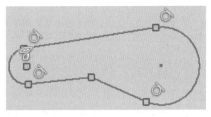

图 3.128　修剪图元

○步骤7 标注并修改尺寸。选择 草图 功能选项卡 约束 ▾区域中的 ╟ （尺寸）命令，标注如图 3.129 所示的尺寸，双击标注的尺寸并修改至最终值，完成后如图 3.130 所示。

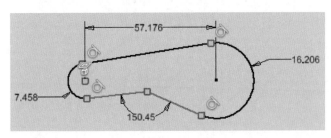

图 3.129　标注尺寸

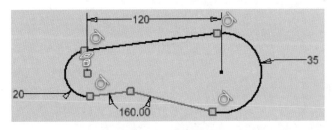

图 3.130　修剪图元

○步骤8 添加圆角并标注。在 草图 功能选项卡 创建 ▾区域中，单击 圆角 ▾后的 ▾，在系统弹出的快捷菜单中选择 圆角 命令，在"二维圆角"对话框的"圆角大小"文本框输入 25，选取下方两条直线的交点作为圆角对象（对象选取时还可以选取下方两条直线）；选择 草图 功能选项卡 约束 ▾区域中的 ╟ （尺寸）命令，标注圆角圆心与圆点之间的水平间距，双击标注的尺寸并修改至最终值，完成后如图 3.131 所示。

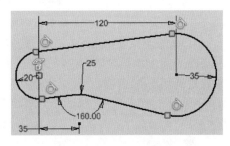

图 3.131　圆角

◎步骤 9 退出草图环境。选择 草图 功能选项卡 退出 区域的 ✔ 按钮退出草图环境。

◎步骤 10 保存文件。选择"快速访问工具栏"中的"保存"命令，系统会弹出"另存为"对话框，在文件名文本框输入"案例1"，单击"保存"按钮，完成保存操作。

3.11 Inventor 二维草图综合案例 2

案例概述：

▶11min

本案例所绘制的图形相对比较复杂，因此采用逐步方法进行绘制，通过绘制与约束同步进行的方法可以很好地控制图形的整体形状，案例如图 3.132 所示，其绘制过程如下。

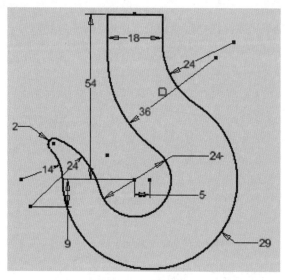

图 3.132 案例 2

◎步骤 1 新建文件。选择 快速入门 功能选项卡 启动 区域中的 🗋（新建）命令，在"新建文件"对话框中选择 Standard.ipt，然后单击 创建 按钮进入零件建模环境。

◎步骤 2 单击 三维模型 功能选项卡 草图 区域中的 🔲（开始创建二维草图）按钮，在系统"选择平面以创建草图或选择现有草图以进行编辑"的提示下，选取"XY 平面"作为草图平面，进入草图环境。

◎步骤 3 绘制圆 1。单击 草图 功能选项卡 创建 ▾ 中的 🔵，在系统弹出的快捷列表中选择 ⊙圆命令；在图形区原点位置单击，即可确定圆的圆心；在图形区任意位置再次单击，即可确定圆的圆上点，此时系统会自动在两个点间绘制一个圆；选择 草图 功能选项卡 约束 ▾ 区域中的 ⊢（尺寸）命令，选取圆对象，然后在合适位置放置尺寸，双击标注的尺寸，在系统弹出的"编辑尺寸"文本框中输入 24，单击 ✔ 按钮完成修改，如图 3.133 所示。

◎步骤 4 绘制圆 2。单击 草图 功能选项卡 创建 ▾ 中的 🔵，在系统弹出的快捷列表中选择 ⊙圆命令；在图形区原点右侧位置单击，即可确定圆的圆心；在图形区任意位置再次单击，即可确定圆的圆上点，此时系统会自动在两个点间绘制一个圆；单击 草图 功能选项卡 约束 ▼ 区域中的 "水平约束" 按钮 ═ ；在系统提示下，选取圆的圆心与直径为 24 的圆的圆心为水平对象；选择 草图 功能选项卡 约束 ▼ 区域中的 ⊓（尺寸）命令，标注圆的半径尺寸及圆心与原点的水平间距尺寸，双击标注的尺寸，将尺寸修改到最终值，完成后如图 3.134 所示。

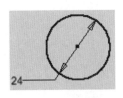

图 3.133　绘制圆 1

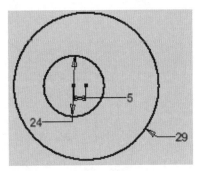

图 3.134　绘制圆 2

〇步骤 5　绘制圆 3。单击 草图 功能选项卡 创建 ▼ 中的 圆 ，在系统弹出的快捷列表中选择 ⊙圆心 命令；在图形区半径为 29 的圆的左侧位置单击，即可确定圆的圆心，在半径为 29 的圆上捕捉到相切位置后再次单击，即可确定圆的圆上点，此时系统会自动在两个点间绘制一个圆；单击 草图 功能选项卡 约束 ▼ 区域中的 "水平约束" 按钮 ═ ；在系统提示下，选取圆的圆心与直径为 24 的圆的圆心为水平对象；选择 草图 功能选项卡 约束 ▼ 区域中的 ⊓（尺寸）命令，标注圆的半径尺寸，将尺寸修改到最终值，完成后如图 3.135 所示。

〇步骤 6　绘制圆 4。单击 草图 功能选项卡 创建 ▼ 中的 圆 ，在系统弹出的快捷列表中选择 ⊙圆心 命令；在图形区原点左下方位置单击，即可确定圆的圆心，在直径为 24 的圆上捕捉到相切位置后再次单击，即可确定圆的圆上点，此时系统会自动在两个点间绘制一个圆；选择 草图 功能选项卡 约束 ▼ 区域中的 ⊓（尺寸）命令，标注圆的半径尺寸及圆心与直径为 24 的圆心的竖直尺寸，将尺寸修改到最终值，完成后如图 3.136 所示。

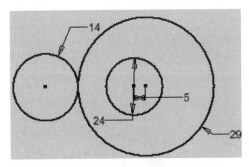

图 3.135　绘制圆 3

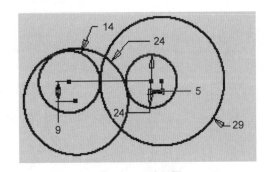

图 3.136　绘制圆 4

〇步骤 7　绘制圆 5。单击 草图 功能选项卡 创建 ▼ 中的 圆 ，在系统弹出的快捷列表中选择 ⊙圆心 命令；在图形区半径为 14 的圆与半径为 24 的圆的中间的合适位置单击，即可确定圆的圆心；在图形区任意位置再次单击，即可确定圆的圆上点，此时系统会自动在两个点间绘制一个圆；单击 草图 功能选项卡 约束▾区域中的"相切约束"按钮 ⚬；在系统提示下，选取圆与半径为 14 的圆为第 1 个相切的对象，选取圆与半径为 24 的圆为第 2 个相切的对象；选择 草图 功能选项卡 约束▾区域中的 ⊢（尺寸）命令，标注圆的半径尺寸，将半径尺寸修改为 2，如图 3.137 所示。

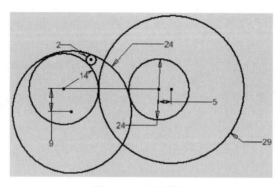

图 3.137　绘制圆 5

⊙步骤 8　绘制直线。选择 草图 功能选项卡 创建▾ 中的 ╱（线）命令，在绘图区绘制如图 3.138 所示的直线；单击 草图 功能选项卡 约束▾区域中的"竖直约束"按钮 ⵑ；在系统提示下，选取水平直线的中点与直径为 24 的圆的圆心为水平参考对象；选择 草图 功能选项卡 约束▾区域中的 ⊢（尺寸）命令，标注水平直线的长度与水平直线与直径为 24 的圆的圆心的竖直尺寸，并修改至最终值，如图 3.139 所示。

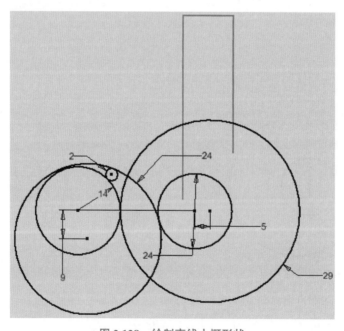

图 3.138　绘制直线大概形状

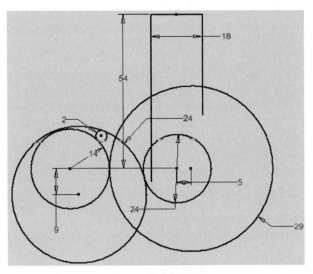

图 3.139　完成直线

○步骤 9　修剪图元。单击 草图 功能选项卡 修改 中的 修剪 按钮，在系统 选择要修剪的曲线部分或按住控制键 的提示下，拖动鼠标左键在需要修剪的对象上滑动，与该轨迹相交的草图图元将被修剪，结果如图 3.140 所示。

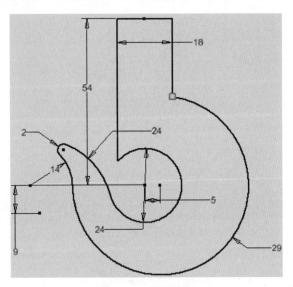

图 3.140　修剪图元

○步骤 10　添加圆角 1。在 草图 功能选项卡 创建 ▼ 区域中，单击 圆角 ▼ 后的 ，在系统弹出的快捷菜单中选择 圆角 命令，在"二维圆角"对话框的"圆角大小"文本框输入 36，选取左侧竖直直线与直径为 24 的圆弧作为圆角对象，完成后如图 3.141 所示。

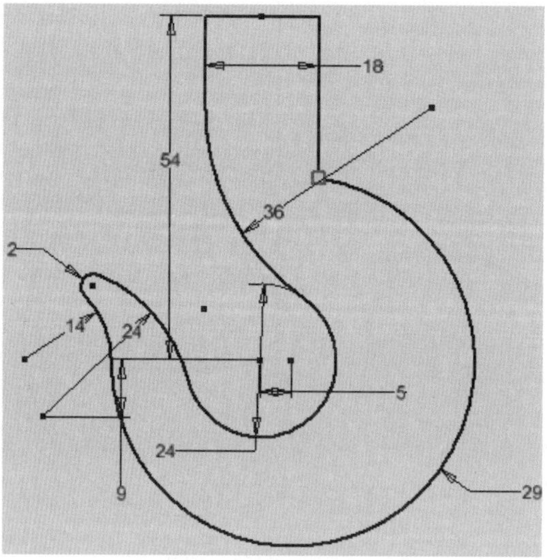

图 3.141　绘制圆角 1

　　◎步骤 11　添加圆角 2。在 草图 功能选项卡 创建 ▾ 区域中，单击 ⌐ 圆角 ▾ 后的 ▾，在系统弹出的快捷菜单中选择 圆角 命令，在"二维圆角"对话框的"圆角大小"文本框输入 24，选取右侧竖直直线与半径为 29 的圆弧作为圆角对象，完成后如图 3.142 所示。

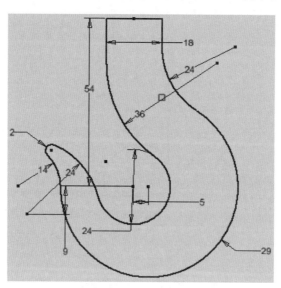

图 3.142　绘制圆角 2

　　◎步骤 12　退出草图环境。选择 草图 功能选项卡 退出 区域的 ✔ 按钮退出草图环境。
　　◎步骤 13　保存文件。选择"快速访问工具栏"中的"保存"命令，系统会弹出"另存为"对话框，在文件名文本框输入"案例 2"，单击"保存"按钮，完成保存操作。

第4章

Inventor 零件设计

4.1 拉伸特征

4.1.1 概述

拉伸特征是指将一个截面轮廓沿着草绘平面的垂直方向进行伸展而得到的一种实体。通过对概念的学习，我们应该可以总结得到，拉伸特征的创建需要有以下两大要素：一是截面轮廓；二是草绘平面。对于这两大要素来讲，一般情况下截面轮廓绘制在草绘平面上，因此，一般我们在创建拉伸特征时需要先确定草绘平面，然后考虑要在这个草绘平面上绘制一个什么样的截面轮廓草图。

4.1.2 拉伸凸台特征的一般操作过程

一般情况下在使用拉伸特征创建特征结构时会经过以下几步：①执行命令；②选择合适的草绘平面；③定义截面轮廓；④设置拉伸的开始位置；⑤设置拉伸的终止位置；⑥设置其他的拉伸特殊选项；⑦完成操作。接下来就以创建如图 4.1 所示的模型为例，介绍拉伸凸台特征的一般操作过程。

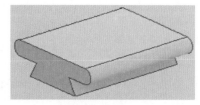

图 4.1 拉伸凸台

（步骤1） 新建文件。选择 快速入门 功能选项卡 启动 区域中的 □（新建）命令，在"新建文件"对话框中选择 Standard.ipt，然后单击 创建 按钮进入零件建模环境。

（步骤2） 选择命令。选择 三维模型 功能选项卡 创建 区域中的 ▥（拉伸）命令。

（步骤3） 绘制截面轮廓。在系统 选择平面以创建草图或选择现有草图以进行编辑 的提示下选取"XY 平面"作为草图平面，绘制如图 4.2 所示的草图（具体操作可参考 3.9.1 节中的相关内容），绘制完成后单击 草图 功能选项卡 退出 区域的 ✔ 按钮退出草图环境（在图形区右击，然后在弹出的快捷菜单中选择 ✔ 完成二维草图 命令）。

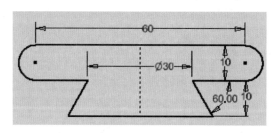

图 4.2　截面轮廓

草图平面的几种可能性：系统默认的三个基准面（XY 基准面、YZ 基准面、ZX 基准面）；现有模型的平面表面；用户自己独立创建的工作平面。

说明

> 草图中竖直的线需要是构造线，否则将由于线型问题而导致无法直接拉伸。

◯步骤4 定义拉伸的开始位置。退出草图环境后，系统会弹出如图 4.3 所示的拉伸"特性"对话框，在 输入几何图元 区域的 文本框中为 "1 个草图平面"。

图 4.3　拉伸"特性"对话框

◯步骤5 定义拉伸的深度方向。在拉伸"特性"对话框的 行为 区域选中 。

说明

> - 在拉伸"特性"对话框的 行为 区域选中 （翻转）单选项就可以调整拉伸的方向了，如图 4.4 所示。
> - 在绘图区域的模型中可以看到如图 4.4 所示的拖动手柄，鼠标指针放到拖动手柄中，按住左键拖动就可以调整拉伸的深度及方向了。

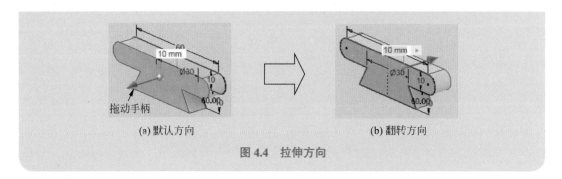

图 4.4　拉伸方向

◎步骤6　定义拉伸的深度类型及参数。在 距离A 文本框输入深度值 80。

◎步骤7　完成拉伸凸台。单击拉伸"特性"对话框中的 确定 按钮，完成特征的创建。

4.1.3　拉伸切除特征的一般操作过程

4min

拉伸切除与拉伸凸台的创建方法基本一致，只不过拉伸凸台是添加材料，而拉伸切除是减去材料，下面以创建如图 4.5 所示的拉伸切除为例，介绍拉伸切除的一般操作过程。

◎步骤1　打开文件 D:\inventor2022\ ch04.01\ 拉伸切除 -ex。

◎步骤2　选择命令。选择 三维模型 功能选项卡 创建 区域中的 ▢ （拉伸）命令。

◎步骤3　绘制截面轮廓。在系统 选择平面以创建草图或选择现有草图以进行编辑 的提示下选取如图 4.6 所示的模型表面作为草图平面，绘制如图 4.7 所示的草图，绘制完成后单击 草图 功能选项卡 退出 区域的 ✔ 按钮退出草图环境。

图 4.5　拉伸切除

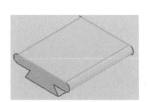
图 4.6　草图平面

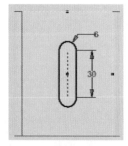
图 4.7　截面轮廓

◎步骤4　定义拉伸的深度方向。在拉伸"特性"对话框的 行为 区域选中 ◣ ，使拉伸方向朝向实体。

◎步骤5　定义拉伸的深度类型及参数。在拉伸"特性"对话框的 行为 区域选中 ▤ （贯通）复选项，如图 4.8 所示。

◎步骤6　定义布尔运算类型。在拉伸"特性"对话框的 输出 区域选中 ▤ （剪切）单选项，如图 4.8 所示。

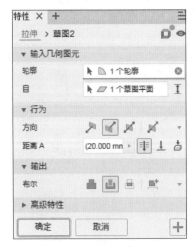

图 4.8 拉伸"特性"对话框

○步骤 7 完成拉伸切除。单击拉伸"特性"对话框中的 确定 按钮，完成特征的创建。

4.1.4 拉伸特征的截面轮廓要求

7min

　　草图截面需要形成一个封闭的回路，可以包含重复的线条（虽然软件允许包含重复线条，但是用户在使用时需要尽可能地避免出现多余线条，出现多余线条一般对草图全约束有很大影响），如图 4.9 所示。

(a) 封闭回路

(b) 有重复线条

图 4.9 截面轮廓要求

　　具有多重封闭的截面，用户需要手动选择拉伸区域，如图 4.10 所示

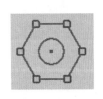

(a) 多重封闭草图

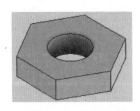

(b) 拉伸多边形与圆中间封闭区域

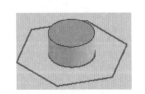

(c) 拉伸圆区域

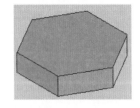

(d) 拉伸多边形区域

图 4.10 多重封闭截面拉伸

　　使用开放截面与相交截面均无法创建零件中的第 1 个实体特征，如图 4.11 所示。

(a) 开放截面　　　　　　　　　　(b) 相交截面

图 4.11　截面轮廓要求

对于无法拉伸的草图，用户可以通过软件提供的草图医生功能进行检测修复，例如针对图 4.11（a）所示的开放截面，目前无法进行直接拉伸实体，用户可以在图形区空白位置右击，在系统弹出的快捷菜单中选择 草图医生 命令，系统会弹出如图 4.12 所示的"草图医生"对话框。

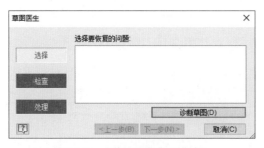

图 4.12　"草图医生"对话框

单击对话框中的 诊断草图(D) 按钮，系统会弹出如图 4.13 所示的"诊断草图"对话框，在"诊断测试"区域选中需要诊断测试的问题类型，然后单击 确定(O) 按钮。

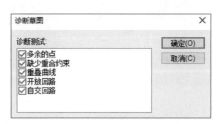

图 4.13　"诊断草图"对话框

在"草图医生"对话框 选择要恢复的问题: 会列出检测到的问题，如图 4.14 所示，图形区也会加亮显示问题所在的位置，如图 4.15 所示。

图 4.14　诊断到的问题

图 4.15　加亮显示问题

单击 下一步(N)> 按钮，系统会进行诊断问题的描述（诊断出的具体问题及软件提供的解决方案），如图 4.16 所示。

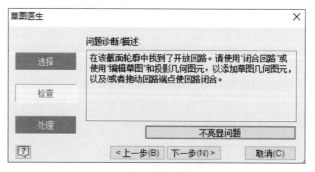

图 4.16　问题诊断描述

单击 下一步(N)> 按钮，在"选择处理方法"区域选择合适的处理方法，然后单击 完成(F) 按钮，在系统弹出的如图 4.17 所示的"返回到草图环境"对话框中单击 确定 按钮。

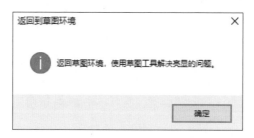

图 4.17　"返回到草图环境"对话框

▶5min

4.1.5　拉伸深度的控制选项

拉伸"特性"对话框 行为 区域各选项的说明如下。

（1）🔧（默认）选项：用于沿默认的垂直方向拉伸，拉伸的终止面平行于草图平面，如图 4.18 所示。

（2）🔧（翻转）选项：用于沿着与默认方向相反的方向拉伸，拉伸的终止面平行于草图平面，如图 4.19 所示。

　　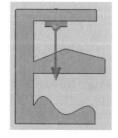

图 4.18　默认方向　　　　　图 4.19　翻转方向

（3）（对称）选项：用于特征沿着草绘平面正垂直方向与负垂直方向同时伸展，并且伸展的距离是相同的，如图 4.20 所示。

（4）（不对称）选项：用于特征沿着草绘平面正垂直方向与负垂直方向同时伸展，并且伸展的距离是不相同的，如图 4.21 所示。

 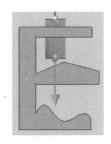

图 4.20　对称　　　　　图 4.21　不对称

（5）（贯通）选项：用于将特征从草绘平面开始拉伸到所沿方向上的最后一个面上，此选项通常可以帮助我们做一些通孔，如图 4.22 所示。

（6）（到）选项：用于将特征拉伸到用户所指定的面（模型平面表面、基准面或者模型曲面表面均可）上，如图 4.23 所示。

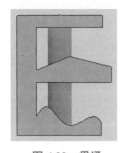 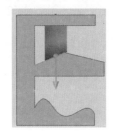 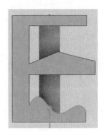

　　　　　　　　　　　　　　　　　（a）到平面　　　　（b）到曲面

图 4.22　贯通　　　　　　　　　　图 4.23　到指定面

（7）（到下一个）选项：用于将特征沿草绘平面正垂直方向拉伸到第 1 个有意义的面上，如图 4.24 所示。

（8）（介于两面之间）选项：用于将特征从指定的面开始到指定的面结束，如图 4.25 所示。

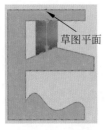 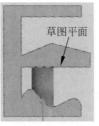 

图 4.24　到下一个面　　　　　　　图 4.25　介于两面之间

4.1.6　带有锥度的拉伸

带有锥度的拉伸是指拉伸后特征的侧面带有一定的倾斜角，下面以创建如图 4.26 所示的模型为例，介绍带有锥度的拉伸的一般操作过程。

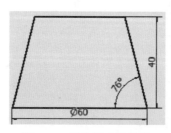

图 4.26　带有锥度的拉伸

◎步骤1　新建文件。选择 快速入门 功能选项卡 启动 区域中的▭（新建）命令，在"新建文件"对话框中选择 Standard.ipt，然后单击 创建 按钮进入零件建模环境。

◎步骤2　选择命令。选择 三维模型 功能选项卡 创建 区域中的▯（拉伸）命令。

◎步骤3　绘制截面轮廓。在系统提示下选取 XZ 平面作为草图平面，绘制如图 4.27 所示的截面，绘制完成后单击 草图 功能选项卡 退出 区域的✔按钮退出草图环境。

◎步骤4　定义拉伸基本参数。在拉伸"特性"对话框的 行为 区域选中⚹（采用默认拉伸方向），在 距离A 文本框输入 40（拉伸的深度值）。

◎步骤5　定义拉伸锥度参数。在拉伸"特性"对话框中打开 高级特性 区域，在 锥度A 文本框输入 14，单击✎按钮调整锥度方向，效果如图 4.28 所示。

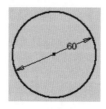

图 4.27　截面轮廓

图 4.28　锥度方向

◎步骤6　完成拉伸。单击拉伸"特性"对话框中的 确定 按钮，完成特征的创建。

4.1.7　带有替换方式的拉伸

在创建拉伸特征时，如果选择拉伸深度选项为"到"选项，将拉伸截面拉伸到指定的面，有时选择的面涉及最大位置和最小位置，这时可以使用替换方式设置拉伸的具体方式。下面以创建如图 4.29 所示的模型为例，介绍带有替换方式的拉伸的一般操作过程。

◎步骤1　打开文件 D:\inventor2022\ ch04.01\ 带有替换方式的拉伸 -ex。

◎步骤2　选择命令。选择 三维模型 功能选项卡 创建 区域中的▯（拉伸）命令。

(a) 创建前　　　　　　　　　　　　(b) 创建后

图 4.29　带有替换方式的拉伸

○步骤3　绘制截面轮廓。在系统提示下选取如图 4.30 所示的模型表面作为草图平面，绘制如图 4.31 所示的截面，绘制完成后单击 草图 功能选项卡 退出 区域的 ✔ 按钮退出草图环境。

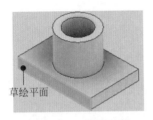

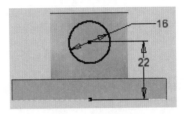

图 4.30　草绘平面　　　　　　　　　　　　图 4.31　截面轮廓

○步骤4　定义拉伸基本参数。在拉伸"特性"对话框的 行为 区域选择 ⊥ 选项，选取如图 4.32 所示的面为终止面，确认拉伸到最近位置，如图 4.33 所示。

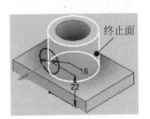

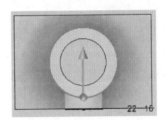

图 4.32　拉伸终止面　　　　　　　　　　　图 4.33　拉伸到最近位置

注意

如果默认的拉伸终止位置不是最近位置，用户则可以通过单击 行为 区域到 后面的 ↕（替换方式）按钮；在本案例中，如果单击了 ↕，则效果将如图 4.34 所示（采用最远方式创建拉伸）。

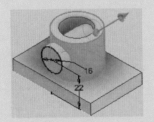

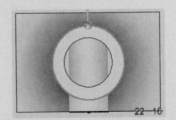

图 4.34　替换方式

4.1.8　带有匹配方式的拉伸

对开放的截面创建拉伸特征，可以使用匹配形状将开放截面与已存在的实体形成封闭的区域，然后创建拉伸特征。下面以创建如图 4.35 所示的模型为例，介绍带有匹配方式的拉伸的一般操作过程。

○步骤1　打开文件 D:\inventor2022\ ch04.01\ 带有匹配方式的拉伸 -ex。

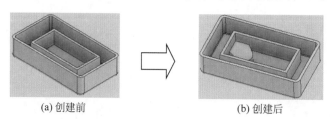

(a) 创建前　　　　　　　　　　　(b) 创建后

图 4.35　带有匹配方式的拉伸

○步骤2　选择命令。选择 三维模型 功能选项卡 创建 区域中的 ▯（拉伸）命令。

○步骤3　绘制截面轮廓。在系统提示下选取如图 4.36 所示的模型表面作为草图平面，绘制如图 4.37 所示的截面，绘制完成后单击 草图 功能选项卡 退出 区域的 ✔ 按钮退出草图环境。

图 4.36　草绘平面

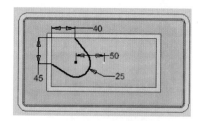

图 4.37　截面轮廓

○步骤4　定义拉伸基本参数。在系统提示下选取如图 4.37 所示的草图，然后选取如图 4.38 所示的区域，在 行为 区域选择 ▯，在 距离A 文本框输入 20（拉伸的深度值）。

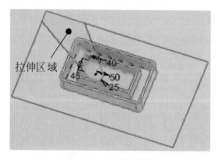

图 4.38　拉伸区域

○步骤5　定义布尔运算类型。在拉伸"特性"对话框的 输出 区域选中 ▯（合并）单选项。

○步骤⑥ 完成拉伸切除。单击拉伸"特性"对话框中的 确定 按钮，完成特征的创建。

注意

如果拉伸的深度不超过如图 4.39 所示的面时，则添加的材料将在如图 4.40 所示的区域内之内；如果拉伸的深度超过如图 4.39 所示的面时，则添加的材料将在如图 4.41 所示的区域内之内。

图 4.39　深度面

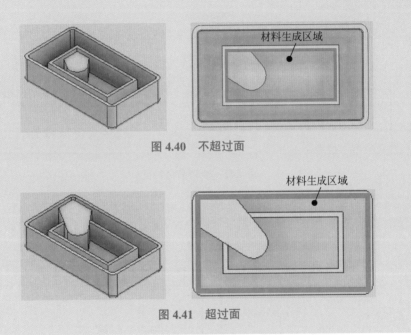

图 4.40　不超过面

图 4.41　超过面

4.2　旋转特征

4.2.1　概述

旋转特征是指将一个截面轮廓绕着给定的中心轴旋转一定的角度而得到的实体。通过对概念的学习，应该可以总结得到，旋转特征的创建需要以下两大要素：一是截面轮廓，二是中心轴。两个要素缺一不可。

9min

4.2.2　旋转凸台特征的一般操作过程

一般情况下在使用旋转凸台特征创建特征结构时会经过以下几步：①执行命令；②选择合适的草绘平面；③定义截面轮廓；④设置旋转中心轴；⑤设置旋转的截面轮廓；⑥设置旋转的方向及旋转角度；⑦完成操作。接下来以创建如图 4.42 所示的模型为例，介绍旋转凸台特征的一般操作过程。

○步骤1　新建文件。选择 快速入门 功能选项卡 启动 区域中的 □（新建）命令，在"新建文件"对话框中选择 Standard.ipt，然后单击 创建 按钮进入零件建模环境。

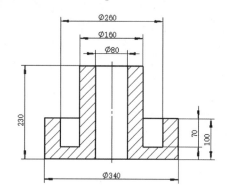 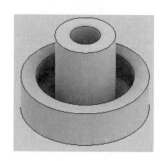

图 4.42　旋转凸台特征

○步骤2　选择命令。选择 三维模型 功能选项卡 创建 区域中的 （旋转）命令。

○步骤3　绘制截面轮廓。在系统提示下选取 XY 平面作为草图平面，绘制如图 4.43 所示的截面，绘制完成后单击 草图 功能选项卡 退出 区域的 ✔ 按钮退出草图环境。

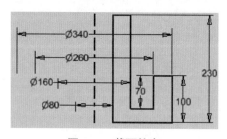

图 4.43　截面轮廓

> **注意**
>
> 　　旋转特征的截面轮廓要求与拉伸特征的截面轮廓要求基本一致：截面需要尽可能封闭；不能开放与交叉。
> 　　截面轮廓中间的竖直线需要是中心线线型。

○步骤4　定义旋转轴。在旋转"特性"对话框 输入几何图元 区域的 轴 文本框系统自动选取如

图 4.43 所示的竖直中心线作为旋转轴。

注意

（1）当截面轮廓中只有一根中心线时系统会自动选取此中心线作为旋转轴来使用；如果截面轮廓中含有多条中心线，则此时将需要用户自己手动选择旋转轴；如果截面轮廓中没有中心线，则此时也需要用户手动选择旋转轴；手动选取旋转轴时，可以选取中心线也可以选取普通轮廓线。

（2）旋转轴的一般要求：要让截面轮廓位于旋转轴的一侧。

○步骤 5　定义旋转方向与角度。采用系统默认的旋转方向，在旋转"特性"对话框 行为 区域中选中 （采用默认方向），在 角度A 文本框输入 360（旋转 360°），如图 4.44 所示。

图 4.44　旋转"特性"对话框

○步骤 6　完成旋转凸台。单击旋转"特性"对话框中的 确定 按钮，完成特征的创建。

4.2.3　旋转切除特征的一般操作过程

4min

旋转切除与旋转凸台的操作基本一致，下面以创建如图 4.45 所示的模型为例，介绍旋转切除特征的一般操作过程。

(a) 切除前　　　　　　　　　(b) 切除后

图 4.45　旋转切除特征

○步骤 1　打开文件 D:\inventor2022\ ch04.02\ 旋转切除 -ex。

○步骤 2　选择命令。选择 三维模型 功能选项卡 创建 区域中的 （旋转）命令。

○步骤3 绘制截面轮廓。在系统提示下选取 XY 平面作为草图平面（在浏览器中选取 XY 平面），绘制如图 4.46 所示的截面，绘制完成后单击 草图 功能选项卡 退出 区域的 ✔ 按钮退出草图环境。

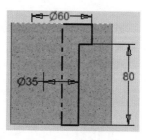

图 4.46　截面轮廓

注意

由于草图位于模型的内部，因此在绘制草图时用户无法直接查看所绘制图形的形状，用户可以通过打开状态栏中的 ⟨切片观察⟩ 进行观察。

○步骤4 定义旋转轴。在旋转"特性"对话框 输入几何图元 区域的 轴 文本框系统会自动选取如图 4.46 所示的竖直中心线作为旋转轴。

○步骤5 定义旋转方向与角度。采用系统默认的旋转方向，在旋转"特性"对话框 行为 区域中选中 ▶ （采用默认方向），在 角度 A 文本框输入 360（旋转 360°）。

○步骤6 定义布尔运算类型。在旋转"特性"对话框的 输出 区域选中 ⟨剪切⟩ 单选项。

○步骤7 完成旋转切除。单击旋转"特性"对话框中的 确定 按钮，完成特征的创建。

4.3　Inventor 的浏览器

4.3.1　概述

Inventor 的浏览器一般出现在对话框的左侧，它的功能是以树的形式显示当前活动模型中的所有特征和零件。在不同的环境下所显示的内容也稍有不同，在零件设计环境中，浏览器的顶部显示当前零件模型的名称，下方显示当前模型所包含的所有特征的名称，如图 4.47 所示，在装配设计环境中，浏览器的顶部显示当前装配的名称，下方显示当前装配所包含的所有零件（零件下显示零件所包含的所有特征的名称）或者子装配（子装配下显示当前子装配所包含的所有零件或者下一级别子装配的名称）的名称，如图 4.48 所示。如果程序打开了多个 Inventor 文件，浏览器则只显示当前活动文件的相关信息。

图 4.47　零件浏览器

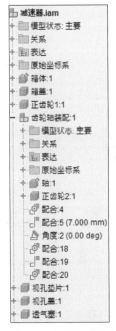

图 4.48　装配浏览器

4.3.2　浏览器的作用与一般规则

12min

1. 浏览器的作用

1）选取对象

用户可以在浏览器中选取要编辑的特征或者零件对象，当选取的对象在绘图区域不容易选取或者所选对象在图形区被隐藏时，使用浏览器选取就非常方便了。软件中的某些功能在选取对象时必须在浏览器中选取。

2）更改特征的名称

更改特征名称可以帮助用户更快地在浏览器中选取所需对象。在浏览器中缓慢单击特征两次，然后输入新的名称即可，如图 4.49 所示。也可以在浏览器中右击要修改的特征，选择 特性(P) 命令，系统会弹出如图 4.50 所示的"特征特性"对话框，在 名称(N): 文本框输入要修改的名称即可。

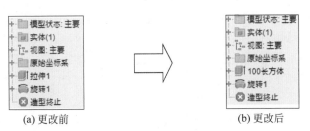

(a) 更改前　　　　　　　　　　(b) 更改后

图 4.49　更改名称

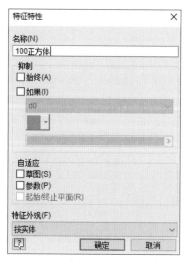

图 4.50 "特征特性"对话框

3）插入特征

浏览器中有一个造型终止，其作用是控制创建特征时特征的插入位置。默认情况下，它的位置是在浏览器中所有特征的最后，如图 4.51 所示。用户可以在浏览器中将其上下拖动，将特征插入模型中其他特征之间，此时如果添加新的特征，则新特征将会在控制棒所在的位置。将控制棒移动到新位置后，控制棒后面的特征将被隐藏，特征将不会在图形区显示，如图 4.52 所示。用户如果想显示全部的模型效果，则只需将造型终止拖动到最后，如图 4.53 所示。

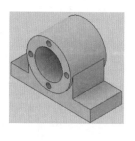
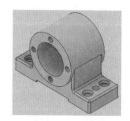

图 4.51 默认造型终止位置　　　图 4.52 中间造型终止位置　　　图 4.53 最后造型终止位置

4）调整特征顺序

默认情况下，浏览器将会以特征创建的先后顺序进行排序，如果在创建时顺序安排得不合理，则可以通过浏览器对顺序进行重排。按住需要重排的特征后拖动，然后放置到合适的位置即可，如图 4.54 所示。

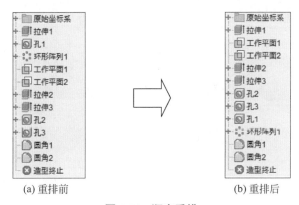

(a) 重排前   (b) 重排后

图 4.54　顺序重排

注意

特征顺序的重排与特征的父子关系有很大关系，没有父子关系的特征可以重排，存在父子关系的特征不允许重排，父子关系的具体内容将在 4.3.4 节中具体介绍。

5）其他作用

（1）在浏览器中右击某一特征后选择"显示尺寸"命令，就可以显示当前特征的所有尺寸。

（2）在浏览器"实体"节点下可以单独保存多实体零件中的某一个独立零件。

（3）单击或右击浏览器中的特征名或零件名，可弹出一个快捷菜单，从中可选择相对于选定对象的特定操作命令。

2. 浏览器的一般规则

（1）浏览器特征前如果有"+"号，则代表该特征包含关联项，单击"+"号可以展开该项目，并且显示关联内容。

（2）查看草图的约束状态，我们都知道草图有欠定义、完全定义及无法求解，在浏览器中将分别用 🗆 和 🗆 表示。

4.3.3　编辑特征

1. 显示特征尺寸并修改

4min

◎步骤 1 打开文件 D:\inventor2022\ ch04.03\ 编辑特征 -ex。

◎步骤 2 显示特征尺寸。在浏览器中右击要修改的特征（例如拉伸 1），在系统弹出的快捷菜单中选择显示尺寸(M)命令，此时该特征的所有尺寸都会显示出来，如图 4.55 所示。

◎步骤 3 修改特征尺寸。在模型中双击需要修改的尺寸（例如尺寸 60），系统会弹出"编辑尺寸"对话框，在"编辑尺寸"对话框的文本框中输入新的尺寸，单击 ✓ 按钮。

⊙步骤 4 重建模型。单击快速访问工具栏中的 按钮，即可重建模型，如图 4.56 所示。

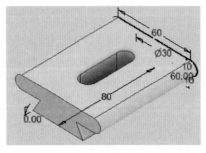
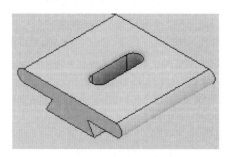

图 4.55 显示特征尺寸　　　　　　　　　图 4.56 重建模型

2. 编辑特征

编辑特征用于修改特征的一些参数信息，例如深度类型、深度信息等。

⊙步骤 1 选择命令。在浏览器中选中要编辑的"拉伸 1"后右击，选择 编辑特征 命令。

⊙步骤 2 修改参数。在系统弹出的拉伸"特性"对话框中可以调整拉伸的开始参数和深度参数等。

3. 编辑草图

编辑草图用于修改草图中的一些参数信息。

⊙步骤 1 选择命令。在浏览器中选中要编辑的"拉伸 1"后右击，选择 编辑草图 命令。选择命令的其他方法：在浏览器中右击拉伸节点下的草图，选择 编辑草图 命令。

⊙步骤 2 修改参数。在草图设计环境中可以编辑调整草图的一些相关参数。

4.3.4 父子关系

父子关系是指在创建当前特征时，有可能会借用之前特征的一些对象，被用到的特征称为父特征，当前特征就是子特征。父子特征在进行编辑特征时非常重要，假如修改了父特征，子特征有可能会受到影响，并且有可能会导致子特征无法正确生成而产生报错，所以为了避免错误的产生就需要大概清楚某一个特征的父特征与子特征包含哪些，在修改特征时尽量不要修改父子关系相关联的内容。

查看特征的父子关系的方法如下。

⊙步骤 1 选择命令。在浏览器中右击要查看父子关系的特征（如拉伸 3），在系统弹出的快捷菜单中选择关系...命令。

⊙步骤 2 查看父子关系。在系统弹出的"关系"对话框中可以查看当前特征的父特征与子特征，如图 4.57 所示。

图 4.57　"关系"对话框

说明

　　在拉伸 3 特征的父项包含 XY 平面、原点、拉伸 1、拉伸 2、镜像 1、镜像 2 与草图 3，拉伸 3 特征的子项包含草图 4、拉伸 4、草图 5、孔 1、草图 6 及拉伸 5。

4.3.5　删除特征

　　对于模型中不再需要的特征就可以进行删除了。删除的一般操作步骤如下。

　　○步骤 1　选择命令。在浏览器中右击要删除的特征（例如拉伸 3），在弹出的快捷菜单中选择 删除(D) 命令。

说明

　　选中要删除的特征后，直接按键盘上的 Delete 键也可以进行删除。

　　○步骤 2　定义是否删除内含特征。在如图 4.58 所示的"删除特征"对话框中选中 ☑已使用的草图和特征。、 ☑相关的草图和特征。 与 ☑相关的定位特征。复选框。

　　图 4.58 所示的"删除特征"对话框中各选项的说明如下。

　　（1）☑已使用的草图和特征。复选框：用于将选定的特征及特征使用的草图、曲面特征和定位特征一并删除。

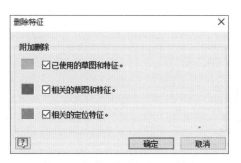

图 4.58 "删除特征"对话框

（2）☑相关的草图和特征。复选框：用于将所选特征及此特征的子特征一并删除。

（3）☑相关的草图和特征。复选框：用于将所选特征及与所选特征关联的定位特征一并删除。

○步骤3 单击"删除特征"对话框中的 确定 按钮，完成特征的删除。

说明

当用户将造型终止调整到某一个特征后时，用户可以通过右击 ⊗ 造型终止，在系统弹出的快捷菜单中选择 删除EOP下面的所有特征(D) 命令，这样就可以将 ⊗ 造型终止 下的所有特征快速删除。

4.3.6 隐藏特征

在 Inventor 中，隐藏基准特征与隐藏实体特征的方法是不同的。下面以如图 4.59 所示的图形为例，介绍隐藏特征的一般操作过程。

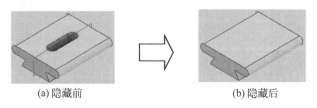

(a)隐藏前   (b)隐藏后

图 4.59 隐藏特征

○步骤1 打开文件 D:\inventor2022\ ch04.03\ 隐藏特征 -ex。

○步骤2 隐藏基准特征。在浏览器中右击"YZ 平面"，在弹出的快捷菜单中取消选中 可见性(V)（选中可见性代表可见，不选中可见性代表不可见），即可隐藏 YZ 平面。

基准特征包括基准面、基准轴、基准点及基准坐标系等。

○步骤3 隐藏实体特征。在浏览器中右击"拉伸 2"，在弹出的快捷菜单中选择 抑制特征 命令，即可隐藏拉伸 2，如图 4.59（b）所示。

说明

实体特征包括拉伸、旋转、抽壳、扫掠、放样等。

4.4　Inventor 模型的定向与显示

4.4.1　模型的定向

在设计模型的过程中，需要经常改变模型的视图方向，利用模型的定向工具就可以将模型精确定向到某一个特定方位上。通过 ViewCube 工具调整至所需要的视图方位。

上视：沿着 Y 轴正向的平面视图，如图 4.60 所示。

说明

将视图调整至前视图后还可以通过如图 4.61 所示的旋转箭头对视图进行旋转，单击如图 4.61 所示的箭头后，视图将调整为如图 4.62 所示的位置。

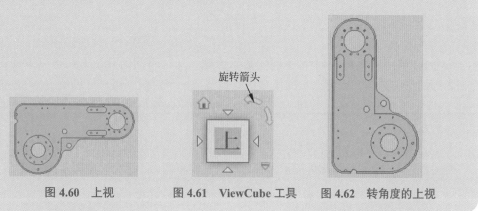

旋转箭头

图 4.60　上视　　　图 4.61　ViewCube 工具　　　图 4.62　转角度的上视

下视：沿着 Y 轴负向的平面视图，如图 4.63 所示。

前视：沿着 Z 轴正向的平面视图，如图 4.64 所示。

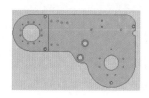

图 4.63　下视

图 4.64　前视

后视：沿着 Z 轴负向的平面视图，如图 4.65 所示。

左视：沿着 X 轴正向的平面视图，如图 4.66 所示。

图 4.65　后视

图 4.66　左视

右视：沿着 X 轴负向的平面视图，如图 4.67 所示。

说明

　　若用户在创建好一个视图后又想返回主视图的状态，则可单击 ViewCube 工具中的"主视图"按钮🏠或者使用键盘上的快捷键 F6 快速地将视图调回主视图状态，如图 4.68 所示。

图 4.67　右视　　　　　　　　　　图 4.68　主视图

4.4.2　模型的显示

　　Inventor 向用户提供了 11 种不同的显示方法，通过不同的显示方式可以方便用户查看模型内部的细节结构，也可以帮助用户更好地选取一个对象。用户可以单击 视图 功能选项卡 外观▼ 区域中的"视觉样式"按钮🔲，在弹出的菜单中选择相应的显示样式，以此可以切换模型的显示方式。

　　🔲（真实）：使用真实外观显示零部件的材料、颜色和纹理，如图 4.69 所示。

　　🔲（着色）：将可见零部件显示为着色对象，模型边为不可见，如图 4.70 所示。

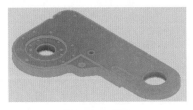
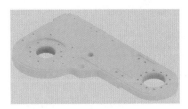

图 4.69　真实　　　　　　　　　　图 4.70　着色

　　🔲（带边着色）：使用标准外观显示零部件，并且外部模型边为可见，如图 4.71 所示。

　　🔲（带隐藏边着色）：使用标准外观显示零部件，并且隐藏模型边为可见，如图 4.72 所示。

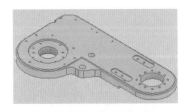
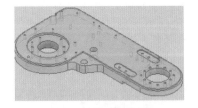

图 4.71　带边着色　　　　　　　　图 4.72　带隐藏边着色

　　🔲（线框）：模型以线框形式显示，模型所有的边线显示为深颜色的实线，如图 4.73

所示。

（带隐藏边的线框）：模型以线框形式显示，可见的边线显示为深颜色的实线，不可见的边线显示为虚线，如图 4.74 所示。

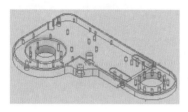 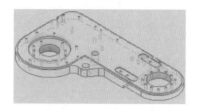

图 4.73　线框　　　　　　　　　　　图 4.74　带隐藏边的线框

（仅带可见边的线框）：模型以线框形式显示，可见的边线显示为深颜色的实线，不可见的边线被隐藏起来（不显示），如图 4.75 所示。

（灰度）：使用灰度的简化外观显示可见的零部件，如图 4.76 所示。

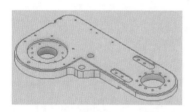 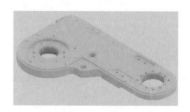

图 4.75　仅带可见边的线框　　　　　　　图 4.76　灰度

（水彩色）：使用手绘水彩色外观显示可见的零部件，如图 4.77 所示。

（草图插画）：使用草图插画显示可见的零部件，如图 4.78 所示。

（技术插画）：使用技术插画显示可见的零部件，如图 4.79 所示。

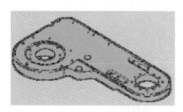 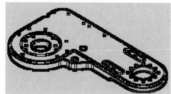 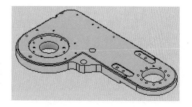

图 4.77　水彩色　　　　　　图 4.78　草图插画　　　　　　图 4.79　技术插画

4.5　设置零件模型的属性

4.5.1　材料的设置

7min

设置模型材料主要有以下两个作用：一，模型外观更加真实；二，材料给定后可以确定模型的密度，进而确定模型的质量属性。

1. 添加现有材料

下面以一个如图 4.80 所示的模型为例，说明设置零件模型材料属性的一般操作过程。

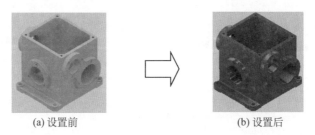

(a) 设置前   (b) 设置后

图 4.80　设置材料

◎步骤1 打开文件 D:\inventor2022\ ch04.05\ 设置零件模型属性。

◎步骤2 选择命令。选择 工具 功能选项卡 材料和外观 ▾ 区域中的 ⊛（材料）命令，系统会弹出如图 4.81 所示的 "材料浏览器" 对话框。

图 4.81　"材料浏览器" 对话框

◎步骤3 选择并添加材料。在 "材料浏览器" 对话框 "Inventor 材料库" 区域中单击 "金

色 金属"材料后的 ⊡ 按钮。

○步骤 4 单击"材料浏览器"对话框中的 ✕ 按钮，完成材料添加。

2. 添加新材料

○步骤 1 打开文件 D:\inventor2022\ ch04.05\ 设置零件模型属性。

○步骤 2 选择 工具 功能选项卡 材料和外观 ▾ 区域中的 ⊗（材料）命令，系统会弹出"材料浏览器"对话框。

○步骤 3 选择命令。在"材料浏览器"对话框选择 ⊕（在文档中创建新材料）命令，系统会弹出如图 4.82 所示的"材料编辑器"对话框。

○步骤 4 定义材料属性。在"材料编辑器"对话框 标识 选项卡的 名称 文本框输入材料的名称（例如 AcuZinc 5），在 物理 ⇄ 选项卡设置材料的 热传导率 、杨氏模量 、密度 及 屈服强度 等，在 外观 ⇄ 选项卡设置材料的 颜色 、反射率 、透明度 及 凹凸 等外观属性。

○步骤 5 单击"材料编辑器"对话框中的 确定 按钮，完成材料的添加。

○步骤 6 在"材料浏览器"对话框的"文档材料"区域单击创建的材料，即可将材料应用到模型。

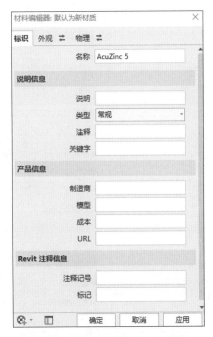

图 4.82　"材料编辑器"对话框

4.5.2　单位的设置

在 Inventor 中，每个模型都有一个基本的单位系统，从而保证模型大小的准确性， 4min
Inventor 系统向用户提供了一些预定义的单位系统，用户可以自己选择合适的单位系统，也可以自定义一个单位系统。需要注意的是，在进行某一个产品的设计之前，需要保证产品中所有的零部件的单位系统是统一的。

修改或者自定义单位系统的方法如下。

○步骤 1 打开文件 D:\inventor2022\ ch04.05\ 单位设置 -ex。

○步骤 2 选择命令。选择 工具 功能选项卡 选项 ▾ 区域中的 ⬚（文档设置）命令，系统会弹出如图 4.83 所示的"文档设置"对话框。

○步骤 3 设置单位。单击 单位 功能选项卡，在 长度 下拉列表选择"毫米"，在 角度 下拉列表选择"度"，在 时间 下拉列表选择"秒"，在 质量 下拉列表选择"千克"。

○步骤 4 设置单位精度。在 线性尺寸显示精度 下拉列表选择"4.1234"（说明保留四位小数），如图 4.84 所示，在 角度尺寸显示精度 下拉列表选择"2.12"（说明保留两位小数），如图 4.85 所示。

图 4.83　"文档设置"对话框

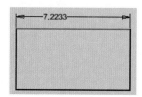

图 4.84　线性尺寸显示精度

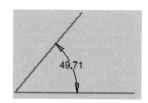

图 4.85　角度尺寸显示精度

◯步骤5 设置尺寸显示方式。在 造型尺寸显示 区域选中 ⦿显示为值 单选项，不同类型的显示方式如图 4.86 所示。

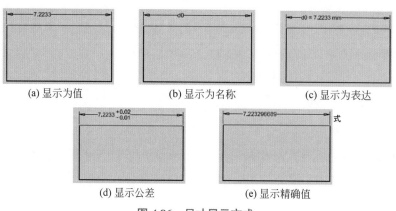

图 4.86　尺寸显示方式

◎步骤 6　单击 应用(A) 按钮完成单位设置。

4.6　倒角特征

4.6.1　概述

倒角特征是指在选定的边线处通过裁掉或者添加一块平直剖面的材料，从而在共有该边线的两个原始曲面之间创建出一个斜角曲面。

倒角特征的作用：①提高模型的安全等级；②提高模型的美观程度；③方便装配。

4.6.2　倒角特征的一般操作过程

下面以如图 4.87 所示的简单模型为例，介绍创建倒角特征的一般过程。

倒角边线

(a) 倒角前　　　　　　　　　　　　(b) 倒角后

图 4.87　倒角特征

◎步骤 1　打开文件 D:\inventor2022\ ch04.06\ 倒角 -ex。

◎步骤 2　选择命令。选择 三维模型 功能选项卡 修改 ▾ 区域中的 倒角 命令，系统会弹出如图 4.88 所示的"倒角"对话框。

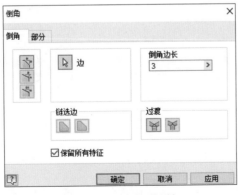

图 4.88　"倒角"对话框

◎步骤 3　定义倒角类型。在"倒角"对话框中选择 （倒角边长）单选项。

◎步骤 4　定义倒角对象。在系统提示下选取如图 4.87（a）所示的边线作为倒角对象。

○步骤 5 定义倒角参数。在"倒角"对话框的 倒角边长 文本框中输入倒角距离值 3。

○步骤 6 完成操作。在"倒角"对话框中单击 确定 按钮，完成倒角的定义，如图 4.87（b）所示。

图 4.88 所示的"倒角"对话框中各选项的说明如下。

（1）⌧（倒角边长）单选项：用于通过距离控制倒角的大小。

（2）⌧（倒角边长和角度）单选项：用于通过距离与角度控制倒角的大小。

（3）⌧（两个倒角边长）单选项：用于通过两个距离控制倒角的大小。

（4）⌧ 边：用于选择要倒角的边线。

（5）⌧ 面：用于选择要倒角的面，此选项只针对 ⌧（倒角边长和角度）类型有效。

（6）⌧ 按钮：对于由两个距离定义的倒角，使倒角距离的方向相反。

（7）倒角边长 文本框：用于指定倒角的距离。

（8）角度 文本框：用于指定倒角的角度。

（9）⌧ 选项：用于将自动选取与所选边线相切的所有边线进行倒角，如图 4.89（a）所示。

（10）⌧ 选项：用于只选择独立边线，如图 4.89（b）所示。

(a) 所有相切连接边　　　　　　　　　(b) 独立边

图 4.89　链选边

（11）⌧（过渡）选项：用于在平面相交处连接倒角，如图 4.90（a）所示。

（12）⌧（无过渡）选项：用于在相交处形成角点，如图 4.90（b）所示。

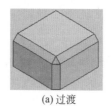

(a) 过渡　　　　　　　　　　(b) 无过渡

图 4.90　过渡

4.6.3　部分倒角特征的一般操作过程

4min

下面以如图 4.91 所示的模型为例，介绍创建部分倒角特征的一般过程。

○步骤 1 打开文件 D:\inventor2022\ ch04.06\ 部分倒角 -ex。

○步骤 2 选择命令。选择 三维模型 功能选项卡 修改 ▾ 区域中的 倒角 命令，系统会弹出"倒角"对话框。

步骤3 定义倒角类型。在"倒角"对话框中选择 ⬚（倒角边长）单选项。

步骤4 定义倒角对象。在系统提示下选取如图 4.91（a）所示的边线作为倒角对象。

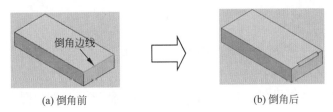

(a) 倒角前   (b) 倒角后

图 4.91 部分倒角特征

步骤5 定义倒角参数。在"倒角"对话框的 倒角边长 文本框中输入倒角距离值 5。

步骤6 定义部分参数。在"倒角"对话框选择如图 4.92 所示的 部分 选项卡，在 设置联动尺寸 下拉列表中选择"结束"（通过设计开始位置与倒角长度设置部分范围），在如图 4.91（a）所示边线上的任意位置单击，在 开始 文本框输入 20（表示从 20 位置开始倒角），在 倒角 文本框输入 50（表示倒角距离为 50），如图 4.93 所示。

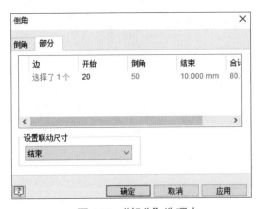

图 4.92 "部分"选项卡

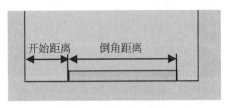

图 4.93 部分倒角参数

步骤7 完成操作。在"倒角"对话框中单击 确定 按钮，完成倒角的定义，如图 4.91（b）所示。

设置联动尺寸 其他选项的说明如下。

（1）"开始"选项：用于通过倒角距离与结束距离控制部分倒角的范围，如图 4.94 所示。

（2）"倒角"选项：用于通过开始距离与结束距离控制部分倒角的范围，如图 4.95 所示。

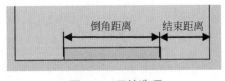

图 4.94 开始选项

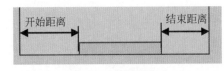

图 4.95 倒角选项

（3）"结束"选项：用于通过倒角距离与结束距离控制部分倒角的范围，如图 4.93 所示。

4.7 圆角特征

4.7.1 概述

圆角特征是指在选定的边线处通过裁掉或者添加一块圆弧剖面材料，从而在共有该边线的两个原始曲面之间创建出一个圆弧曲面。

圆角特征的作用：①提高模型的安全等级；②提高模型的美观程度；③方便装配；④消除应力集中。

4.7.2 恒定半径圆角

恒定半径圆角是指在所选边线的任意位置半径值都恒定相等。下面以如图 4.96 所示的模型为例，介绍创建恒定半径圆角特征的一般过程。

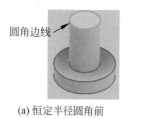
圆角边线

(a) 恒定半径圆角前   (b) 恒定半径圆角后

图 4.96 恒定半径圆角

◎步骤1 打开文件 D:\inventor2022\ ch04.07\ 圆角 01-ex。

◎步骤2 选择命令。选择 三维模型 功能选项卡 修改▾ 区域中的 🌑（圆角）命令，系统会弹出如图 4.97 所示的圆角"特性"对话框。

图 4.97 圆角"特性"对话框

◎步骤3 定义圆角类型。在"圆角"对话框中选中 🌑（添加等半径边集）单选项。

◎步骤 4 定义圆角对象。在系统提示下选取如图 4.96（a）所示的边线作为圆角对象。

◎步骤 5 定义圆角参数。在"圆角"对话框的半径文本框中输入圆角半径值 2。

◎步骤 6 完成操作。在"圆角"对话框中单击 确定 按钮，完成圆角的定义，如图 4.96（b）所示。

4.7.3　变半径圆角

▶ 5min

变半径圆角是指在所选边线的不同位置具有不同的圆角半径值。下面以如图 4.98 所示的模型为例，介绍创建变半径圆角特征的一般过程。

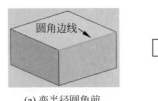 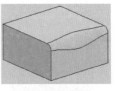

(a) 变半径圆角前　　　　　　　　　　　(b) 变半径圆角后

图 4.98　变半径圆角

◎步骤 1 打开文件 D:\inventor2022\ ch04.07\ 圆角 02-ex。

◎步骤 2 选择命令。选择 三维模型 功能选项卡 修改▼ 区域中的 🔘（圆角）命令，系统会弹出圆角"特性"对话框。

◎步骤 3 定义圆角类型。在"圆角"对话框中选中 ⟋（添加变半径边集）单选项。

◎步骤 4 定义圆角对象。在系统提示下选取如图 4.98（a）所示的边线作为圆角对象。

◎步骤 5 定义圆角参数。在 变半径圆角行为 区域的 (0.0) （起始）文本框输入 5，在 (1.0) （终止）文本框也输入 5，单击 位置 后的 ➕（添加变半径圆角点），将位置设置为 0.5，将半径设置为 10，如图 4.99 所示。

图 4.99　变半径参数

> **说明**
>
> 变半径的点数量可以根据实际需要添加多个。

◎步骤6 完成操作。在"圆角"对话框中单击 确定 按钮，完成圆角的定义，如图 4.98（b）所示。

4.7.4 面圆角

7min

面圆角是指在面与面之间进行倒圆角。下面以如图 4.100 所示的模型为例，介绍创建面圆角特征的一般过程。

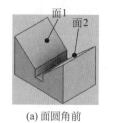　

(a) 面圆角前　　　　　　　　　　　　　　(b) 面圆角后

图 4.100　面圆角

◎步骤1 打开文件 D:\inventor2022\ ch04.07\ 圆角 03-ex。

◎步骤2 选择命令。单击 三维模型 功能选项卡 修改 ▾ 区域中的 ⌒ 下的 圆角，在系统弹出的快捷菜单中选择 面圆角 命令，系统会弹出如图 4.101 所示的面圆角"特性"对话框。

图 4.101　面圆角"特性"对话框

◎步骤3 定义圆角对象。在系统提示下依次选择如图 4.100（a）所示的面 1 与面 2。

◎步骤4 定义圆角参数。在 尺寸 区域中的 半径 文本框中输入圆角半径值 10。

◎步骤5 完成操作。在面圆角"特性"对话框中单击 确定 按钮，完成圆角的定义，如图 4.100（b）所示。

说明

　　对于两个不相交的曲面来讲，在给定圆角半径值时，一般会有一个合理范围，只有给定的值在合理范围内才可以正确创建，范围值的确定方法可参考图 4.102。

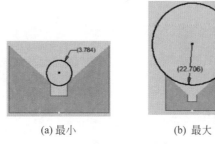

(a) 最小　　　　　　　　(b) 最大

图 4.102　半径范围

4.7.5　完全圆角

3min

　　完全圆角是指在三个相邻的面之间进行倒圆角。下面以如图 4.103 所示的模型为例，介绍创建完全圆角特征的一般过程。

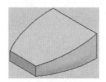 ⇨

(a) 完全圆角前　　　　　　　　　(b) 完全圆角后

图 4.103　完全圆角

○步骤1　打开文件 D:\inventor2022\ ch04.07\ 圆角 04-ex。

○步骤2　选择命令。单击 三维模型 功能选项卡 修改 ▾ 区域中的 🔲 下的 圆角，在系统弹出的快捷菜单中选择 ⚡全圆角命令，系统会弹出如图 4.104 所示的全圆角"特性"对话框。

图 4.104　全圆角"特性"对话框

（步骤③）定义圆角对象。在系统提示下依次选择如图 4.105（a）所示的面 1（模型上表面）、面 2（模型侧面）与面 3（模型下表面）。

（步骤④）完成操作。在全圆角"特性"对话框中单击 确定 按钮，完成全圆角的定义，如图 4.106 所示。

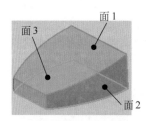

图 4.105　全圆角参考对象

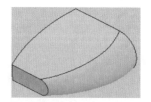

图 4.106　全圆角

（步骤⑤）参考步骤 2 ～步骤 4 的操作完成另外一侧的圆角的创建，完成后如图 4.103（b）所示。

4.7.6　圆角的顺序要求

在创建圆角时，一般需要遵循以下几点规则和顺序：

（1）先创建竖直方向的圆角，再创建水平方向的圆角。

（2）如果要生成具有多个圆角边线及拔模面的铸模模型，在大多数情况下，则应先创建拔模特征，再进行圆角的创建。

（3）一般将模型的主体结构创建完成后再尝试创建修饰作用的圆角，因为创建圆角越早，在重建模型时花费的时间就越长。

（4）当有多个圆角汇聚于一点时，先生成较大半径的圆角，再生成较小半径的圆角。

（5）为加快零件建模的速度，可以使用单一圆角操作来处理相同半径圆角的多条边线。

4.8　基准特征

4.8.1　概述

基准特征在建模的过程中主要起到定位参考的作用，需要注意基准特征并不能帮助用户得到某一个具体的实体结构，虽然基准特征并不能帮助用户得到某一个具体的实体结构，但是在创建模型的很多实体结构时，如果没有合适的基准，则将很难或者不能完成结构的具体创建，例如创建如图 4.107 所示的模型，该模型有一个倾斜结构，要想得到这个倾斜结构，就需要创建一个倾斜的工作平面。

图 4.107　基准特征

基准特征在 Inventor 中主要包括工作平面、工作轴、工作点及工作坐标系。这些几何元素可以作为创建其他几何体的参照进行使用，在创建零件中的一般特征、曲面及装配时起到了非常重要的作用。

4.8.2　工作平面

26min

工作平面也称为基准面，在创建一般特征时，如果没有合适的平面了，就可以自己创建一个工作平面。

工作平面的作用如下。

（1）用于作为草图绘制时的参考面。

（2）用于作为创建工作轴或工作点的参考。

（3）用于作为拉伸、旋转等特征时的终止平面。

（4）用于作为装配时的参考平面。

（5）用于作为装配或零件状态下剖切观察的剖面。

（6）工作平面还可以向其他的草图平面进行投影，作为草图的定位或参考基准。

在 Inventor 中，软件给我们提供了很多种创建工作平面的方法，接下来就具体介绍一些常用的创建方法。

1. 从平面偏移

通过从平面偏移创建工作平面需要提供一个平面参考，新创建的工作平面与所选参考面平行，并且有一定的间距。下面以创建如图 4.108 所示的基准面为例，介绍从平面偏移创建工作平面的一般创建方法。

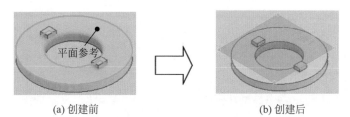

(a) 创建前　　　　　　　　　　　(b) 创建后

图 4.108　从平面偏移创建工作平面

◎步骤1　打开文件 D:\inventor2022\ ch04.08\ 工作平面 01-ex。

◎步骤2　选择命令。单击 三维模型 功能选项卡 定位特征 区域中 下的 ，在系统弹出的快捷菜单中选择 从平面偏移 命令。

◎步骤3　选取平面参考。选取如图 4.108（a）所示的面作为参考平面。

◎步骤4　定义间距。在"间距"文本框输入间距值 20。

◎步骤5　完成操作。单击 ✓ 按钮，完成工作平面定义，如图 4.108（b）所示。

> **说明**
>
> 　　如果偏移方向不正确，用户则可以通过在"间距"文本框输入负值调整方向，如图 4.109 所示。

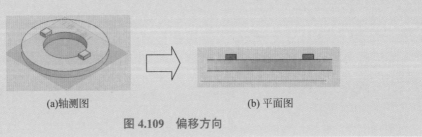

(a)轴测图　　　　　　　　　　　(b) 平面图

图 4.109　偏移方向

2. 通过平面绕边旋转的角度创建工作平面

　　通过平面绕边旋转的角度创建工作平面需要提供一个平面参考与一个轴的参考，新创建的工作平面通过所选的轴，并且与所选面成一定的夹角。下面以创建如图 4.110 所示的工作平面为例介绍通过平面绕边旋转一定的角度创建工作平面的一般创建方法。

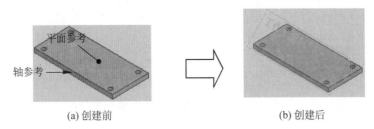

(a) 创建前　　　　　　　　　　(b) 创建后

图 4.110　通过平面绕边旋转创建工作平面

◎步骤1 打开文件 D:\inventor2022\ ch04.08\ 工作平面 02-ex。

◎步骤2 选择命令。单击 三维模型 功能选项卡 定位特征 区域中 下的 平面，在系统弹出的快捷菜单中选择 平面绕边旋转的角度 命令。

◎步骤3 选取平面参考。选取如图 4.110（a）所示的平面参考与轴线参考作为参考平面。

◎步骤4 定义间距。在"角度"文本框输入间距 45。

> **说明**
>
> 　　如果偏角度不正确，用户则可以通过在"角度"文本框输入负值调整方向。

◎步骤5 完成操作。单击 ✔ 按钮，完成工作平面定义，如图 4.110（b）所示。

3. 在指定点处与曲线垂直创建工作平面

　　在指定点处与曲线垂直创建工作平面需要提供曲线参考与一个点的参考，一般情况下点是曲线的端点或者曲线上的点，新创建的工作平面通过所选的点，并且与所选曲线垂直。下面以创建如图 4.111 所示的基准面为例介绍在指定点处与曲线垂直创建工作平面的一般创建方法。

步骤 1 打开文件 D:\inventor2022\ ch04.08\ 工作平面 03-ex。

步骤 2 选择命令。单击 三维模型 功能选项卡 定位特征 区域中 下的 平面 ，在系统弹出的快捷菜单中选择 在指定点处与曲线垂直 命令。

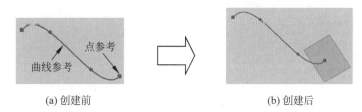

(a) 创建前   (b) 创建后

图 4.111　在指定点处与曲线垂直创建工作平面

步骤 3 选取曲线参考。选取如图 4.111（a）所示的曲线作为曲线参考。

> **说明**
>
> 曲线参考可以是草图中的直线、样条曲线、圆弧等开放对象，也可以是现有实体中的一些边线。

步骤 4 选取点参考。选取如图 4.111（a）所示的点作为参考。

4. 其他常用的创建工作平面的方法

通过平行于平面且通过点创建工作平面，所创建的工作平面通过选取的点，并且与参考平面平行，如图 4.112 所示。

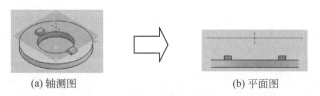

(a) 轴测图   (b) 平面图

图 4.112　平行于平面且通过点

通过两个平面之间的中间面创建工作平面，如果两个参考平面是平行关系，则所创建的工作平面在所选两个平行基准平面的中间位置，如图 4.113 所示。如果两个参考平面是相交关系，则所创建的工作平面在所选两个相交基准平面的角平分位置，如图 4.114 所示。

   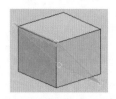

图 4.113　平行面中间面   **图 4.114　相交面中间面**

通过三点创建工作平面，所创建的工作平面通过选取的三个点，如图 4.115 所示。

通过两条共面边创建工作平面，所创建的工作平面通过选取的两条边，如图 4.116 所示。

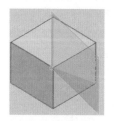
图 4.115　三点

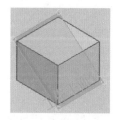
图 4.116　两条共面边

通过与曲面相切并且通过线创建工作平面，所创建的工作平面与曲面相切并且通过选取的线，如图 4.117 所示。

通过与曲面相切并且通过点创建工作平面，所创建的工作平面与曲面相切并且通过选取的点（位于曲面上），如图 4.118 所示。

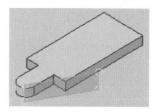
图 4.117　与曲面相切且通过线

图 4.118　与曲面相切且通过点

通过与曲面相切且平行于平面创建工作平面，所创建的工作平面与曲面相切并且与所选参考平面平行，如图 4.119 所示。

通过与轴垂直且通过点创建工作平面，所创建的工作平面与轴线垂直并且通过选取的点，如图 4.120 所示。

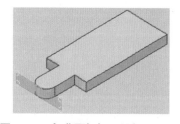
图 4.119　与曲面相切且平行于平面

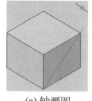
(a) 轴测图

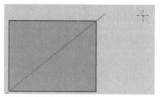
(b) 平面图

图 4.120　与轴垂直且通过点

5. 控制工作平面的显示大小

尽管工作平面实际上是一个无穷大的平面，但在默认情况下，系统根据模型大小对其进行缩放显示。显示的工作平面的大小随零件尺寸的不同而改变。除了那些即时生成的平面以外，其他所有工作平面的大小都可以加以调整，以适应零件、特征、曲面、边、轴或半径。操作步骤如下：

在浏览器上单击一工作面，然后右击，从弹出的快捷菜单中选择 自动调整大小(A) 命令，此时系统将根据图形区域零件的大小自动调整工作面。读者要想自由调整平面的大小则可通过如下操作：首先确认 自动调整大小(A) 不被选择，然后选取要更改大小的工作面，选中工作面上的某个控制点，通过拖动基准面上的 4 个控制点来调整工作面的大小。

4.8.3　工作轴

17min

工作轴与工作平面一样，可以作为特征创建时的参考，也可以为创建工作面、同轴放置项目及径向阵列等提供参考。

工作轴的作用如下。

（1）用于作为创建工作平面或工作点的参考。

（2）用于为旋转特征提供旋转轴。

（3）用于为装配约束提供参考。

（4）用于工程图尺寸提供参考。

（5）用于为环形阵列体中心提供参考。

（6）用于作为对称的对称轴。

（7）用于为三维草图提供参考。

在 Inventor 中，软件给我们提供了很多种创建工作轴的方法，接下来就具体介绍一些常用的创建方法。

1. 通过在线或边上创建工作轴

通过在线或者边上创建工作轴需要提供一个草图直线或者边的参考。下面以创建如图 4.116 所示的工作轴为例介绍通过在线或者边上创建工作轴的一般创建方法。

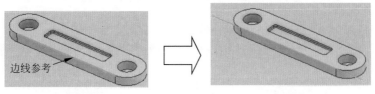

(a) 创建前　　　　　　　　　　　　　　(b) 创建后

图 4.121　通过在线或者边上创建工作轴

步骤 1　打开文件 D:\inventor2022\ ch04.08\ 工作轴 -ex。

步骤 2　选择命令。单击 三维模型 功能选项卡 定位特征 区域 轴 后 ，在系统弹出的快捷菜单中选择 在线或边上 命令。

步骤 3　选取参考。选取如图 4.121（a）所示的边线参考。

2. 通过两点创建工作轴

通过两点创建工作轴需要提供两个点的参考。下面以创建如图 4.122 所示的工作轴为例介绍通过两点创建工作轴的一般创建方法。

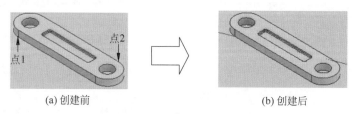

(a) 创建前　　　　　　　　　　　　　(b) 创建后

图 4.122　通过两点创建工作轴

步骤1 打开文件 D:\inventor2022\ ch04.08\ 工作轴 -ex。

步骤2 选择命令。单击 三维模型 功能选项卡 定位特征 区域 □轴 后·，在系统弹出的快捷菜单中选择 ︸ 通过两点命令。

步骤3 选取参考。选取如图 4.122（a）所示的点 1 与点 2 的参考。

3. 通过平行于线且通过点创建工作轴

通过平行于线且通过点创建工作轴需要提供一个轴线参考与点的参考。下面以创建如图 4.123 所示的工作轴为例介绍通过平行于线且通过点创建工作轴的一般创建方法。

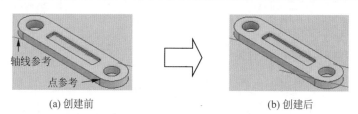

(a) 创建前　　　　　　　　　　　　　(b) 创建后

图 4.123　通过平行于线且通过点创建工作轴

步骤1 打开文件 D:\inventor2022\ ch04.08\ 工作轴 02-ex。

步骤2 选择命令。单击 三维模型 功能选项卡 定位特征 区域 □轴 后·，在系统弹出的快捷菜单中选择 ︸ 平行于线且通过点命令。

步骤3 选取参考。选取如图 4.123（a）所示的轴线与点的参考。

4. 通过两个平面的交集创建工作轴

通过两个平面创建基准轴需要提供两个平面的参考。下面以创建如图 4.124 所示的基准轴为例介绍通过两个平面创建基准轴的一般创建方法。

步骤1 打开文件 D:\inventor2022\ ch04.08\ 工作轴 -ex。

步骤2 选择命令。单击 三维模型 功能选项卡 定位特征 区域 □轴 后·，在系统弹出的快捷菜单中选择 ︸ 两个平面的交集 命令。

◎步骤3 选取参考。选取如图 4.124（a）所示的面 1 与面 2 的参考。

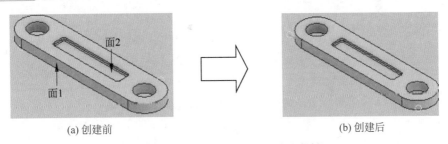

(a) 创建前   (b) 创建后

图 4.124 通过两平面交集创建工作轴

5. 通过旋转面或特征创建工作轴

通过旋转面或特征创建工作轴需要提供一个圆柱或者圆锥面的参考，系统会自动提取这个圆柱或者圆锥面的中心轴。下面以创建如图 4.125 所示的工作轴为例介绍通过旋转面或特征创建工作轴的一般创建方法。

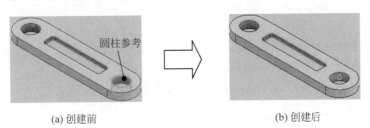

(a) 创建前   (b) 创建后

图 4.125 通过旋转面或特征创建工作轴

◎步骤1 打开文件 D:\inventor2022\ ch04.08\ 工作轴 -ex。

◎步骤2 选择命令。单击 三维模型 功能选项卡 定位特征 区域 轴 后 ，在系统弹出的快捷菜单中选择 通过旋转圆或特征 命令。

◎步骤3 选取参考。选取如图 4.125（a）所示的圆柱面参考。

6. 通过垂直于平面且通过点创建工作轴

通过垂直于平面且通过点创建工作轴需要提供一个平面参考与一个点的参考，点确定轴的位置，面确定轴的方向。下面以创建如图 4.126 所示的工作轴为例介绍通过垂直于平面且通过点创建工作轴的一般创建方法。

◎步骤1 打开文件 D:\inventor2022\ ch04.08\ 工作轴 -ex。

◎步骤2 选择命令。单击 三维模型 功能选项卡 定位特征 区域 轴 后 ，在系统弹出的快捷菜单中选择 垂直于平面且通过点 命令。

◎步骤3 选取参考。选取如图 4.126（a）所示的平面参考与点参考。

(a) 创建前　　　　　　　　　　　　　　　　(b) 创建后

图 4.126　通过垂直于平面且通过点创建工作轴

7. 通过圆形或椭圆形边中心创建工作轴

通过圆形或椭圆形边中心创建工作轴需要提供圆弧或者椭圆的参考，圆弧圆心确定轴的位置，圆弧所在的面确定轴的方向。下面以创建如图 4.127 所示的工作轴为例介绍通过圆形或椭圆形中心创建工作轴的一般创建方法。

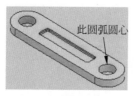

(a) 创建前　　　　　　　　　　　　　　　　(b) 创建后

图 4.127　通过圆形或者椭圆形边中心创建工作轴

◯步骤1 打开文件 D:\inventor2022\ ch04.08\ 工作轴 -ex。

◯步骤2 选择命令。单击 三维模型 功能选项卡 定位特征 区域 ⌀轴 后 ·，在系统弹出的快捷菜单中选择 ⌀ 通过圆形或椭圆形边的中心 命令。

◯步骤3 选取参考。选取如图 4.127（a）所示的平面参考与点参考。

▶ 8min

4.8.4　工作点

点是最小的几何单元，由点可以得到线，由点也可以得到面，所以在创建工作轴或者工作面时，如果没有合适的点了，就可以通过工作点命令进行创建，另外工作点也可以作为其他实体特征创建的参考元素。

在 Inventor 中，软件给我们提供了很多种创建工作点的方法，接下来就具体介绍一些常用的创建方法。

1. 通过边回路的中心创建工作点

通过边回路的中心创建工作点需要提供一个面的参考。下面以创建如图 4.128 所示的工作点为例介绍通过边回路的中心创建工作点的一般创建方法。

◯步骤1 打开文件 D:\inventor2022\ ch04.08\ 工作点 01-ex。

⬤步骤2 选择命令。单击 三维模型 功能选项卡 定位特征 区域 ✦ 后 ·，在系统弹出的快捷菜单中选择 ⬡ 边回路的中心点 命令。

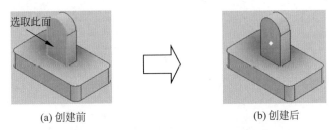

(a) 创建前　　　　　　　　　　　　　　(b) 创建后

图 4.128　通过边回路的中心创建工作点

⬤步骤3 选取参考。选取如图 4.128（a）所示的平面参考。

2. 通过两条线的交集创建工作点

通过两条线的交集创建工作点需要提供两条直线的参考。下面以创建如图 4.129 所示的基准点为例介绍通过两条线的交集创建工作点的一般创建方法。

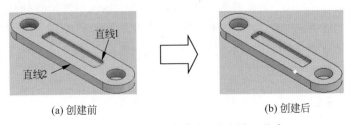

(a) 创建前　　　　　　　　　　　　　　(b) 创建后

图 4.129　通过两条直线的交集创建工作点

⬤步骤1 打开文件 D:\inventor2022\ ch04.08\ 工作点 02-ex。

⬤步骤2 选择命令。单击 三维模型 功能选项卡 定位特征 区域 ✦ 后 ·，在系统弹出的快捷菜单中选择 ⬡ 两条线的交集 命令。

⬤步骤3 选取参考。选取如图 4.129（a）所示的两条直线参考。

3. 其他创建工作点的方式

通过在顶点、草图点或端点创建工作点，这种方式用于在二维点或三维点、顶点或者线性边的中点创建工作点。

通过三个平面的交集创建工作点，以这种方式做基准点需要提供三个平面的参考（三个平面必须可以相交于一点）。

通过平面 / 曲面和线的交集创建工作点，以这种方式做基准点需要提供一个面的参考（平面曲面均可）与一个线的参考。

通过圆环体的圆心创建工作点，以这种方式做基准点需要提供一个圆环体的参考。

通过球体的球心创建工作点，以这种方式做基准点需要提供一个球体的参考。

▶ 3min

4.8.5　工作坐标系

工作坐标系可以定义零件或者装配的坐标系，添加工作坐标系可以作为其他实体创建的参考元素。

下面以创建如图 4.130 所示的工作坐标系为例介绍创建工作坐标系的一般创建方法。

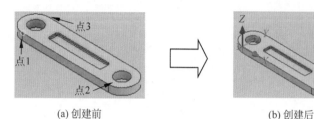

(a) 创建前　　　　　　　　　　　(b) 创建后

图 4.130　创建工作坐标系

步骤 1　打开文件 D:\inventor2022\ ch04.08\ 工作坐标系 -ex。

步骤 2　选择命令。选择 三维模型 功能选项卡 定位特征 区域中的 ⊾ UCS 命令。

步骤 3　选取原点参考。在系统提示下选取如图 4.130（a）所示的点 1 作为原点参考。

步骤 4　选取 X 方向参考。在系统提示下选取如图 4.130（a）所示的点 2 作为 X 方向参考。

步骤 5　选取 Y 方向参考。在系统提示下选取如图 4.130（a）所示的点 3 作为 Y 方向参考，完成后如图 4.124（b）所示。

4.9　抽壳特征

4.9.1　概述

抽壳特征是指移除一个或者多个面，然后将其余所有的模型外表面向内或者向外偏移一个相等或者不等的距离而实现的一种效果。通过对概念的学习可以总结得到抽壳的主要作用是帮助我们快速得到箱体或者壳体效果。

▶ 6min

4.9.2　等壁厚抽壳

下面以如图 4.131 所示的效果为例，介绍创建等壁厚抽壳的一般过程。

步骤 1　打开文件 D:\inventor2022\ ch04.09\ 抽壳 01-ex。

步骤 2　选择命令。选择 三维模型 功能选项卡 修改 ▾ 区域中的 🔲 抽壳 命令，系统会弹出如图 4.132 所示的"抽壳"对话框。

步骤 3　定义移除面。选取如图 4.131（a）所示的移除面。

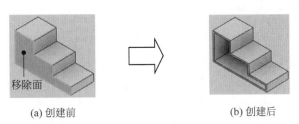

(a) 创建前　　　　　　　　(b) 创建后

图 4.131　等壁厚抽壳

图 4.132　"抽壳"对话框

○步骤 4　定义抽壳方向与厚度。在"抽壳"对话框中选中 ⬚（向内）单选项，在 厚度 文本框输入 3。

○步骤 5　完成操作。在"抽壳"对话框中单击 确定 按钮，完成抽壳的创建，如图 4.131（b）所示。

4.9.3　不等壁厚抽壳

▶4min

不等壁厚抽壳是指抽壳后不同面的厚度是不同的，下面以如图 4.133 所示的效果为例，介绍创建不等壁厚抽壳的一般过程。

移除面

(a) 创建前　　　　　　　　　　　　(b) 创建后

图 4.133　不等壁厚抽壳

○步骤 1　打开文件 D:\inventor2022\ ch04.09\ 抽壳 02-ex。

○步骤 2　选择命令。选择 三维模型 功能选项卡 修改 ▾ 区域中的 抽壳 命令，系统会弹出"抽壳"对话框。

○步骤 3 定义移除面。选取如图 4.133（a）所示的移除面。

○步骤 4 定义抽壳方向。在"抽壳"对话框中选中 （向内）单选项。

○步骤 5 定义抽壳厚度。在"抽壳"对话框 厚度 文本框输入 5。

○步骤 6 定义特殊面的抽壳厚度。

（1）在"抽壳"对话框中单击 ≫ 按钮，系统会弹出"特殊面厚度"区域，在 特殊面厚度 区域单击 单击以添加 使其激活，然后选取如图 4.134（a）所示的模型表面为特殊面，然后在"厚度"区域的文本框中输入数值 10.00。

（2）在 特殊面厚度 区域单击 单击以添加，参照上一步选取长方体的底面为特殊面，输入厚度值 15。

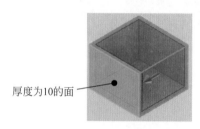

厚度为10的面

图 4.134 不等壁厚面

○步骤 7 完成操作。在"抽壳"对话框中单击 确定 按钮，完成抽壳的创建，如图 4.133（b）所示。

4.9.4 抽壳方向的控制

前面创建的抽壳方向都是向内抽壳，从而保证模型整体尺寸的不变，其实抽壳的方向可以向外也可以向两侧对称，只是需要注意，当抽壳方向向外或者两侧对称时，模型的整体尺寸会发生变化。例如，如图 4.135 所示的长方体的原始尺寸为 $80 \times 80 \times 60$，如果正常地向内抽壳，假如抽壳厚度为 5，抽壳后的效果如图 4.136 所示，此模型的整体尺寸依然是 $80 \times 80 \times 60$，中间腔槽的尺寸为 $70 \times 70 \times 55$；如果向外抽壳，只需要在"抽壳"对话框中选中 ，假如抽壳厚度为 5，抽壳后的效果如图 4.137 所示，此模型的整体尺寸为 $90 \times 90 \times 65$，中间腔槽的尺寸为 $80 \times 80 \times 60$；如果两侧对称抽壳，则只需要在"抽壳"对话框中选中 ，假如抽壳厚度为 5，抽壳后的效果如图 4.138 所示，此模型的整体尺寸为 $85 \times 85 \times 62.5$，中间腔槽的尺寸为 $75 \times 75 \times 57.5$。

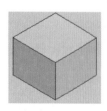
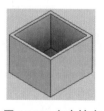

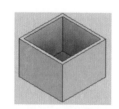

图 4.135 原始模型　　图 4.136 向内抽壳　　图 4.137 向外抽壳　　图 4.138 两侧对称抽壳

9min

4.9.5 抽壳的高级应用（抽壳的顺序）

抽壳特征是一个对顺序要求比较严格的功能，同样的特征不同的顺序对最终的结果有非常大的影响。接下来就以创建圆角和抽壳为例，来介绍不同顺序对最终效果的影响。

方法一：先圆角再抽壳

◎步骤 1 打开文件 D:\inventor2022\ ch04.09\ 抽壳 03-cx。

◎步骤 2 创建如图 4.139 所示的倒圆角 1。选择 三维模型 功能选项卡 修改 ▼ 区域中的 🔘（圆角）命令，在"圆角"对话框中选中 🔲（添加等半径边集）单选项，在系统提示下选取 4 根竖直边线作为圆角对象，在"圆角"对话框的半径文本框中输入圆角半径 15，单击 确定 按钮，完成圆角的创建。

◎步骤 3 创建如图 4.140 所示的倒圆角 2。选择 三维模型 功能选项卡 修改 ▼ 区域中的 🔘（圆角）命令，在"圆角"对话框中选中 🔲（添加等半径边集）单选项，在系统提示下选取下侧任意边线作为圆角对象，在"圆角"对话框的半径文本框中输入圆角半径 8，单击 确定 按钮，完成圆角的创建。

图 4.139 倒圆角 1

图 4.140 倒圆角 2

◎步骤 4 创建如图 4.141 所示的抽壳特征。选择 三维模型 功能选项卡 修改 ▼ 区域中的 🔲抽壳 命令，系统会弹出"抽壳"对话框，选取如图 4.141（a）所示的移除面，在"抽壳"对话框中选中 🔲（向内）单选项，在 厚度 文本框输入 5，单击 确定 按钮，完成抽壳的创建，如图 4.141(b) 所示。

移除面

(a) 创建前   (b) 创建后

图 4.141 抽壳

方法二：先抽壳再圆角

◎步骤 1 打开文件 D:\inventor2022\ ch04.09\ 抽壳 03-ex。

◎步骤 2 创建如图 4.142 所示的抽壳特征。选择 三维模型 功能选项卡 修改 ▼ 区域中的 🔲抽壳命令，系统会弹出"抽壳"对话框，选取如图 4.142（a）所示的移除面，在"抽壳"对话框中选中 🔽（向内）单选项，在 厚度 文本框输入 5，单击 确定 按钮，完成抽壳的创建，如图 4.142（b）所示。

移除面

(a) 创建前   (b) 创建后

图 4.142 抽壳

🔘步骤 3 创建如图 4.143 所示的倒圆角 1。选择 三维模型 功能选项卡 修改 ▾ 区域中的 🔘（圆角）命令，在"圆角"对话框中选中 🔽（添加等半径边集）单选项，在系统提示下选取 4 根竖直边线作为圆角对象，在"圆角"对话框的半径文本框中输入圆角半径 15，单击 确定 按钮，完成圆角的创建。

🔘步骤 4 创建如图 4.144 所示的倒圆角 2。选择 三维模型 功能选项卡 修改 ▾ 区域中的 🔘（圆角）命令，在"圆角"对话框中选中 🔽（添加等半径边集）单选项，在系统提示下选取下侧任意边线作为圆角对象，在"圆角"对话框的半径文本框中输入圆角半径 8，单击 确定 按钮，完成圆角的创建。

 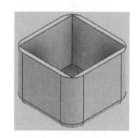

图 4.143 倒圆角 1   图 4.144 倒圆角 2

　　总结：我们发现相同的参数，不同的操作步骤所得到的效果是截然不同的。出现不同结果的原因是什么呢？这是由于抽壳时保留面的数目不同而导致的，在方法一中，先创建圆角，当移除一个面进行抽壳时，剩下了 17 个面（5 个平面和 12 个圆角面）参与抽壳偏移，从而可以得到如图 4.141 所示的效果；在方法二中，虽然说也是移除了一个面，但是由于圆角是抽壳后创建的，因此剩下的面只有 5 个，这 5 个面参与抽壳进而得到如图 4.142 所示的效果，后面再单独圆角得到如图 4.144 所示的效果。在实际使用抽壳时我们该如何合理地安排抽壳的顺序呢？一般情况下需要把要参与抽壳的特征放在抽壳特征的前面创建，不需要参与抽壳的特征放到抽壳后面创建。

▶11min

4.10 孔特征

4.10.1 概述

　　孔在设计过程中起着非常重要的作用，主要起着定位配合和固定设计产品的重要作用，既然有这么重要的作用，当然软件也给我们提供了很多孔的创建方法。例如，一般简单的通孔（用于上螺钉的）、一般产品底座上的沉头孔（也用于上螺钉的）、两个产品配合的锥形孔（通过销来定位和固定的孔）、最常见的螺纹孔等，这些不同类型的孔都可以通过软件提供的孔命令进行具体实现。

4.10.2 孔命令

　　使用孔命令创建孔特征，一般会经过以下几个步骤：
　　（1）选择命令。
　　（2）定义打孔平面。
　　（3）初步定义孔的位置。
　　（4）定义打孔的类型。
　　（5）定义孔的对应参数。
　　（6）精确定义孔的位置。
　　下面以如图 4.145 所示的效果为例，具体介绍创建孔特征的一般过程。

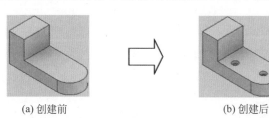

(a) 创建前　　　　　　　　　　(b) 创建后

图 4.145　孔命令

　　○步骤1　打开文件 D:\inventor2022\ ch04.10\ 孔 -ex。
　　○步骤2　选择命令。选择 三维模型 功能选项卡 修改 ▾ 区域中的 🔿（孔）命令，系统会弹出如图 4.146 所示的孔 "特性" 对话框。
　　○步骤3　定义打孔面与打孔位置。选取如图 4.147 所示的面为打孔面（选择的位置为第 1 个孔的初步位置），在打孔面上任意其他位置单击，以确定第 2 个孔的初步位置，如图 4.148 所示。

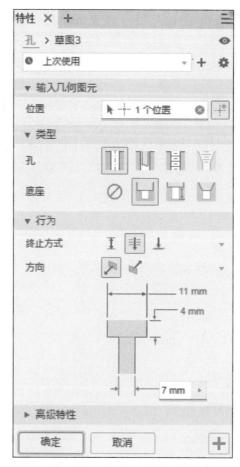

图 4.146　孔"特性"对话框

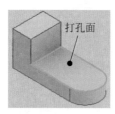

图 4.147　打孔面

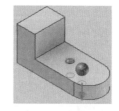

图 4.148　打孔位置初步定义

○步骤 4　定义孔的类型。在孔"特性"对话框的 类型 区域中选择 ▯▮（简单孔）与 ⊔（沉头孔）类型。

○步骤 5　定义孔的参数。在孔"特性"对话框的 行为 区域选中 ⬐，在"沉头孔直径"文本框输入 11，在"沉头孔深度"文本框输入 4，在"直径"文本框输入 7，单击 确定 按钮完成孔的初步创建。

◎步骤6　精确定义孔位置。在浏览器中右击◎孔1下的定位草图（草图 3），选择 編輯草圖 命令，系统进入草图环境，添加约束至如图 4.149 所示的效果，单击 ✔ 按钮完成定位。

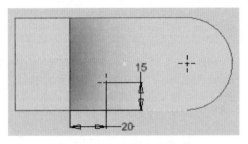

图 4.149　精确定义孔位置

图 4.146 所示的孔"特性"对话框中各选项的说明如下。

（1）在图 4.146 所示"孔"对话框的 類型 区域中，各选项功能说明。

☑ ▯▯+⊘：用于创建简单直孔，如图 4.150 所示。

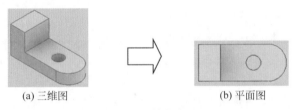

(a) 三维图　　　　　　　　　　(b) 平面图

图 4.150　简单直孔

☑ ▯▯+▯：用于创建简单沉头孔，如图 4.151 所示。

(a) 三维图　　　　　　　　　　(b) 平面图

图 4.151　简单沉头孔

☑ ▯▯+▯：用于创建简单沉头平面孔，如图 4.152 所示，沉头平面孔与沉头孔的主要区别为沉头平面孔的孔深不包含沉头深度，沉头深度可以为 0，沉头孔的深度包含沉头深度，沉头深度不可以为 0。

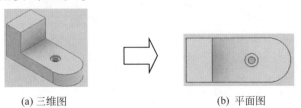

(a) 三维图　　　　　　　　　　(b) 平面图

图 4.152　简单沉头平面孔

☑ ▯▯+◗ ：用于创建简单倒角孔（埋头孔），如图 4.153 所示。

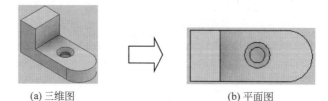

(a) 三维图   (b) 平面图

图 4.153 简单倒角孔

☑ ▯+◎ ：用于创建配合孔，此类型下系统会自动根据选择的紧固件设置配合孔的尺寸。

☑ ▯+◗ ：用于创建带有沉头的配合孔。

☑ ▯+▯ ：用于创建沉头平面配合孔。

☑ ▯+▯ ：用于创建带有倒角的配合孔。

☑ ▯+◎ ：用于创建简单螺纹孔，此类型下需要选择螺纹的类型、尺寸、规格与类等参数。

☑ ▯+▯ ：用于创建带有沉头的螺纹孔。

☑ ▯+▯ ：用于创建沉头平面螺纹孔。

☑ ▯+▯ ：用于创建带有倒角的螺纹孔。

☑ ▯+◎ ：用于创建锥形螺纹孔，此类型下需要选择螺纹的类型、尺寸、规格与方向等参数。

☑ ▯+▯ ：用于创建带有沉头平面的锥螺纹孔。

☑ ▯+◗ ：用于创建倒角的锥形螺纹孔。

（2）在图 4.146 所示"孔"对话框的 行为 区域中，各选项功能说明。

☑ ▯（距离）：用于通过距离值控制孔的深度。

☑ ▯（贯通）：用于贯通类型的孔。

☑ ▯（到）：用于通过选一个面（平面或者曲面均可）作为孔的终止条件。

☑ ▯（默认）：用于采用默认方向创建孔。

☑ ▯（翻转）：用于采用与默认方向相反的方向创建孔。

☑ ▯（平直）：用于创建平直底部的孔，如图 4.154 所示。

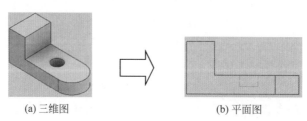

(a) 三维图   (b) 平面图

图 4.154 平直孔

☑ ▯（角度）：用于创建带有底部锥角的孔，如图 4.155 所示。

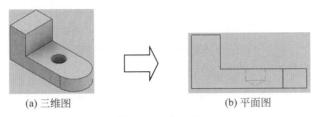

(a) 三维图　　　　　　　　　　　　(b) 平面图

图 4.155　角度孔

4.11　拔模特征

4.11.1　概述

拔模特征是指将竖直的平面或者曲面倾斜一定的角，从而得到一个斜面或者有锥度的曲面。注塑件和铸造件往往需要一个拔模斜度才可以顺利脱模，拔模特征就是专门用来创建拔模斜面的。在 Inventor 中拔模特征主要有 3 种类型：固定面、固定边、分模线。

拔模中需要提前理解的关键术语如下。

拔模面：要发生倾斜角度的面。

固定平面：保持固定不变的面。

拔模斜度：拔模方向与拔模面之间的倾斜角度。

4.11.2　固定面拔模

下面以如图 4.156 所示的效果为例，介绍创建固定面拔模的一般过程。

 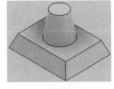

(a) 创建前　　　　　　　　　　　　(b) 创建后

图 4.156　固定面拔模

步骤1　打开文件 D:\inventor2022\ ch04.11\ 拔模 01-ex。

步骤2　选择命令。选择 三维模型 功能选项卡 修改 ▾ 区域中的 拔模 命令，系统会弹出如图 4.157 所示的"面拔模"对话框。

步骤3　定义拔模类型。在"面拔模"对话框中选中 （固定平面）类型。

步骤4　定义固定平面。在系统 选择平面或工作平面 的提示下选取如图 4.158 所示的面作为固定平面，确认方向向上，如图 4.159 所示（如果方向不对，则可以单击 按钮进行调整）。

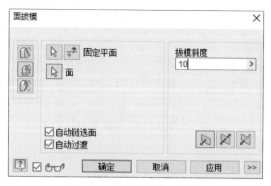

图 4.157 "面拔模"对话框

步骤 5 定义拔模面。在系统 选择拔模面 的提示下选取如图 4.160 所示的面作为拔模面。

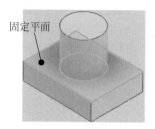

图 4.158 固定平面

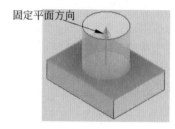

图 4.159 固定平面方向

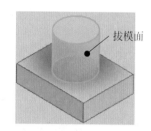

图 4.160 拔模面

步骤 6 定义拔模斜度。在"面拔模"对话框 拔模斜度 文本框中输入 10，选中 （方向向内）单选项。

步骤 7 完成创建。单击"面拔模"对话框中的 确定 按钮，完成拔模的创建，如图 4.161 示。

步骤 8 选择命令。选择 三维模型 功能选项卡 修改 ▾ 区域中的 拔模 命令，系统会弹出"面拔模"对话框。

步骤 9 定义拔模类型。在"面拔模"对话框中选中 （固定平面）类型。

步骤 10 定义固定平面。在系统 选择平面或工作平面 的提示下选取如图 4.162 所示的面作为固定平面，确认方向向上。

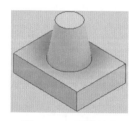

图 4.161 拔模效果

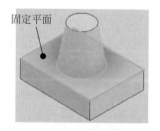

图 4.162 固定平面

步骤 11 定义拔模面。在系统 选择拔模面 的提示下选取长方体的四个侧面作为拔模面。

步骤 12 定义拔模斜度。在"面拔模"对话框 拔模斜度 文本框中输入 20，选中 （方向向外）

单选项。

○步骤 13 完成创建。单击"面拔模"对话框中的 确定 按钮，完成拔模的创建，如图 4.156（b）所示。

4.11.3　固定边拔模

下面以如图 4.163 所示的效果为例，介绍创建固定边拔模的一般过程。

(a) 创建前　　　　　　　　　　(b) 创建后

图 4.163　固定边拔模

○步骤 1 打开文件 D:\inventor2022\ ch04.11\ 拔模 02-ex。

○步骤 2 选择命令。选择 三维模型 功能选项卡 修改 ▼ 区域中的 拔模 命令，系统会弹出"面拔模"对话框。

○步骤 3 定义拔模类型。在"面拔模"对话框中选中 （固定边）类型。

○步骤 4 定义拔模方向面。在系统 选择平面、工作平面、边或轴 的提示下选取如图 4.164 所示的面作为固定平面，确认方向向上（如果方向不对，则可以单击 按钮进行调整）。

○步骤 5 定义拔模面。在系统 选择面和固定边 的提示下选取如图 4.165 所示的面作为拔模面。

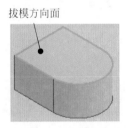
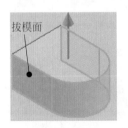

拔模方向面

图 4.164　拔模方向面

拔模面

图 4.165　拔模面

○步骤 6 定义拔模斜度。在"面拔模"对话框 拔模斜度 文本框中输入 10，选中 （方向向内）单选项。

○步骤 7 完成创建。单击"面拔模"对话框中的 确定 按钮，完成拔模的创建，如图 4.163（b）示。

4.11.4　分模线拔模

下面以如图 4.166 所示的效果为例，介绍创建分模线拔模的一般过程。

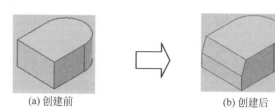

(a) 创建前   (b) 创建后

图 4.166 分模边拔模

○步骤 1 打开文件 D:\inventor2022\ ch04.11\ 拔模 03-ex。

○步骤 2 创建分型草图。选择 三维模型 功能选项卡 草图 区域中的 ⊡ （开始创建二维草图）命令，选取如图 4.167 所示的模型表面为草图平面，绘制如图 4.168 所示的草图。

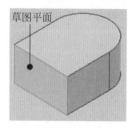

图 4.167 草图平面

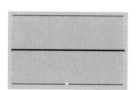

图 4.168 分型草图

○步骤 3 创建分割面。选择 三维模型 功能选项卡 修改 ▼ 区域中的 ▤ 分割 命令，系统会弹出如图 4.169 所示的分割"特性"对话框，选取如图 4.170 所示的直线为分割工具，选取如图 4.169 所示的面为要分割的面，单击 确定 按钮完成分割操作，如图 4.171 所示。

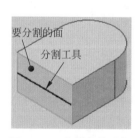

图 4.169 分割参考对象

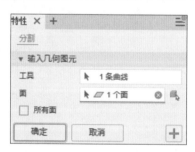

图 4.170 分割"特性"对话框

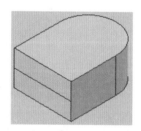

图 4.171 分割面

○步骤 4 选择命令。选择 三维模型 功能选项卡 修改 ▼ 区域中的 拔模 命令，系统会弹出"面拔模"对话框。

○步骤 5 定义拔模类型。在"面拔模"对话框中选中 （分模线）类型，选中 （固定分模线）选项。

○步骤 6 定义拔模方向面。在系统 选择平面、工作平面、边或轴 的提示下选取如图 4.172 所示的面作为固定平面，确认方向向上（如果方向不对，则可以单击 按钮进行调整）。

○步骤 7 定义分型工具。在系统 选择草图轮廓、工作平面或曲面作为分型工具 的提示下选取如图 4.173 所示的线作为分型工具。

○步骤 8　定义拔模面。激活"面拔模"对话框 ▦ 前的 ▨ 按钮，在系统 选择拔模面 的提示下选取如图 4.174 所示的面作为拔模面。

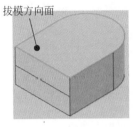

图 4.172　拔模方向面

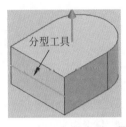

图 4.173　定义分型工具

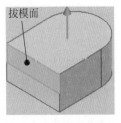

图 4.174　定义分型面

○步骤 9　定义拔模斜度。在"面拔模"对话框 拔模斜度 文本框中输入 20，选中 ▨（方向向内）单选项。

○步骤 10　完成创建。单击"面拔模"对话框中的 ▭确定 按钮，完成拔模的创建，如图 4.166（b）示。

4.12　加强筋特征

4.12.1　概述

加强筋顾名思义是用来加固零件的，当想要提升一个模型的承重或者抗压能力时，就可以在当前模型的一些特殊位置加上加强筋的结构。加强筋的创建过程与拉伸特征比较类似，不同点在于拉伸需要一个封闭的截面，而加强筋采用开放截面就可以了。

4.12.2　加强筋特征的一般操作过程

下面以如图 4.175 所示的效果为例，介绍创建加强筋特征的一般过程。

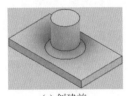
(a) 创建前

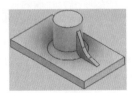
(b) 创建后

图 4.175　加强筋

○步骤 1　打开文件 D:\inventor2022\ ch04.12\ 加强筋 -ex。

○步骤 2　创建加强筋特征草图。选择 三维模型 功能选项卡 草图 区域中的 ▨（开始创建二维草图）命令，选取 XY 平面为草图平面，绘制如图 4.176 所示的草图。

○步骤 3　选择命令。选择 三维模型 功能选项卡 创建 区域中的 ▨ 加强筋命令，系统会弹出如

图 4.177 所示的"加强筋"对话框。

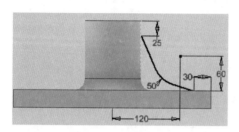

图 4.176 截面轮廓

图 4.177 "加强筋"对话框

（步骤 4）定义类型。在"加强筋"对话框中选择█（平行于草图平面）单选项。

（步骤 5）定义方向。在"加强筋"对话框 形状 选项卡选择█选项（此时图形区将有加强筋的预览效果）。

（步骤 6）定义厚度值与厚度方向。在 厚度 区域的文本框输入 15，选中█（双向）与█（到表面或平面）选项。

（步骤 7）完成创建。单击"加强筋"对话框中的 确定 按钮，完成加强筋的创建，如图 4.175（b）所示。

图 4.177 所示"加强筋"对话框部分选项说明如下。

（1）█（垂直于草图平面）单选项：用于沿垂直于草图的方向添加材料生成加强筋，如图 4.178 所示。

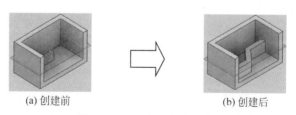

(a) 创建前　　　　　　　　　(b) 创建后

图 4.178 垂直于草图平面

（2）█（平行于草图平面）单选项：用于沿平行于草图的方向添加材料生成加强筋，如图 4.179 所示。

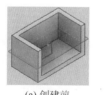

(a) 创建前　　　　　　　　　(b) 创建后

图 4.179 平行于草图平面

（3）"厚度"区域的 按钮：用于沿第一方向添加材料，如图 4.180（a）所示。

（4）"厚度"区域的 按钮：用于沿第二方向添加材料，如图 4.180（b）所示。

（5）"厚度"区域的 按钮：用于沿两侧同时添加材料，如图 4.180（c）所示。

(a) 方向一   (b) 方向二   (c) 两侧

图 4.180 厚度方向

（6） （到表面或者平面）单选项：用于将加强筋终止于下一个面，如图 4.181 所示。

（7） （有限的）单选项：用于将加强筋终止于特定距离，用户需要输入具体深度值，如图 4.182 所示。

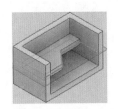   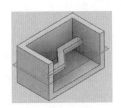

图 4.181 到表面或平面   **图 4.182 有限的**

（8） 延伸截面轮廓 复选框：如果截面轮廓的末端不与零件相交，则会显示"延伸截面轮廓"复选框。选中复选框截面轮廓的末端将自动延伸，如图 4.183（b）所示。清除复选框以按照截面轮廓的精确长度延伸，如图 4.183（a）所示，此选项只在选择 时有效。

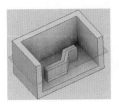 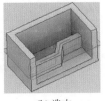

(a) 不选中   (b) 选中

图 4.183 延伸截面轮廓

（9） 拔模 选项卡：用于添加拔模斜度，如图 4.184 所示，此选项只在选择 时有效。

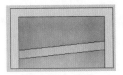 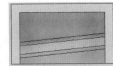

(a) 不添加拔模   (b) 添加拔模

图 4.184 拔模

（10）**凸柱**选项卡：用于添加支撑凸柱，如图4.185所示，此选项只在选择▲时有效。

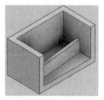 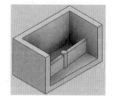

(a) 不添加凸柱　　　　　　　(b) 添加凸柱

图 4.185　凸柱

4.13　扫掠特征

4.13.1　概述

扫掠特征是指将一个截面轮廓沿着给定的曲线路径掠过而得到的一个实体效果。通过对概念的学习可以总结得到，要想创建一个扫掠特征就需要有以下两大要素作为支持：一是截面轮廓；二是曲线路径。

4.13.2　扫掠特征的一般操作过程

▶ 9min

下面以如图4.186所示的效果为例，介绍创建扫掠特征的一般过程。

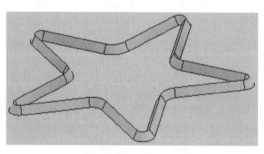

图 4.186　扫掠特征

○步骤1 新建文件。选择 快速入门 功能选项卡 启动 区域中的 □（新建）命令，在"新建文件"对话框中选择 Standard.ipt，然后单击 创建 按钮进入零件建模环境。

○步骤2 绘制扫掠路径。选择 三维模型 功能选项卡 草图 区域中的 ☑（开始创建二维草图）命令，选取 XZ 平面为草图平面，绘制如图4.187所示的草图。

○步骤3 绘制扫掠截面。选择 三维模型 功能选项卡 草图 区域中的 ☑（开始创建二维草图）命令，选取 YZ 平面为草图平面，绘制如图4.188所示的草图。

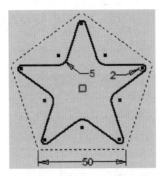

图 4.187　扫掠路径

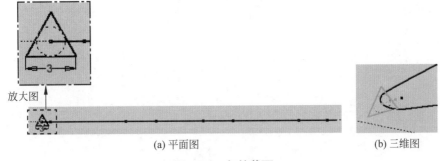

(a) 平面图　　　　　　　　　　　　　　　　(b) 三维图

图 4.188　扫掠截面

（步骤 4）选择命令。选择 三维模型 功能选项卡 创建 区域中的 扫掠 命令，系统会弹出如图 4.189 所示的扫掠"特性"对话框。

（步骤 5）选择扫掠截面。在系统提示下选取如图 4.188 所示的截面。

（步骤 6）选择扫掠路径。单击激活扫掠"特性"对话框 路径 后的文本框，在系统提示下选取如图 4.187 所示的路径。

图 4.189　扫掠"特性"对话框

◎步骤 7 完成创建。单击扫掠"特性"对话框中的 确定 按钮，完成扫掠的创建，如图 4.186 所示。

注意

创建扫掠特征，必须遵循以下规则。

（1）对于扫掠凸台，截面需要封闭。

（2）路径可以是开环也可以是闭环。

（3）路径不能自相交。

（4）路径的起点必须位于轮廓所在的平面上。

（5）相对于轮廓截面的大小，路径的弧或样条半径不能太小，否则扫掠特征在经过该弧时会由于自身相交而出现特征生成失败。

4min

4.13.3 扫掠切除

下面以如图 4.190 所示的效果为例，介绍创建扫掠切除的一般过程。

(a) 扫掠前

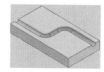
(b) 扫掠后

图 4.190 扫掠切除

◎步骤 1 打开文件 D:\inventor2022\ ch04.13\ 扫掠切除 -ex。

◎步骤 2 创建扫掠路径。选择 三维模型 功能选项卡 草图 区域中的 ☑（开始创建二维草图）命令，选取模型上表面为草图平面，绘制如图 4.191 所示的草图。

◎步骤 3 创建扫掠截面。选择 三维模型 功能选项卡 草图 区域中的 ☑（开始创建二维草图）命令，选取如图 4.192 所示的模型表面为草图平面，绘制如图 4.193 所示的草图。

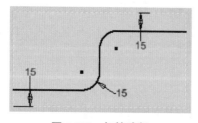

图 4.191 扫掠路径

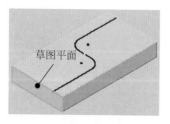

图 4.192 草图平面

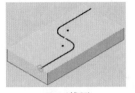

(a) 二维图   (b) 三维图

图 4.193　扫掠截面

步骤 4　选择命令。选择 三维模型 功能选项卡 创建 区域中的 扫掠 命令，系统会弹出扫掠 "特性" 对话框。

步骤 5　选择扫掠截面。系统会自动选取如图 4.193 所示的圆为扫掠截面。

步骤 6　选择扫掠路径。在系统提示下选取如图 4.191 所示的路径。

步骤 7　定义布尔运算类型。在扫掠 "特性" 对话框的 输出 区域选中 （剪切）单选项。

步骤 8　完成创建。单击扫掠 "特性" 对话框中的 确定 按钮，完成扫掠切除的创建，如图 4.190（b）所示。

4.13.4　带引导线的扫掠

8min

引导线的主要作用是控制模型整体的外形轮廓。在 Inventor 中添加的引导线需要满足与截面轮廓相交。

下面以如图 4.194 所示的效果为例，介绍创建带引导线扫掠的一般过程。

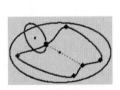

(a) 扫掠前 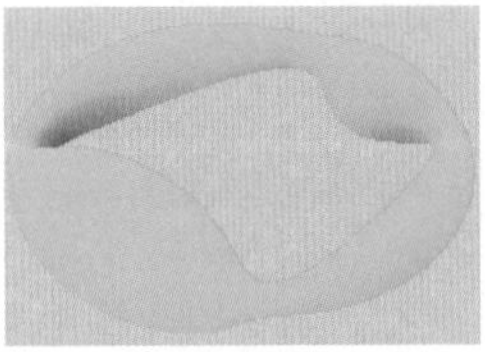   (b) 扫掠后

图 4.194　带引导线扫掠

步骤 1　新建文件。选择 快速入门 功能选项卡 启动 区域中的 （新建）命令，在 "新建文件" 对话框中选择 Standard.ipt，然后单击 创建 按钮进入零件建模环境。

步骤 2　绘制扫掠路径。选择 三维模型 功能选项卡 草图 区域中的 （开始创建二维草图）命令，选取 XZ 平面为草图平面，绘制如图 4.195 所示的草图。

步骤 3　绘制扫掠引导线。选择 三维模型 功能选项卡 草图 区域中的 （开始创建二维草图）命令，选取 XZ 平面为草图平面，绘制如图 4.196 所示的草图。

步骤 4　绘制扫掠截面。选择 三维模型 功能选项卡 草图 区域中的 （开始创建二维草图）命令，选取 XY 平面为草图平面，绘制如图 4.197 所示的草图。

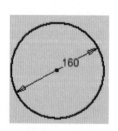

图 4.195　扫掠路径

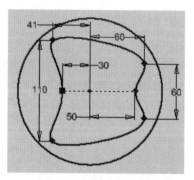

图 4.196　扫掠引导线

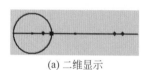

(a) 二维显示　　　　　　　　(b) 三维显示

图 4.197　扫掠截面

○步骤 5　选择命令。选择 三维模型 功能选项卡 创建 区域中的 扫掠 命令，系统会弹出扫掠 "特性" 对话框。

○步骤 6　选择扫掠截面。在系统提示下选取如图 4.197 所示的圆形截面。

○步骤 7　选择扫掠路径。单击激活扫掠 "特性" 对话框 路径 后的文本框，在系统提示下选取如图 4.195 所示的圆形路径。

○步骤 8　选择扫掠引导线。在扫掠 "特性" 对话框的 行为 区域中选中单选项，单击激活 引导 后的文本框，在系统提示下选取如图 4.196 所示的样条曲线。

○步骤 9　完成创建。单击扫掠 "特性" 对话框中的 确定 按钮，完成扫掠的创建，如图 4.194（b）所示。

4.13.5　扭转扫掠

7min

扭转扫掠主要是在截面沿曲线路径扫掠的过程中进行规律性扭转。

下面以如图 4.198 所示的效果为例，介绍创建扭转扫掠的一般过程。

○步骤 1　新建文件。选择 快速入门 功能选项卡 启动 区域中的（新建）命令，在 "新建文件" 对话框中选择 Standard.ipt，然后单击 创建 按钮进入零件建模环境。

○步骤 2　绘制扫掠路径。选择 三维模型 功能选项卡 草图 区域中的（开始创建二维草图）命令，选取 XZ 平面为草图平面，绘制如图 4.199

图 4.198　扭转扫掠

所示的草图。

○步骤3　创建如图 4.200 所示的工作平面。单击 三维模型 功能选项卡 定位特征 区域中 ▣ 下的 平面 ，在系统弹出的快捷菜单中选择 🔍 在指定点处与曲线垂直 命令，依次选取如图 4.201 所示的曲线参考与点参考。

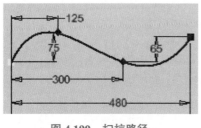

图 4.199　扫掠路径

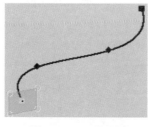

图 4.200　工作平面

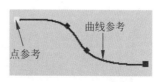

图 4.201　工作平面参考

○步骤4　绘制扫掠截面。选择 三维模型 功能选项卡 草图 区域中的 ▣（开始创建二维草图）命令，选取步骤 3 创建的工作平面为草图平面，绘制如图 4.202 所示的草图。

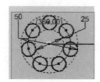

(a) 二维显示

(b) 三维显示

图 4.202　扫掠截面

注意

截面轮廓的中心与路径重合。

○步骤5　选择命令。选择 三维模型 功能选项卡 创建 区域中的 扫掠 命令，系统会弹出扫掠"特性"对话框。

○步骤6　选择扫掠截面。在系统提示下依次选取如图 4.202 所示的 7 个圆形截面。

○步骤7　选择扫掠路径。单击激活扫掠"特性"对话框 路径 后的文本框，在系统提示下选取如图 4.200 所示的样条路径。

○步骤8　定义扭转参数。在扫掠"特性"对话框的 行为 区域中选中 ↻ 单选项，在 扭转角 文本框输入扭转角度 720。

○步骤9　完成创建。单击扫掠"特性"对话框中的 确定 按钮，完成扫掠的创建，如图 4.198 所示。

4.14　放样特征

4.14.1　概述

放样特征是指将一组不同的截面，沿着其边线，用一个过渡曲面的形式连接形成一个连续的特征。通过对概念的学习可以总结得到，要想创建放样特征只需提供一组不同的截面。

> **注意**
>
> 一组不同的截面表示数量至少为两个，并且不同的截面需要绘制在不同的草绘平面上。

4.14.2　放样特征的一般操作过程

下面以如图 4.203 所示的效果为例，介绍创建放样特征的一般过程。

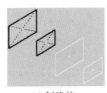

(a) 创建前　　　　　　　　　　　　　　　(b) 创建后

图 4.203　放样特征

○步骤 1　新建文件。选择 快速入门 功能选项卡 启动 区域中的 ▢（新建）命令，在"新建文件"对话框中选择 Standard.ipt，然后单击 创建 按钮进入零件建模环境。

○步骤 2　绘制放样截面 01。选择 三维模型 功能选项卡 草图 区域中的 ▢（开始创建二维草图）命令，选取 YZ 平面为草图平面，绘制如图 4.204 所示的草图。

○步骤 3　创建如图 4.205 所示的工作平面 01。单击 三维模型 功能选项卡 定位特征 区域中 ▢ 下的 平面，在系统弹出的快捷菜单中选择 从平面偏移 命令，选取 YZ 平面为参考平面，在"间距"文本框输入间距 100。

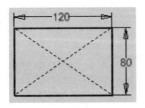 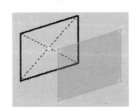

图 4.204　放样截面 01　　　　　　　　**图 4.205　工作平面 01**

○步骤 4　绘制放样截面 02。选择 三维模型 功能选项卡 草图 区域中的 ▢（开始创建二维草图）

命令，选取工作平面 01 为草图平面，绘制如图 4.206 所示的草图。

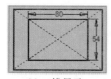

(a) 二维显示

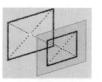

(b) 三维显示

图 4.206　放样截面 02

◎步骤 5　创建如图 4.207 所示的工作平面 02。单击 三维模型 功
能选项卡 定位特征 区域中 下的 平面，在系统弹出的快捷菜单中选择
从平面偏移命令，选取工作平面 01 为参考平面，在"间距"文本框输入
间距 100。

◎步骤 6　绘制放样截面 03。选择 三维模型 功能选项卡 草图 区域
中的 （开始创建二维草图）命令，选取工作平面 02 为草图平面，
绘制如图 4.208 所示的草图。

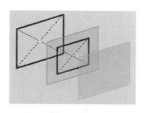

图 4.207　工作平面 02

(a) 二维显示

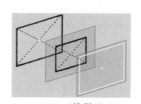

(b) 三维显示

图 4.208　放样截面 03

注意

通过投影几何图元复制截面 1 中的矩形。

◎步骤 7　创建如图 4.209 所示的工作平面 03。单击 三维模型 功能选项卡 定位特征 区域中 下
的 平面，在系统弹出的快捷菜单中选择 从平面偏移命令，选取工作平面 02 为参考平面，在"间距"
文本框输入间距 100。

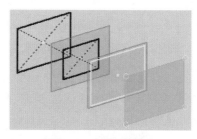

图 4.209　工作平面 03

◎步骤 8 绘制放样截面 04。选择 三维模型 功能选项卡 草图 区域中的 ☑（开始创建二维草图）命令，选取工作平面 03 为草图平面，绘制如图 4.210 所示的草图。

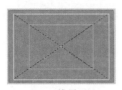

(a) 二维显示

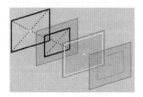

(b) 三维显示

图 4.210　放样截面 04

注意

通过投影几何图元复制截面 02 中的矩形。

◎步骤 9 选择命令。选择 三维模型 功能选项卡 创建 区域中的 放样 命令，系统会弹出"放样"对话框。

◎步骤 10 选择放样截面。在绘图区域依次选取放样截面 01、放样截面 02、放样截面 03 及放样截面 04。

◎步骤 11 完成创建。单击"放样"对话框中的 确定 按钮，完成放样的创建，如图 4.203 所示。

4.14.3　截面不类似的放样

下面以如图 4.211 所示的效果为例，介绍创建截面不类似放样特征的一般过程。

◎步骤 1 新建文件。选择 快速入门 功能选项卡 启动 区域中的 ▭（新建）命令，在"新建文件"对话框中选择 Standard.ipt，然后单击 创建 按钮进入零件建模环境。

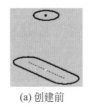

(a) 创建前

(b) 创建后

图 4.211　截面不类似放样特征

◎步骤 2 绘制放样截面 01。选择 三维模型 功能选项卡 草图 区域中的 ☑（开始创建二维草图）命令，选取 XZ 平面为草图平面，绘制如图 4.212 所示的草图。

◎步骤 3 创建如图 4.213 所示的工作平面 01。单击 三维模型 功能选项卡 定位特征 区域中 ▭ 下的 平面，在系统弹出的快捷菜单中选择 从平面偏移 命令，选取 XZ 平面为参考平面，在"间距"文本框输入间距 100。

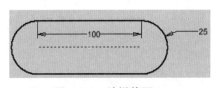

图 4.212　放样截面 01

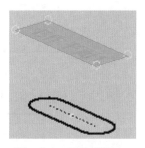

图 4.213　工作平面 01

◎步骤 4　绘制放样截面 02。选择 三维模型 功能选项卡 草图 区域中的 （开始创建二维草图）命令，选取工作平面 01 为草图平面，绘制如图 4.214 所示的草图。

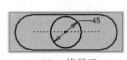

(a) 二维显示

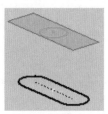

(b) 三维显示

图 4.214　放样截面 02

◎步骤 5　选择命令。选择 三维模型 功能选项卡 创建 区域中的 放样 命令，系统会弹出"放样"对话框。

◎步骤 6　选择放样截面。在绘图区域依次选取放样截面 01 与放样截面 02。

◎步骤 7　定义开始与结束条件。在"放样"对话框选择 条件 选项卡，在 草图1(剖视图) 下拉列表中选择 （方向条件），在 权值 文本框输入 1.5，在 草图2(剖视图) 下拉列表中选择 （方向条件），在 权值 文本框输入 1.5。

◎步骤 8　完成创建。单击"放样"对话框中的 确定 按钮，完成放样的创建，如图 4.211 所示。

4.14.4　带有引导线的放样

引导线的主要作用是控制模型整体的外形轮廓。在 Inventor 中添加的引导线应尽量与截面轮廓相交。

下面以如图 4.215 所示的效果为例，介绍创建带有引导线放样特征的一般过程。

11min

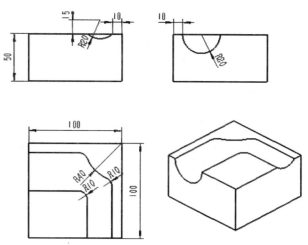

图 4.215　带有引导线的放样特征

◎步骤 1　新建文件。选择 快速入门 功能选项卡 启动 区域中的 □（新建）命令，在"新建文件"对话框中选择 Standard.ipt，然后单击 创建 按钮进入零件建模环境。

◎步骤 2　创建如图 4.216 所示的拉伸特征。选择 二维模型 功能选项卡 创建 区域中的 ■（拉伸）命令，在系统 选择平面以创建草图或选择现有草图以进行编辑 的提示下选取"XZ 平面"作为草图平面，绘制如图 4.217 所示的草图，在拉伸"特性"对话框的 行为 区域的 距离A 文本框输入深度值 50，单击 确定 按钮，完成特征的创建。

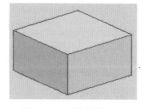

图 4.216　拉伸特征 1

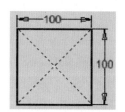

图 4.217　截面草图

◎步骤 3　绘制放样截面 01。选择 三维模型 功能选项卡 草图 区域中的 □（开始创建二维草图）命令，选取如图 4.218 所示的模型表面为草图平面，绘制如图 4.219 所示的草图。

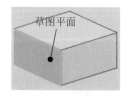

图 4.218　草图平面

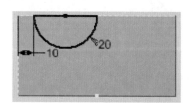

图 4.219　截面草图

◎步骤 4　绘制放样截面 02。选择 三维模型 功能选项卡 草图 区域中的 □（开始创建二维草图）命令，选取如图 4.220 所示的模型表面为草图平面，绘制如图 4.221 所示的草图。

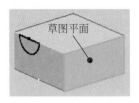

图 4.220　草图平面

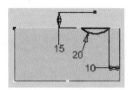

图 4.221　截面草图

○步骤 5 绘制放样引导线 01。选择 三维模型 功能选项卡 草图 区域中的 ☑（开始创建二维草图）命令，选取如图 4.222 所示的模型表面为草图平面，绘制如图 4.223 所示的草图。

图 4.222　草图平面

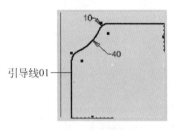

图 4.223　截面草图

注意

放样引导线 01 与放样截面在如图 4.224 所示的位置需要添加重合约束。

图 4.224　引导线与截面位置

○步骤 6 绘制放样引导线 02。选择 三维模型 功能选项卡 草图 区域中的 ☑（开始创建二维草图）命令，选取如图 4.225 所示的模型表面为草图平面，绘制如图 4.226 所示的草图。

图 4.225　草图平面

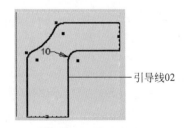

图 4.226　截面草图

注意

放样引导线 02 与放样截面在如图 4.227 所示的位置需要添加重合约束。

○步骤 7 选择命令。选择 三维模型 功能选项卡 创建 区域中的 放样 命令，系统会弹出"放样"对话框。

○步骤 8 选择放样截面。在绘图区域依次选取放样截面 01 与放样截面 02，效果如图 4.228 所示。

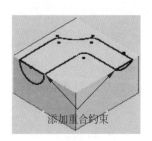

图 4.227 引导线与截面位置

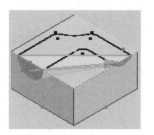

图 4.228 放样截面

○步骤 9 定义放样引导线。在"放样"对话框中选中 ⊙ 轨道（轨道）单选项，单击 轨道 区域中的 单击以添加，选取如图 4.223 所示的引导线 01，再次单击 轨道 区域中的 单击以添加，选取如图 4.226 所示的引导线 02，效果如图 4.229 所示。

○步骤 10 定义布尔运算类型。在"放样"对话框中选中 （剪切）单选项。

○步骤 11 完成创建。单击"放样"对话框中的 确定 按钮，完成放样的创建，如图 4.230 所示。

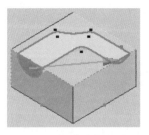

图 4.229 定义引导线

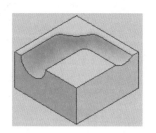

图 4.230 放样切除

11min

4.14.5　带有中心线的放样

下面以如图 4.231 所示的效果为例，介绍创建带有中心线放样特征的一般过程。

○步骤 1 新建文件。选择 快速入门 功能选项卡 启动 区域中的 （新建）命令，在"新建文件"对话框中选择 Standard.ipt，然后单击 创建 按钮进入零件建模环境。

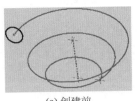

(a) 创建前　　　　　　　　　　　(b) 创建后

图 4.231　带有中心线的放样

○步骤 2　创建如图 4.232 所示的螺旋线。

（1）选择 三维模型 功能选项卡 草图 区域中的 ⎍（开始创建三维草图）命令。

（2）选择 三维草图 功能选项卡 绘制▾ 区域中的 ＋点 命令，在图形区坐标输入框中分别输入 0,0,0 及 0,0,50，完成后如图 4.233 所示。

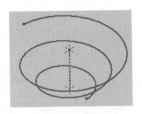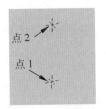

图 4.232　螺旋线　　　　　　　　图 4.233　点

（3）选择 三维草图 功能选项卡 绘制▾ 区域中的 ⧂（螺旋曲线）命令，系统会弹出如图 4.234 所示的"螺旋曲线"对话框，在 类型 区域选中 ⬚（等半径螺旋曲线）单选项，在 旋向 区域选中 ⬚（左旋）单选项，在 定义 区域的"类型"下拉列表中选择 螺距和高度 选项，在 直径 文本框输入 50，在 高度 文本框输入 50，在 螺距 文本框输入 20，在 锥度 文本框输入 40，在系统提示下选取如图 4.233 所示的点 1 为螺旋轴的起点，选取如图 4.233 所示的点 2 为螺旋轴的终点，在系统 选择螺旋起点 提示下选取如图 4.235 所示的平面参考和轴线参考，单击 确定 按钮完成螺旋线的创建。

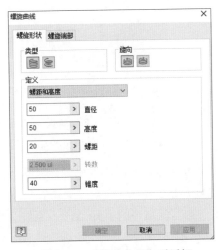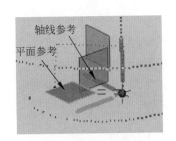

图 4.234　"螺旋曲线"对话框　　　　　图 4.235　螺旋起点

（4）单击✔按钮，完成三维草图的创建。

○步骤3 创建如图 4.236 所示的工作平面 1。单击 三维模型 功能选项卡 定位特征 区域中 🔲 下的 平面 ，在系统弹出的快捷菜单中选择 在指定点处与曲线垂直 命令，依次选取如图 4.237 所示的曲线参考与点参考。

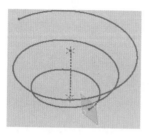

图 4.236　工作平面 1

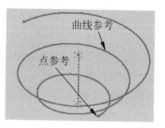

图 4.237　工作平面参考

○步骤4 绘制放样截面 01。选择 三维模型 功能选项卡 草图 区域中的 🔲（开始创建二维草图）命令，选取工作平面 1 为草图平面，绘制如图 4.238 所示的草图（此草图为一个点）。

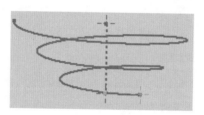

图 4.238　放样截面 01

○步骤5 创建如图 4.239 所示的工作平面 2。单击 三维模型 功能选项卡 定位特征 区域中 🔲 下的 平面 ，在系统弹出的快捷菜单中选择 在指定点处与曲线垂直 命令，依次选取如图 4.240 所示的曲线参考与点参考。

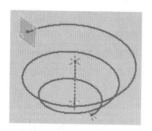

图 4.239　工作平面 2

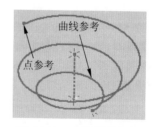

图 4.240　工作平面参考

○步骤6 绘制放样截面 02。选择 三维模型 功能选项卡 草图 区域中的 🔲（开始创建二维草图）命令，选取工作平面 2 为草图平面，绘制如图 4.241 所示的草图。

○步骤7 选择命令。选择 三维模型 功能选项卡 创建 区域中的 🛡放样 命令，系统会弹出"放样"对话框。

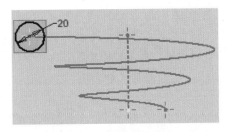

图 4.241　放样截面 02

○步骤 8　选择放样截面。在绘图区域依次选取放样截面 01 与放样截面 02，效果如图 4.242 所示。

○步骤 9　定义放样中心线。在"放样"对话框中选中⊙（中心线）单选项，单击 中心线 区域中的 选择—草图，选取如图 4.232 所示的中心线，效果如图 4.243 所示。

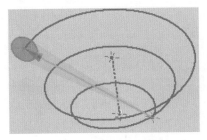

图 4.242　选取放样截面

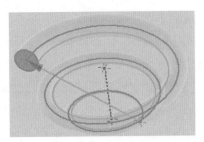

图 4.243　放样中心线

○步骤 10　完成创建。单击"放样"对话框中的 确定 按钮，完成放样的创建，如图 4.231（b）所示。

4.15　镜像特征

4.15.1　概述

镜像特征是指将用户所选的源对象相对于某一个镜像中心平面进行对称复制，从而得到源对象的一个副本。通过对概念的学习可以总结得到，要想创建镜像特征就需要有以下两大要素作为支持：一是源对象；二是镜像中心平面。

> **说明**
>
> 镜像特征的源对象可以是单个特征、多个特征或者体。镜像特征的镜像中心平面可以是系统默认的三个工作平面、现有模型的平面表面或者自己创建的工作平面。

▶7min

4.15.2 镜像特征的一般操作过程

下面以如图 4.244 所示的效果为例，具体介绍创建镜像特征的一般过程。

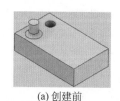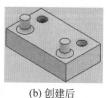

(a) 创建前　　　　　　　　(b) 创建后

图 4.244　镜像特征

◎步骤1 打开文件 D:\inventor2022\ ch04.15\ 镜像 01-ex。

◎步骤2 选择命令。选择 三维模型 功能选项卡 阵列 区域中的 ⚠（镜像）命令，系统会弹出如图 4.245 所示的"镜像"对话框。

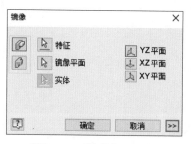

图 4.245　"镜像"对话框

◎步骤3 定义镜像类型。在"镜像"对话框中选中 ⬚（镜像各个特征）单选项。

◎步骤4 选择要镜像的特征。在系统 选择要阵列化的特征 提示下，在浏览器选取"拉伸 2""拉伸 3""圆角 1"作为要镜像的特征。

◎步骤5 选择镜像中心平面。在"镜像"对话框中单击 镜像平面 前的 ▣ 按钮，在系统 选择镜像平面 提示下，选取"YZ 平面"为镜像中心平面。

◎步骤6 完成创建。单击"镜像"对话框中的 确定 按钮，完成镜像特征的创建，如图 4.244（b）所示。

> **说明**
>
> 　镜像后的源对象的副本与源对象之间是有关联的，也就是说当源对象发生变化时，镜像后的副本也会发生相应变化。

▶4min

4.15.3 镜像体的一般操作过程

下面以如图 4.246 所示的效果为例，介绍创建镜像体的一般过程。

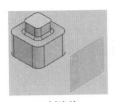
(a) 创建前

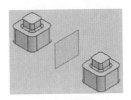
(b) 创建后

图 4.246　镜像体

◎步骤 1　打开文件 D:\inventor2022\ ch04.15\ 镜像 02-ex。

◎步骤 2　选择命令。选择 三维模型 功能选项卡 阵列 区域中的 ⚠ （镜像）命令，系统会弹出 "镜像" 对话框。

◎步骤 3　定义镜像类型。在 "镜像" 对话框中选中 （镜像实体）单选项。

◎步骤 4　选择要镜像的体。系统会自动选取整个实体作为要镜像的对象。

说明

如果现有模型中只有一个实体，系统则会自动选取，如果模型中含有多个实体，此时则需要用户手动选取需要复制的实体。

◎步骤 5　选择镜像中心平面。选取 "YZ 平面" 作为镜像中心平面。

◎步骤 6　定义布尔运算类型。在 "镜像" 对话框中选中 （新建实体）单选项。

◎步骤 7　完成创建。单击 "镜像" 对话框中的 确定 按钮，完成镜像特征的创建，如图 4.246（b）所示。

4.16　阵列特征

4.16.1　概述

阵列特征主要用来快速得到源对象的多个副本，接下来就通过对比阵列与镜像这两个特征之间的相同与不同之处来理解阵列特征的基本概念，首先总结相同之处：第一点是它们的作用，这两个特征都用来得到源对象的副本，因此在作用上是相同的，第二点是所需要的源对象，我们都知道镜像特征的源对象可以是单个特征、多个特征或者体，同样地，阵列特征的源对象也是如此。接下来总结不同之处：第一点，我们都知道镜像是由一个源对象镜像复制得到一个副本，这是镜像的特点，而阵列是由一个源对象快速得到多个副本，第二点是由镜像所得到的源对象的副本与源对象之间关于镜像中心面对称，而阵列所得到的多个副本由软件根据不同的排列规律向用户提供了多种不同的阵列方法，这其中就包括矩形阵列、环形阵列、草图阵列。

4.16.2　矩形阵列

▶12min

下面以如图 4.247 所示的效果为例，介绍创建矩形阵列的一般过程。

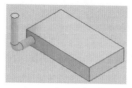
(a) 创建前

(b) 创建后

图 4.247　矩形阵列

○步骤 1　打开文件 D:\inventor2022\ ch04.16\ 矩形阵列 -ex。

○步骤 2　选择命令。选择 三维模型 功能选项卡 阵列 区域中的 矩形 （矩形阵列）命令，系统会弹出如图 4.248 所示的"矩形阵列"对话框。

图 4.248　"矩形阵列"对话框

○步骤 3　定义阵列类型。在"矩形阵列"对话框中选中 （阵列各个特征）单选项。

○步骤 4　选择要阵列的特征。在系统 选择要阵列化的特征 提示下，在浏览器选取"扫掠 1"作为要阵列的特征。

○步骤 5　选取阵列参数。在"矩形阵列"对话框中激活 方向1 区域中的 按钮，选取如图 4.249 所示的边线，方向如图 4.250 所示，在 文本框输入数量 5，在 文本框输入间距 20。

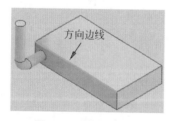

图 4.249　方向边线

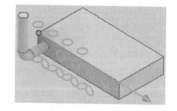

图 4.250　方向

说明

如果方向不正确，用户则可以通过单击 按钮进行调整。

◯步骤 6　完成创建。单击"矩形阵列"对话框中的 确定 按钮，完成矩形阵列的创建，如图 4.247（b）所示。

图 4.248 所示的"矩形阵列"对话框的说明如下。

（1）选项：用于阵列复制各个特征。

（2）选项：用于阵列包含不能单独阵列的特征的实体。

（3）特征选项：用于定义要阵列的特征。

（4）方向 1 区域：用于设置阵列方向 1 的相关参数。

（5）选项：用于设定阵列方法 1 的方向。

（6）选项：用于反转引用的方向，如图 4.251 所示。

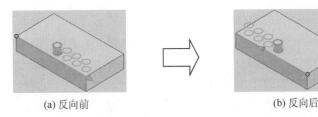

(a) 反向前　　　　　　　　　　　　(b) 反向后

图 4.251　反向

（7）选项：用于在所选实例的两侧同时创建实例副本，如图 4.252 所示。

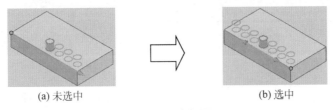

(a) 未选中　　　　　　　　　　　　(b) 选中

图 4.252　中间面

（8）●●●文本框：用于设置方向 1 中阵列实例的数量。

（9）文本框：用于设定阵列实例之间的间距。

（10）方向 2 区域：用于设置阵列方向 2 的相关参数。

（11）间距 下拉列表：用于设置长度的测量方式。当选择 间距 选项时，用于设置相邻两个实例之间的间距值；当选择 距离 选项时，用于设置第 1 个与最后一个实例之间的间距值；当选择 曲线长度 选项时，用于设置在整个曲线长度内均匀分布给定数量的实例。

（12）起始位置 选项：用于设置两个方向上的第 1 个引用的起点。阵列可以任何一个可选择的点为起点。

（13）计算 区域：用于指定阵列特征的计算方式。

（14）方向 区域：用于指定阵列特征的定位方式．

4.16.3　环形阵列

下面以如图 4.253 所示的效果为例，介绍创建环形阵列的一般过程。

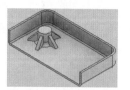

(a) 创建前　　　　　　　　　　　　　(b) 创建后

图 4.253　环形阵列

○步骤1　打开文件 D:\inventor2022\ ch04.16\ 环形阵列 -ex。

○步骤2　选择命令。选择 三维模型 功能选项卡 阵列 区域中的 环形 （环形阵列）命令，系统会弹出如图 4.254 所示的"环形阵列"对话框。

○步骤3　定义阵列类型。在"环形阵列"对话框中选中 （阵列各个特征）单选项。

○步骤4　选择要阵列的特征。在系统 选择要阵列化的特征 提示下，在浏览器选取"加强筋 1"作为要阵列的特征。

○步骤5　定义环形阵列旋转轴。在"环形阵列"对话框选择 旋转轴 前的 按钮，在系统 定义旋转轴 提示下，选取如图 4.255 所示的圆柱面。

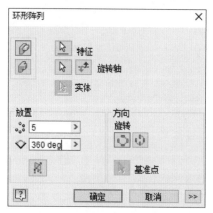

图 4.254　"环形阵列"对话框

图 4.255　定义旋转轴

○步骤6　定义阵列参数。在"环形阵列"对话框 放置 区域的 文本框输入阵列数目 6，在 文本框输入阵列夹角 360，在 方向 区域选中 （旋转）单选项。

> **说明**
>
> 　　选中 选项用于实体或者特征在绕轴移动时更改方向，如图 4.256（a）所示；选中 选项用于实体或者特征在绕轴移动时使其方向与父选择集相同，如图 4.256（b）所示。

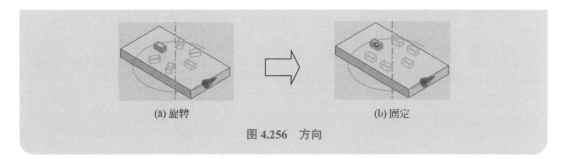

(a) 旋转　　　　　　　　　　　　(b) 固定

图 4.256　方向

○步骤 7 完成创建。单击"环形阵列"对话框中的 ▭确定 按钮，完成环形阵列的创建，如图 4.253（b）所示。

4.16.4　草图驱动阵列

3min

下面以如图 4.257 所示的效果为例，介绍创建草图驱动阵列的一般过程。

(a) 创建前　　　　　　　　　　(b) 创建后

图 4.257　草图驱动阵列

○步骤 1 打开文件 D:\inventor2022\ ch04.16\ 草图阵列 -ex。

○步骤 2 选择命令。选择 三维模型 功能选项卡 阵列 区域中的 品 草图驱动 （草图驱动阵列）命令，系统会弹出如图 4.258 所示的"草图驱动的阵列"对话框。

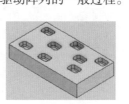

图 4.258　"草图驱动的阵列"对话框

○步骤 3 定义阵列类型。在"草图驱动的阵列"对话框中选中 ▱（阵列各个特征）单选项。

◎步骤 4 选择要阵列的特征。在系统 选择要阵列化的特征 提示下，在浏览器选取"拉伸 2""圆角 1"与"圆角 2"作为要阵列的特征。

◎步骤 5 定义驱动草图。在"草图驱动的阵列"对话框 放置 区域系统会自动选取"草图 3"中的 7 个点。

◎步骤 6 完成创建。单击"草图驱动的阵列"对话框中的 确定 按钮，完成草图驱动阵列的创建，如图 4.257（b）所示。

4.16.5 曲线阵列

4min

下面以如图 4.259 所示的效果为例，介绍创建曲线阵列的一般过程。

◎步骤1 打开文件 D:\inventor2022\ ch04.16\ 曲线阵列 -ex。

◎步骤2 选择命令。选择 三维模型 功能选项卡 阵列 区域中的 矩形 （矩形阵列）命令，系统会弹出"矩形阵列"对话框。

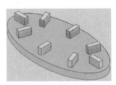

(a) 创建前　　　　　　　　　　(b) 创建后

图 4.259　曲线驱动阵列

◎步骤3 定义阵列类型。在"矩形阵列"对话框中选中 （阵列各个特征）单选项。

◎步骤4 选择要阵列的特征。在系统 选择要阵列化的特征 提示下，在浏览器选取"拉伸 2"作为要阵列的特征。

◎步骤5 定义阵列参数。在"矩形阵列"对话框中激活 方向1 区域中的 按钮，选取如图 4.260 所示的边线，在 文本框输入数量 8，在"长度类型"下拉列表中选择 曲线长度 。单击"矩形阵列"对话框中的 ≪ （更多）按钮，单击激活 方向1 区域中 起始位置 前的 按钮，选取如图 4.261 所示的参考点。在 方向 区域选中 方向1 单选项。

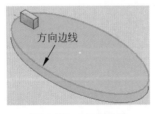

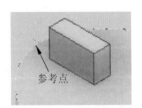

图 4.260　方向边线　　　　　　图 4.261　参考点

◎步骤6 完成创建。单击"矩形阵列"对话框中的 确定 按钮，完成阵列的创建，如图 4.259（b）所示。

4.17　凸雕特征

4.17.1　概述

▶11min

凸雕特征是指将闭合的草图沿着草绘平面的垂直方向投影到模型表面，然后根据投影后的曲线在模型表面生成凹陷或者凸起的形状效果。

4.17.2　凸雕特征的一般操作过程

下面以如图 4.262 所示的效果为例，介绍创建凸雕特征的一般过程。

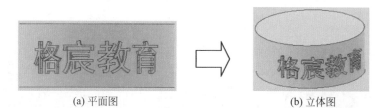

(a) 平面图　　　　　　　　(b) 立体图

图 4.262　凸雕特征

〇步骤 1　打开文件 D:\inventor2022\ ch04.17\ 凸雕 -ex。

〇步骤 2　绘制凸雕草图。选择 三维模型 功能选项卡 草图 区域中的 回（开始创建二维草图）命令，选取 XY 平面为草图平面，绘制如图 4.263 所示的草图。

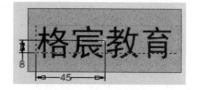

图 4.263　凸雕草图

文字草图参数：双击文字系统会弹出如图 4.264 所示的"文字格式"对话框，在"文字格式"对话框中设置如图 4.264 所示的参数。

图 4.264　"文字格式"对话框

◎步骤3 选择命令。选择 三维模型 功能选项卡 创建 区域中的 凸雕 命令，系统会弹出如图 4.265 所示的"凸雕"对话框。

◎步骤4 选取凸雕草图。在系统 选择截面轮廓 提示下在图形区中选取如图 4.263 所示的文字草图作为凸雕草图。

◎步骤5 定义凸雕参数。在"凸雕"对话框中选中 （从面凸雕）单选项，在 深度 文本框输入凸起高度 2，选中 折叠到面 单选项，选取圆柱外表面为折叠面，选中 单选项确认凸雕的方向如图 4.266 所示。

◎步骤6 完成创建。单击"凸雕"对话框中的 确定 按钮，完成凸雕的创建，如图 4.262 所示。

图 4.265 "凸雕"对话框

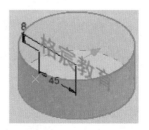

图 4.266 凸雕方向

图 4.265 所示"凸雕"对话框部分选项说明如下。

（1）从面凸雕 ：用于在面上生成一个凸起的特征，如图 4.262（b）所示。

（2）从面凹雕 ：用于在面上生成一个凹陷的特征，如图 4.267 所示。

图 4.267 从面凹雕类型

（3）从平面凸雕/凹雕 ：用于通过从草图平面向两个方向或一个方向拉伸，向模型中添加和从中去除材料，如图 4.268 所示。

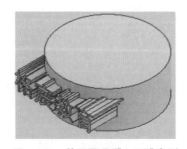

图 4.268 从平面凸雕/凹雕类型

（4）☑折叠到面：用于是否将截面轮廓缠绕在弯曲的面上，如图 4.269 所示。

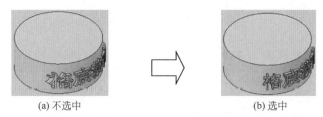

(a) 不选中　　　　　　　　　　　　(b) 选中

图 4.269　折叠到面

（5）顶面外观▨：用于为凸雕区域的面（而非其侧面）指定外观，如图 4.270 所示。

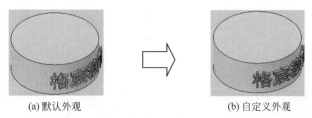

(a) 默认外观　　　　　　　　　　　(b) 自定义外观

图 4.270　顶面外观

4.18　系列零件设计专题（iPart）

▶10min

4.18.1　概述

　　系列零件是指结构形状类似而尺寸不同的一类零件。对于这类零件，如果还是采用传统方式单个重复建模，则非常影响设计的效率，因此软件向用户提供了一种设计系列零件的方法，我们可以结合 iPart 功能快速设计系列零件。

4.18.2　系列零件设计的一般操作过程

　　下面以如图 4.271 所示的效果为例，介绍创建系列零件（轴承压盖）的一般过程。

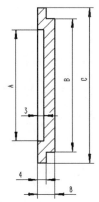

	A	B	C
1	50	60	70
2	40	50	55
3	20	30	35
4	10	20	30

图 4.271　系列零件设计

○步骤 1 新建文件。选择 快速入门 功能选项卡 启动 区域中的 □（新建）命令，在"新建文件"对话框中选择 Standard.ipt，然后单击 创建 按钮进入零件建模环境。

○步骤 2 绘制旋转截面。选择 三维模型 功能选项卡 草图 区域中的 □（开始创建二维草图）命令，选取 XY 平面为草图平面，绘制如图 4.272 所示的草图。

○步骤 3 设置参数名称。选择 管理 功能选项卡 参数 ▾ 区域中的 *fx*（参数）命令，系统会弹出如图 4.273 所示的"参数"对话框，将 50mm 对应的名称设置为 A1，将 60mm 对应的名称设置为 B1，将 70mm 对应的名称设置为 C1，单击 完毕 按钮完成参数名称的设置。

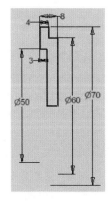

图 4.272　旋转截面

参数名称	使用者	单位类型	表达式	公称值	公差	模型数值	关键		注释
模型参数									
d0	草图1	mm	3 mm	3.000000	○	3.000000	☐	☐	
d1	草图1	mm	4 mm	4.000000	○	4.000000	☐	☐	
d2	草图1	mm	8 mm	8.000000	○	8.000000	☐	☐	
A1	草图1	mm	50 mm	50.000000	○	50.000000	☐	☐	
B1	草图1	mm	60 mm	60.000000	○	60.000000	☐	☐	
C1	草图1	mm	70 mm	70.000000	●	70.000000	■	■	
用户参数									

▽　添加数字 ▾　更新　清除未使用项　*fx* 从 XML 导入　重设公差 ＋ ▲ ○ －　<<更少

？　链接　☑ 立即更新　*fx* 导出到 XML　完毕

图 4.273　"参数"对话框

○步骤 4 创建旋转特征。选择 三维模型 功能选项卡 创建 区域中的 ◉（旋转）命令，系统会自动选取截面与中心轴，确认选中 ◉ 复选框，单击 确定 按钮完成旋转创建，如图 4.274 所示。

图 4.274　旋转特征

○步骤 5 选择命令。选择 管理 功能选项卡 编写 区域中的 ⬚（创建 iPart）命令，系统会弹出如图 4.275 所示的"iPart 编写器"对话框。

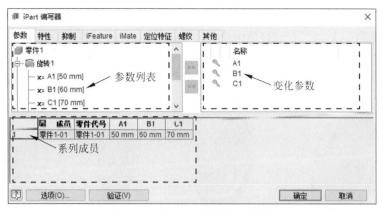

图 4.275 "iPart 编写器" 对话框

◎步骤 6 添加变化参数。系统自动选取 A1、B1、C1 三个参数作为变化参数。

说明

　　如果变化参数区域包含不需要的变量，用户则可以选中不需要的参数，然后单击 << 按钮；如果变化参数区域缺少需要变化的参数，用户则可以在左侧的参数列表中选择需要变化的参数，然后单击 >> 按钮。

◎步骤 7 添加系列成员。在"系列成员"区域右击第一行，选择 插入行 命令，此时添加第二行，采用相同办法添加第三行与第四行系列成员，如图 4.276 所示。

	🔲 成员	零件代号	A1	B1	C1
1	零件1-01	零件1-01	50 mm	60 mm	70 mm
2	零件1-02	零件1-02	50 mm	60 mm	70 mm
3	零件1-03	零件1-03	50 mm	60 mm	70 mm
4	零件1-04	零件1-04	50 mm	60 mm	70 mm

图 4.276 添加系列成员

◎步骤 8 修改成员名称。在成员列表和零件代号列表中修改名称，修改后如图 4.277 所示。

	🔲 成员	零件代号	A1	B1	C1
1	规格1	规格1	50 mm	60 mm	70 mm
2	规格2	规格2	50 mm	60 mm	70 mm
3	规格3	规格3	50 mm	60 mm	70 mm
4	规格4	规格4	50 mm	60 mm	70 mm

图 4.277 修改成员名称

◎步骤 9 修改尺寸值。在 A1、B1、C1 列表中修改尺寸的最终值，如图 4.278 所示。

	🔲 成员	零件代号	A1	B1	C1
1	规格1	规格1	50	60	70
2	规格2	规格2	40	50	55
3	规格3	规格3	20	30	35
4	规格4	规格4	10	20	30

图 4.278 修改尺寸值

◯步骤 ⑩ 单击"iPart 编写器"对话框中的 <u>确定</u> 按钮，完成系列零件的创建。

◯步骤 ⑪ 验证系列。在浏览器中打开 <u>⊞ 表格</u> 前的 ＋，在弹出的列表中默认激活规格 1，双击其他规格可以显示对应大小，如果不同规格的模型大小是不同的，则代表正确，如图 4.279 所示。

图 4.279　验证配置

4.19　零件设计综合应用案例 1：发动机

案例概述：

本案例介绍了发动机的创建过程，主要使用了拉伸、工作平面、孔特征及镜像复制等，本案例的创建相对比较简单，希望读者通过该案例的学习掌握创建模型的一般方法，熟练掌握常用的建模功能，该模型及浏览器如图 4.280 所示。

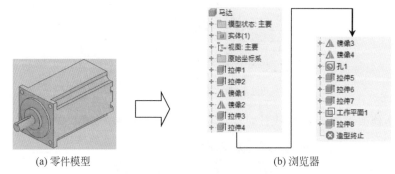

(a) 零件模型　　　　　　　　　　　　(b) 浏览器

图 4.280　零件模型以及浏览器

◯步骤 ① 新建文件。选择 <u>快速入门</u> 功能选项卡 <u>启动</u> 区域中的 □（新建）命令，在"新建文件"对话框中选择 Standard.ipt，然后单击 <u>创建</u> 按钮进入零件建模环境。

◯步骤 ② 创建如图 4.281 所示的拉伸特征 1。选择 <u>三维模型</u> 功能选项卡 <u>创建</u> 区域中的 ▇（拉伸）命令，在系统 <u>选择平面以创建草图或选择现有草图以进行编辑</u> 的提示下选取"XY 平面"作为草图平面，绘制如图 4.282 所示的草图，在拉伸"特性"对话框的 <u>行为</u> 区域的 <u>距离 A</u> 文本框输入深度值 96，单击 <u>确定</u> 按钮，完成特征的创建。

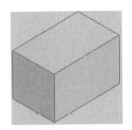

图 4.281 拉伸特征 1

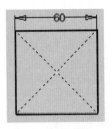

图 4.282 截面草图

○步骤3 创建如图 4.283 所示的拉伸特征 2。选择 三维模型 功能选项卡 创建 区域中的 ▣ （拉伸）命令，在系统 选择平面以创建草图或选择现有草图以进行编辑 的提示下选取如图 4.280 所示的面作为草图平面，绘制如图 4.284 所示的草图，在拉伸"特性"对话框的 行为 区域中选中 ☑ 与 ⬆ ，在 输出 区域选中 ▣ 单选项，单击 确定 按钮，完成特征的创建。

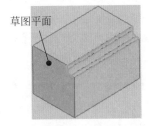

图 4.283 拉伸特征 2

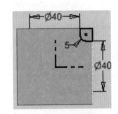

图 4.284 截面草图

○步骤4 创建如图 4.285 所示的镜像 1。选择 三维模型 功能选项卡 阵列 区域中的 ◭ （镜像）命令，在"镜像"对话框中选中 ▣ （镜像各个特征）单选项，在浏览器选取"拉伸 2"作为要镜像的特征，在"镜像"对话框中单击 镜像平面 前的 ▸ 按钮，选取"YZ 平面"为镜像中心平面，单击"镜像"对话框中的 确定 按钮，完成镜像特征的创建。

○步骤5 创建如图 4.286 所示的镜像 2。选择 三维模型 功能选项卡 阵列 区域中的 ◭ （镜像）命令，在"镜像"对话框中选中 ▣ （镜像各个特征）单选项，在浏览器选取"拉伸 2"与"镜像 1"作为要镜像的特征，在"镜像"对话框中单击 镜像平面 前的 ▸ 按钮，选取"XZ 平面"为镜像中心平面，单击"镜像"对话框中的 确定 按钮，完成镜像特征的创建。

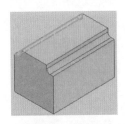

图 4.285 镜像 1

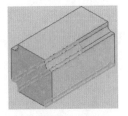

图 4.286 镜像 2

○步骤6 创建如图 4.287 所示的拉伸特征 3。选择 三维模型 功能选项卡 创建 区域中的 ▣ （拉伸）命令，在系统 选择平面以创建草图或选择现有草图以进行编辑 的提示下选取如图 4.288 所示的面作为草图平面，绘制如图 4.289 所示的草图，在拉伸"特性"对话框的 行为 区域的 距离A 文本框输入深度值 6，在 输出 区域确认选中🔳单选项，单击 确定 按钮，完成特征的创建。

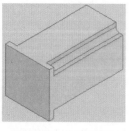

图 4.287　拉伸特征 3

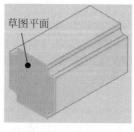

图 4.288　草图平面

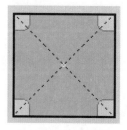

图 4.289　截面草图

◯步骤7 创建如图 4.290 所示的拉伸特征 4。选择 三维模型 功能选项卡 创建 区域中的🔳（拉伸）命令，在系统 选择平面以创建草图或选择现有草图以进行编辑 的提示下选取如图 4.291 所示的面作为草图平面，绘制如图 4.292 所示的草图，在拉伸"特性"对话框的 行为 区域中选中☑，在 距离A 文本框输入深度值 4，在 输出 区域选中🔳单选项，单击 确定 按钮，完成特征的创建。

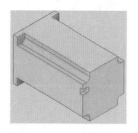

图 4.290　拉伸特征 4

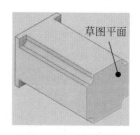

图 4.291　草图平面

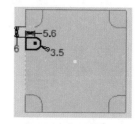

图 4.292　截面草图

◯步骤8 创建如图 4.293 所示的镜像 3。选择 三维模型 功能选项卡 阵列 区域中的⚠（镜像）命令，在"镜像"对话框中选中📄（镜像各个特征）单选项，在浏览器选取"拉伸 4"作为要镜像的特征，在"镜像"对话框中单击镜像平面前的▶按钮，选取"XZ 平面"为镜像中心平面，单击"镜像"对话框中的 确定 按钮，完成镜像特征的创建。

◯步骤9 创建如图 4.294 所示的镜像 4。选择 三维模型 功能选项卡 阵列 区域中的⚠（镜像）命令，在"镜像"对话框中选中📄（镜像各个特征）单选项，在浏览器选取"拉伸 4"与"镜像 3"作为要镜像的特征，在"镜像"对话框中单击镜像平面前的▶按钮，选取"YZ 平面"为镜像中心平面，单击"镜像"对话框中的 确定 按钮，完成镜像特征的创建。

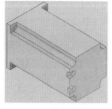

图 4.293　镜像 3

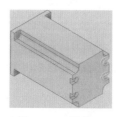

图 4.294　镜像 4

◯步骤 10 创建如图 4.295 所示的孔 1。选择 三维模型 功能选项卡 修改▼ 区域中的 ◎（孔）命令，选取如图 4.295 所示的面为打孔面（选择的位置为第 1 个孔的初步位置），在打孔面的任意其他位置单击，以确定另外三个孔的初步位置，在"孔特性"对话框的 类型 区域中选择 Ⅲ（简单孔）与 ◎（无）类型，在"孔特性"对话框的 行为 区域选中 Ⅲ，在"直径"文本框输入 5.5，单击 确定 按钮完成孔的初步创建，在浏览器中右击 ◎孔1 下的定位草图，选择 ☐ 编辑草图 命令，系统进入草图环境，添加约束至如图 4.296 所示的效果，单击 ✔ 按钮完成定位。

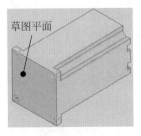

图 4.295　孔 1

图 4.296　定位草图

◯步骤 11 创建图 4.297 所示的拉伸特征 5。选择 三维模型 功能选项卡 创建 区域中的 ▦（拉伸）命令，在系统 选择平面以创建草图或选择现有草图以进行编辑 的提示下选取如图 4.298 所示的面作为草图平面，绘制如图 4.299 所示的草图，在拉伸"特性"对话框的 行为 区域的 距离A 文本框输入深度值 3，在 输出 区域确认选中 ▦ 单选项，单击 确定 按钮，完成特征的创建。

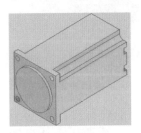

图 4.297　拉伸特征 5

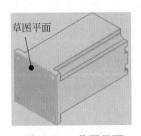

图 4.298　草图平面

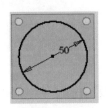

图 4.299　截面草图

◯步骤 12 创建如图 4.300 所示的拉伸特征 6。选择 三维模型 功能选项卡 创建 区域中的 ▦（拉伸）命令，在系统 选择平面以创建草图或选择现有草图以进行编辑 的提示下选取如图 4.301 所示的面作为草图平面，绘制如图 4.302 所示的草图，在拉伸"特性"对话框的 行为 区域的 距离A 文本框输入深度值 4，在 输出 区域确认选中 ▦ 单选项，单击 确定 按钮，完成特征的创建。

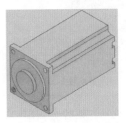

图 4.300　拉伸特征 6

图 4.301　草图平面

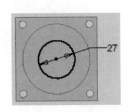

图 4.302　截面草图

○步骤 13 创建如图 4.303 所示的拉伸特征 7。选择 三维模型 功能选项卡 创建 区域中的 ▦（拉伸）命令，在系统 选择平面以创建草图或选择现有草图以进行编辑 的提示下选取如图 4.304 所示的面作为草图平面，绘制如图 4.305 所示的草图，在拉伸"特性"对话框的 行为 区域的 距离A 文本框输入深度值 27，在 输出 区域确认选中 ▦ 单选项，单击 确定 按钮，完成特征的创建。

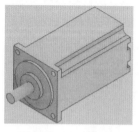

图 4.303 拉伸特征 7

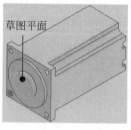

图 4.304 草图平面

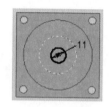

图 4.305 截面草图

○步骤 14 创建如图 4.306 所示的工作平面 1。单击 三维模型 功能选项卡 定位特征 区域中 ▦ 下的 平面，在系统弹出的快捷菜单中选择 ▦ 与曲面相切且平行于平面 命令，选取 XZ 平面与图 4.307 所示的圆柱面为参考面。

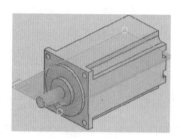

图 4.306 工作平面 1

图 4.307 圆柱面参考

○步骤 15 创建如图 4.308 所示的拉伸特征。选择 三维模型 功能选项卡 创建 区域中的 ▦（拉伸）命令，在系统 选择平面以创建草图或选择现有草图以进行编辑 的提示下选取"工作平面 1"作为草图平面，绘制如图 4.309 所示的草图，在拉伸"特性"对话框的 行为 区域中选中 ✓，在 距离A 文本框输入深度值 3，在 输出 区域选中 ▦ 单选项，单击 确定 按钮，完成特征的创建。

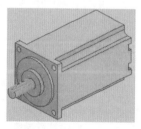

图 4.308 拉伸 8

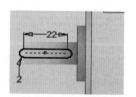

图 4.309 截面草图

○步骤 16 保存文件。选择"快速访问工具栏"中的"保存"命令，系统会弹出"另存为"

对话框，在文件名文本框输入"发动机"，单击"保存"按钮，完成保存操作。

4.20　零件设计综合应用案例 2：连接臂

27min

案例概述：

本案例介绍连接臂的创建过程，主要使用了拉伸、孔特征、镜像复制、阵列复制及圆角倒角等，该模型及浏览器如图 4.310 所示。

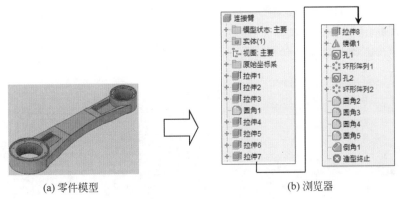

(a) 零件模型　　　　　　　　　(b) 浏览器

图 4.310　零件模型及浏览器

○步骤 1　新建文件。选择 快速入门 功能选项卡 启动 区域中的 ▭（新建）命令，在"新建文件"对话框中选择 Standard.ipt，然后单击 创建 按钮进入零件建模环境。

○步骤 2　创建如图 4.311 所示的拉伸特征 1。选择 三维模型 功能选项卡 创建 区域中的 ▭（拉伸）命令，在系统 选择平面以创建草图或选择现有草图以进行编辑 的提示下选取"XZ 平面"作为草图平面，绘制如图 4.312 所示的草图，在拉伸"特性"对话框的 行为 区域选中 ▨ 选项，在 距离 A 文本框输入深度值 100，单击 确定 按钮，完成特征的创建。

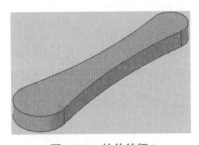

图 4.311　拉伸特征 1

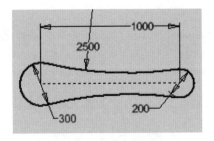

图 4.312　截面草图

○步骤 3　创建如图 4.313 所示的拉伸特征 2。选择 三维模型 功能选项卡 创建 区域中的 ▭（拉伸）命令，在系统 选择平面以创建草图或选择现有草图以进行编辑 的提示下选取 XY 平面作为草图平面，绘制如图 4.314 所示的草图，选取如图 4.314 所示的三个封闭区域作为拉伸截面，在拉伸"特性"对话框的 行为 区域中选中 ▨ 与 ▤，在 输出 区域选中 ▣ 单选项，单击 确定 按钮，完成特征的创建。

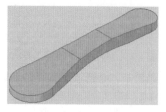

图 4.313　拉伸特征 2

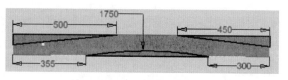

图 4.314　截面草图

◯步骤 4　创建如图 4.315 所示的拉伸特征 3。选择 三维模型 功能选项卡 创建 区域中的 ▦（拉伸）命令，在系统 选择平面以创建草图或选择现有草图以进行编辑 的提示下选取 YZ 平面作为草图平面，绘制如图 4.316 所示的草图，在拉伸"特性"对话框的 行为 区域中选中 ✎ 与 ⯆，在 输出 区域选中 ▦ 单选项，单击 确定 按钮，完成特征的创建。

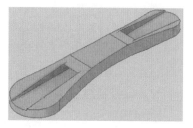

图 4.315　拉伸特征 3

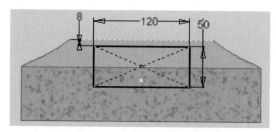

图 4.316　截面草图

◯步骤 5　创建如图 4.317 所示的倒圆角 1。选择 三维模型 功能选项卡 修改 ▾ 区域中的 ◔（圆角）命令，在"圆角"对话框中选中 ▥（添加等半径边集）单选项，在系统提示下选取如图 4.318 所示的 4 根边线作为圆角对象，在"圆角"对话框的半径文本框中输入圆角半径 5，单击 确定 按钮，完成圆角的创建。

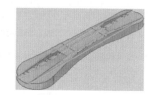

图 4.317　倒圆角 1

圆角对象

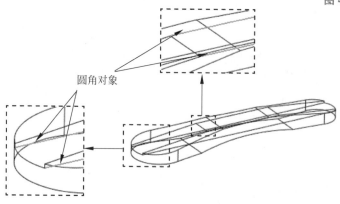

图 4.318　圆角对象

◯步骤 6　创建如图 4.319 所示的拉伸特征 4。选择 三维模型 功能选项卡 创建 区域中的 ▦

（拉伸）命令，在系统 选择平面以创建草图或选择现有草图以进行编辑 的提示下选取 "XZ 平面" 作为草图平面，绘制如图 4.320 所示的草图，选取如图 4.320 所示的两个封闭区域作为拉伸的截面轮廓，在拉伸 "特性" 对话框的 行为 区域选中 ☑ 选项，在 距离A 文本框输入深度值 120，在 输出 区域确认选中 ▣ 单选项，单击 确定 按钮，完成特征的创建。

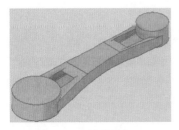

图 4.319　拉伸特征 4

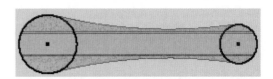

图 4.320　截面草图

●步骤 7　创建如图 4.321 所示的拉伸特征 5。选择 三维模型 功能选项卡 创建 区域中的 ▣（拉伸）命令，在系统 选择平面以创建草图或选择现有草图以进行编辑 的提示下选取如图 4.322 所示的平面作为草图平面，绘制如图 4.323 所示的草图，在拉伸 "特性" 对话框的 行为 区域中选中 ☑ 与 ▣，在 输出 区域选中 ▣ 单选项，单击 确定 按钮，完成特征的创建。

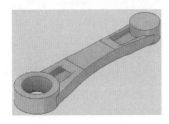

图 4.321　拉伸特征 5

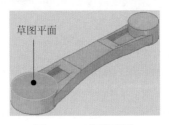

图 4.322　草图平面

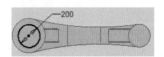

图 4.323　截面草图

●步骤 8　创建如图 4.324 所示的拉伸特征 6。选择 三维模型 功能选项卡 创建 区域中的 ▣（拉伸）命令，在系统 选择平面以创建草图或选择现有草图以进行编辑 的提示下选取如图 4.325 所示的平面作为草图平面，绘制如图 4.326 所示的草图，在拉伸 "特性" 对话框的 行为 区域中选中 ☑ 与 ▣，在 输出 区域选中 ▣ 单选项，单击 确定 按钮，完成特征的创建。

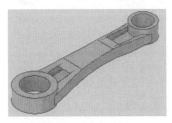

图 4.324　拉伸特征 6

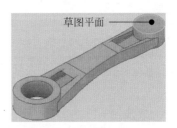

图 4.325　草图平面

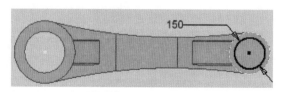

图 4.326　截面草图

◎步骤 9　创建如图 4.327 所示的拉伸特征 7。选择 三维模型 功能选项卡 创建 区域中的 ▓（拉伸）命令，在系统 选择平面以创建草图或选择现有草图以进行编辑 的提示下选取如图 4.322 所示的面作为草图平面，绘制如图 4.328 所示的草图，在拉伸"特性"对话框的 行为 区域中选中 ☑，在 距离A 文本框输入深度值 12，在 输出 区域选中 ▓ 单选项，单击 确定 按钮，完成特征的创建。

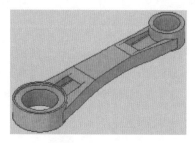

图 4.327　拉伸特征 7

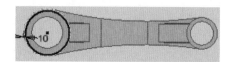

图 4.328　截面草图

◎步骤 10　创建如图 4.329 所示的拉伸特征 8。选择 三维模型 功能选项卡 创建 区域中的 ▓（拉伸）命令，在系统 选择平面以创建草图或选择现有草图以进行编辑 的提示下选取如图 4.325 所示的面作为草图平面，绘制如图 4.330 所示的草图，在拉伸"特性"对话框的 行为 区域中选中 ☑，在 距离A 文本框输入深度值 12，在 输出 区域选中 ▓ 单选项，单击 确定 按钮，完成特征的创建。

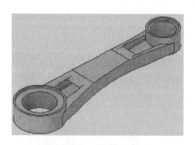

图 4.329　拉伸特征 8

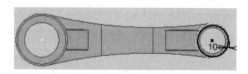

图 4.330　截面草图

◎步骤 11　创建如图 4.331 所示的镜像 1。选择 三维模型 功能选项卡 阵列 区域中的 ⚠（镜像）命令，在"镜像"对话框中选中 ▣（镜像各个特征）单选项，在浏览器选取"拉伸 7"与"拉伸 8"作为要镜像的特征，在"镜像"对话框中单击 镜像平面 前的 ▨ 按钮，选取"XZ 平面"为镜像中心平面，单击"镜像"对话框中的 确定 按钮，完成镜像特征的创建。

图 4.331　镜像 1

⭕步骤 12　创建如图 4.332 所示的孔 1。选择 三维模型 功能选项卡 修改▾ 区域中的⊙（孔）命令，选取如图 4.332 所示的面为打孔平面（选择的位置为第 1 个孔的初步位置），在孔"特性"对话框的 类型 区域中选择🔳（螺纹孔）与⊘（无）类型，在"螺纹"区域的"类型"下拉列表中选择GB Metric profile ，在"尺寸"下拉列表中选择"10"，在"规格"下拉列表中选择"M10X1.25"，在 行为 区域选中Ⅰ，在"孔深"文本框输入 23.75，在"螺纹深度"文本框输入20，单击 确定 按钮完成孔的初步创建，在浏览器中右击⊙孔1下的定位草图，选择📐 编辑草图 命令，系统进入草图环境，添加约束后的效果如图 4.333 所示，单击✔按钮完成定位。

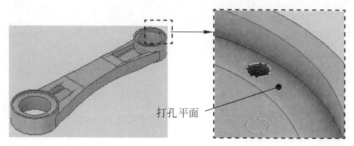

打孔 平面

图 4.332　孔 1

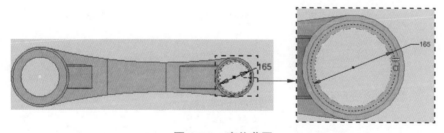

图 4.333　定位草图

⭕步骤 13　创建如图 4.334 所示的环形阵列。选择 三维模型 功能选项卡 阵列 区域中的🔘 环形 （环形阵列）命令，在"环形阵列"对话框中选中🗐（阵列各个特征）单选项，在系统提示下，在浏览器选取"孔 1"作为要阵列的特征，在"环形阵列"对话框选择 旋转轴 前的📐按钮，在系统提示下，选取如图 4.335 所示的圆柱面。在 放置 区域的❖文本框输入阵列数目 8，在◇文本框输入阵列夹角 360，在 方向 区域选中🔘（旋转）单选项，单击"环形阵列"对话框

中的 确定 按钮，完成环形阵列的创建。

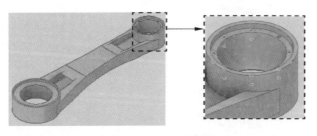

图 4.334　环形阵列 1

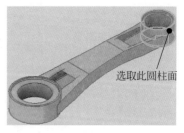

选取此圆柱面

图 4.335　阵列轴

○步骤 14　创建如图 4.336 所示的孔 2。选择 三维模型 功能选项卡 修改 ▾ 区域中的 圖（孔）命令，选取如图 4.336 所示的面为打孔平面（选择的位置为第 1 个孔的初步位置），在孔"特性"对话框的 类型 区域中选择 圖（螺纹孔）与 圖（无）类型，在"螺纹"区域的"类型"下拉列表中选择 GB Metric profile，在"尺寸"下拉列表中选择"10"，在"规格"下拉列表中选择"M10X1.25"，在 行为 区域选中 I，在"孔深"文本框输入 23.75，在"螺纹深度"文本框输入 20，单击 确定 按钮完成孔的初步创建，在浏览器中右击 孔2 下的定位草图，选择 编辑草图 命令，系统进入草图环境，添加约束后的效果如图 4.337 所示，单击 ✔ 按钮完成定位。

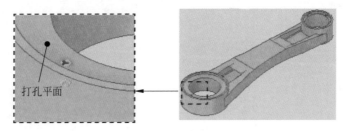

打孔平面

图 4.336　孔 2

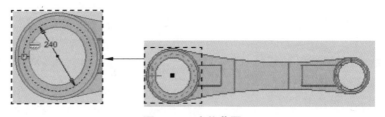

240

图 4.337　定位草图

○步骤 15　创建如图 4.338 所示的环形阵列 2。选择 三维模型 功能选项卡 阵列 区域中的 环形（环形阵列）命令，在"环形阵列"对话框中选中 圖（阵列各个特征）单选项，在系统提示下，在浏览器选取"孔 2"作为要阵列的特征，在"环形阵列"对话框选择 旋转轴 前的 按钮，在系统提示下，选取如图 4.339 所示的圆柱面。在 放置 区域的 文本框输入阵列数目 8，在 文本框输入阵列夹角 360，在 方向 区域选中 圖（旋转）单选项，单击"环形阵列"对话框中的 确定 按钮，完成环形阵列的创建。

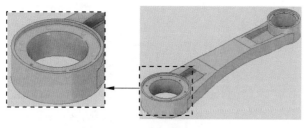

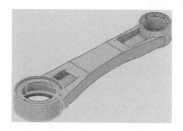

图 4.338　环形阵列 2　　　　　　　　　图 4.339　阵列轴

○步骤 16　创建如图 4.340 所示的倒圆角 2。选择 三维模型 功能选项卡 修改 ▾ 区域中的 ◯ （圆角）命令，在"圆角"对话框中选中 ◳ （添加等半径边集）单选项，在系统提示下选取如图 4.341 所示的两根边线作为圆角对象，在"圆角"对话框的半径文本框中输入圆角半径 10，单击 确定 按钮，完成圆角的创建。

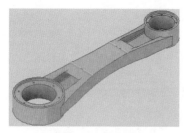

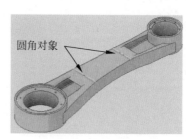

图 4.340　倒圆角 2　　　　　　　　　图 4.341　圆角对象

○步骤 17　创建如图 4.342 所示的倒圆角 3。选择 三维模型 功能选项卡 修改 ▾ 区域中的 ◯ （圆角）命令，在"圆角"对话框中选中 ◳ （添加等半径边集）单选项，在系统提示下选取如图 4.343 所示的两根边线作为圆角对象，在"圆角"对话框的半径文本框中输入圆角半径 10，单击 确定 按钮，完成圆角的创建。

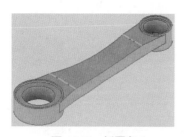

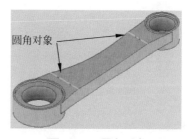

图 4.342　倒圆角 3　　　　　　　　　图 4.343　圆角对象

○步骤 18　创建如图 4.344 所示的倒圆角 4。选择 三维模型 功能选项卡 修改 ▾ 区域中的 ◯ （圆角）命令，在"圆角"对话框中选中 ◳ （添加等半径边集）单选项，在系统提示下选取如图 4.345 所示的四组边线作为圆角对象，在"圆角"对话框的半径文本框中输入圆角半径 2，单击 确定 按钮，完成圆角的创建。

图 4.344　倒圆角 4

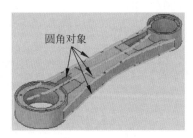

图 4.345　圆角对象

○步骤 19　创建如图 4.346 所示的倒圆角 5。选择 三维模型 功能选项卡 修改 ▼ 区域中的 （圆角）命令，在"圆角"对话框中选中 （添加等半径边集）单选项，在系统提示下选取如图 4.347 所示的两组边线作为圆角对象，在"圆角"对话框的半径文本框中输入圆角半径 0.5，单击 确定 按钮，完成圆角的创建。

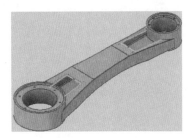

图 4.346　倒圆角 5

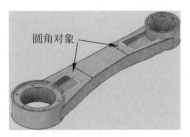

图 4.347　圆角对象

○步骤 20　创建如图 4.348 所示的倒斜角。选择 三维模型 功能选项卡 修改 ▼ 区域中的 倒角 命令，在"倒角"对话框中选择 （倒角边长）单选项，在系统提示下选取如图 4.349 所示的 4 条边线作为倒角对象，在**倒角边长**文本框中输入倒角距离 3，单击 确定 按钮，完成倒角的定义。

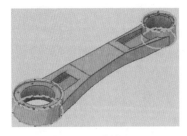

图 4.348　倒角 1

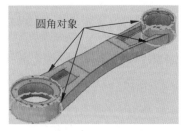

图 4.349　倒角对象

○步骤 21　保存文件。选择"快速访问工具栏"中的"保存"命令，系统会弹出"另存为"对话框，在文件名文本框输入"连接臂"，单击"保存"按钮，完成保存操作。

4.21　零件设计综合应用案例 3：QQ 企鹅造型

▶43min

案例概述：

本案例介绍 QQ 企鹅造型的创建过程，主要使用了旋转特征、放样特征、工作平面、拉伸及镜像复制等，该模型及浏览器如图 4.350 所示。

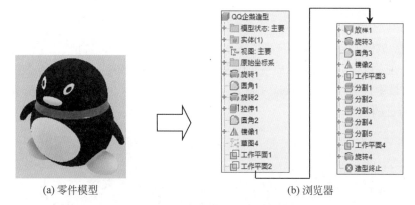

(a) 零件模型　　　　　　　　　　(b) 浏览器

图 4.350　零件模型以及浏览器

◉步骤1　新建文件。选择 快速入门 功能选项卡 启动 区域中的 ▢（新建）命令，在"新建文件"对话框中选择 Standard.ipt，然后单击 创建 按钮进入零件建模环境。

◉步骤2　创建如图 4.351 所示的旋转特征 1。选择 三维模型 功能选项卡 创建 区域中的 ▨（旋转）命令，在系统提示下选取 XY 平面作为草图平面，绘制如图 4.352 所示的截面，在"旋转"对话框 行为 区域中选中 ▨（采用默认方向），在 角度A 文本框输入 360（旋转 360°），单击 确定 按钮，完成特征的创建。

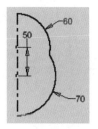

图 4.351　旋转特征 1　　　　　图 4.352　截面轮廓

◉步骤3　创建如图 4.353 所示的倒圆角 1。选择 三维模型 功能选项卡 修改▾ 区域中的 ▨（圆角）命令，在"圆角"对话框中选中 ▨（添加等半径边集）单选项，在系统提示下选取如图 4.354 所示的边线作为圆角对象，在"圆角"对话框的半径文本框中输入圆角半径 25，单击 确定 按钮，完成圆角的创建。

图 4.353　倒圆角 1

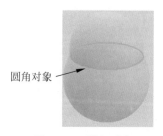

圆角对象

图 4.354　圆角对象

○步骤 4 创建如图 4.355 所示的旋转特征 2。选择 三维模型 功能选项卡 创建 区域中的 🍩 （旋转）命令，在系统提示下选取 XY 平面作为草图平面，绘制如图 4.356 所示的截面，在"旋转"对话框 行为 区域中选中 ✎ （采用默认方向），在 角度A 文本框输入 360（旋转 360°），单击 确定 按钮，完成特征的创建。

图 4.355　旋转特征 2

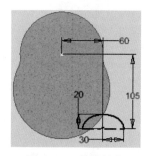

图 4.356　截面轮廓

○步骤 5 创建如图 4.357 所示的拉伸特征 1。选择 三维模型 功能选项卡 创建 区域中的 ▣ （拉伸）命令，在系统 选择平面以创建草图或选择现有草图以进行编辑 的提示下选取 XY 平面作为草图平面，绘制如图 4.358 所示的草图，在拉伸"特性"对话框的 行为 区域中选中 ✎ 与 ⬍，在 输出 区域选中 ▣ 单选项，单击 确定 按钮，完成特征的创建。

图 4.357　拉伸特征 1

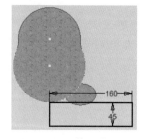

图 4.358　截面草图

○步骤 6 创建如图 4.359 所示的倒圆角 2。选择 三维模型 功能选项卡 修改 ▾ 区域中的 🍩 （圆角）命令，在"圆角"对话框中选中 ▣ （添加等半径边集）单选项，在系统提示下选取如图 4.360 所示的边线作为圆角对象，在"圆角"对话框的半径文本框中输入圆角半径 2，单击按钮，完成圆角的创建。

图 4.359　倒圆角 2

圆角对象

图 4.360　圆角对象

步骤 7　创建如图 4.361 所示的镜像 1。选择 三维模型 功能选项卡 阵列 区域中的 △（镜像）命令，在"镜像"对话框中选中 （镜像各个特征）单选项，在浏览器选取"旋转 2""拉伸 1"与"倒圆角 2"作为要镜像的特征，在"镜像"对话框中单击 镜像平面 前的 按钮，选取"YZ 平面"为镜像中心平面，单击"镜像"对话框中的 确定 按钮，完成镜像特征的创建。

图 4.361　镜像 1

步骤 8　绘制如图 4.362 所示的放样中心线。选择 三维模型 功能选项卡 草图 区域中的 （开始创建二维草图）命令，选取 XY 平面为草图平面，绘制如图 4.363 所示的草图。

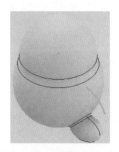

图 4.362　放样中心线

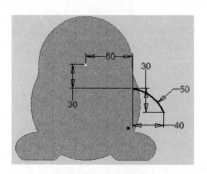

图 4.363　平面草图

步骤 9　创建如图 4.364 所示的工作平面 1。单击 三维模型 功能选项卡 定位特征 区域中的 下

的 平面 ，在系统弹出的快捷菜单中选择 在指定点处与曲线垂直 命令，依次选取如图 4.365 所示的曲线参考与点参考。

图 4.364　工作平面 1

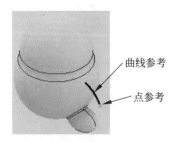

图 4.365　工作平面参考

○步骤 10　创建如图 4.366 所示的工作平面 2。单击 三维模型 功能选项卡 定位特征 区域中 下的 平面 ，在系统弹出的快捷菜单中选择 在指定点处与曲线垂直 命令，依次选取如图 4.367 所示的曲线参考与点参考。

图 4.366　工作平面 2

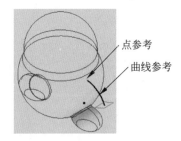

图 4.367　工作平面参考

○步骤 11　绘制如图 4.368 所示的放样截面 1。选择 三维模型 功能选项卡 草图 区域中的 （开始创建二维草图）命令，选取工作平面 1 为草图平面，绘制如图 4.369 所示的草图。

图 4.368　放样截面 1

图 4.369　平面草图

○步骤 12　绘制如图 4.370 所示的放样截面 2。选择 三维模型 功能选项卡 草图 区域中的 （开始创建二维草图）命令，选取工作平面 2 为草图平面，绘制如图 4.371 所示的草图。

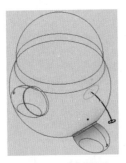

图 4.370　放样截面 2

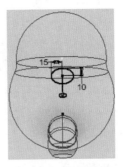

图 4.371　平面草图

○步骤 13　创建如图 4.372 所示的放样特征 1。选择 三维模型 功能选项卡 创建 区域中的 放样 命令，在绘图区域依次选取如图 4.368 所示的放样截面 1 与如图 4.370 所示的放样截面 2，效果如图 4.373 所示，在 "放样" 对话框中选中 ⊙⋔⋔ （中心线）单选项，单击 中心线 区域中的 选择—草图，选取如图 4.362 所示的中心线，确认 按钮被按下，单击 确定 按钮，完成放样的创建。

图 4.372　放样截面 2

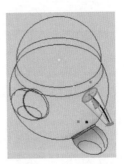

图 4.373　平面草图

○步骤 14　创建如图 4.374 所示的旋转特征 3。选择 三维模型 功能选项卡 创建 区域中的 （旋转）命令，在系统提示下选取如图 4.375 所示的面作为草图平面，绘制如图 4.376 所示的截面，在 "旋转" 对话框 行为 区域中选中 （采用默认方向），在 角度A 文本框输入 360（旋转 360°），单击 确定 按钮，完成特征的创建。

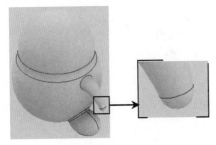

图 4.374　旋转特征 3

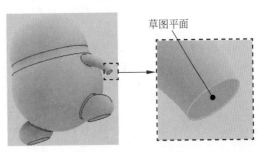

图 4.375　草图平面

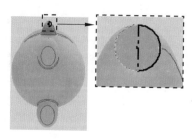

图 4.376　截面轮廓

○步骤15　创建如图 4.377 所示的倒圆角 3。选择 三维模型 功能选项卡 修改▼ 区域中的 （圆角）命令，在"圆角"对话框中选中 （添加等半径边集）单选项，在系统提示下选取如图 4.378 所示的边线作为圆角对象，在"圆角"对话框的半径文本框中输入圆角半径 5，单击 确定 按钮，完成圆角的创建。

图 4.377　倒圆角 3

圆

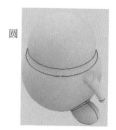

图 4.378　圆角对象

○步骤16　创建如图 4.379 所示的镜像 2。选择 三维模型 功能选项卡 阵列 区域中的 （镜像）命令，在"镜像"对话框中选中 （镜像各个特征）单选项，在浏览器选取"放样 1""旋转 3"与"倒圆角 3"作为要镜像的特征，在"镜像"对话框中单击 镜像平面 前的 按钮，选取"YZ 平面"为镜像中心平面，单击"镜像"对话框中的 确定 按钮，完成镜像特征的创建。

○步骤17　创建如图 4.380 所示的工作平面 3。单击 三维模型 功能选项卡 定位特征 区域中 下的 平面 ，在系统弹出的快捷菜单中选择 从平面偏移 命令，选取 XY 平面作为参考平面，在"间距"文本框输入间距值 100，单击 ✔ 按钮，完成工作平面的定义。

图 4.379　镜像 2

图 4.380　工作平面 3

说明

　　如果偏移方向不正确，用户则可以通过在"间距"文本框输入负值调整方向。

●步骤 18　创建如图 4.381 所示的分割草图 1。选择 三维模型 功能选项卡 草图 区域中的 ▣（开始创建二维草图）命令，选取"工作平面 3"作为草图平面，绘制如图 4.382 所示的草图。

图 4.381　分割草图 1

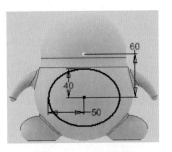

图 4.382　平面草图

●步骤 19　创建如图 4.383 所示的分割面 1。选择 三维模型 功能选项卡 修改 ▾ 区域中的 ▤ 分割 命令，系统会弹出分割"特性"对话框，选取如图 4.382 所示的草图为分割工具，选取如图 4.384 所示的面为要分割的面，单击 确定 按钮完成分割操作。

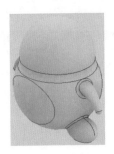

图 4.383　分割面 1

选取此面

图 4.384　要分割的面

●步骤 20　创建如图 4.385 所示的分割草图 2。选择 三维模型 功能选项卡 草图 区域中的 ▣（开始创建二维草图）命令，选取"工作平面 3"作为草图平面，绘制如图 4.386 所示的草图。

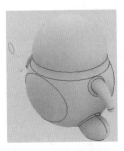

图 4.385　分割草图 2

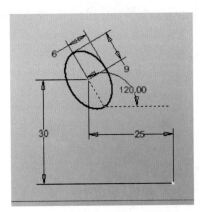

图 4.386　平面草图

○步骤 21 创建如图 4.387 所示的分割面 2。选择 三维模型 功能选项卡 修改 ▼ 区域中的 🗐 分割 命令，系统会弹出分割"特性"对话框，选取如图 4.385 所示的草图为分割工具，选取如图 4.388 所示的面为要分割的面，单击 确定 按钮完成分割操作。

图 4.387　分割面 2

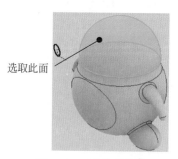

选取此面

图 4.388　要分割的面

○步骤 22 创建如图 4.389 所示的分割草图 3。选择 三维模型 功能选项卡 草图 区域中的 🔲 （开始创建二维草图）命令，选取"工作平面 3"作为草图平面，绘制如图 4.390 所示的草图。

图 4.389　分割草图 3

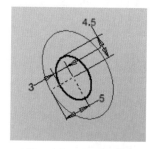

图 4.390　平面草图

○步骤 23 创建如图 4.391 所示的分割面 3。选择 三维模型 功能选项卡 修改 ▼ 区域中的 🗐 分割 命令，系统会弹出分割"特性"对话框，选取如图 4.389 所示的草图为分割工具，选取如图 4.392 所示的面为要分割的面，单击 确定 按钮完成分割操作。

图 4.391　分割面 3

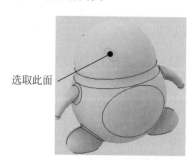

选取此面

图 4.392　要分割的面

○步骤 24 参考步骤 20 ～步骤 23 的操作创建另外一侧的分割面，完成后如图 4.393 所示。

◯步骤 25　创建如图 4.394 所示的工作平面 4。单击 三维模型 功能选项卡 定位特征 区域中 ▣ 下的 平面，在系统弹出的快捷菜单中选择 ▥从平面偏移 命令，选取 XZ 平面作为参考平面，在"间距"文本框输入间距值 8（方向向上），单击 ✔ 按钮，完成工作平面的定义。

图 4.393　其他分割面

图 4.394　工作平面 4

◯步骤 26　创建如图 4.395 所示的旋转特征 4。选择 三维模型 功能选项卡 创建 区域中的 ▨（旋转）命令，在系统提示下选取工作平面 4 作为草图平面，绘制如图 4.396 所示的截面，在"旋转"对话框 行为 区域中选中 ▨（采用默认方向），在 角度A 文本框输入 360（旋转 360°），单击 确定 按钮，完成特征的创建。

图 4.395　旋转特征 4

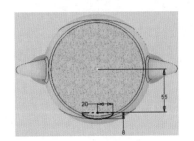

图 4.396　草图平面

◯步骤 27　设置如图 4.397 所示的外观属性。选择 工具 功能选项卡 材料和外观 ▾ 区域中的 ▨调整 命令，系统会弹出如图 4.398 所示的"调整"对话框，在颜色列表中选择"红"，在图形区选取如图 4.399 所示的面为要调整颜色的面，单击 ✔ 按钮完成操作。

图 4.397　设置外观属性

图 4.398　"调整"对话框

◯步骤 28 设置如图 4.400 所示的其他外观属性，具体操作参考步骤 27。

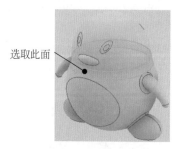

选取此面

图 4.399　调整颜色的面

图 4.400　其他外观属性

◯步骤 29 保存文件。选择"快速访问工具栏"中的"保存"命令，系统会弹出"另存为"对话框，在文件名文本框输入"QQ 企鹅造型"，单击"保存"按钮，完成保存操作。

49min

4.22　零件设计综合应用案例 4：转板

案例概述：

本案例介绍转板的创建过程，主要使用了拉伸、圆角、孔特征、阵列等，该模型及浏览器如图 4.401 所示。

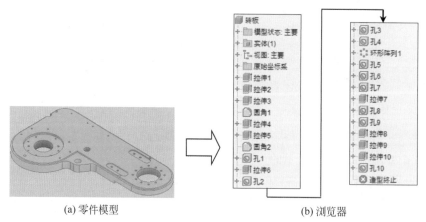

(a) 零件模型　　　　　　　　　　　　(b) 浏览器

图 4.401　零件模型以及浏览器

◯步骤 1 新建文件。选择 快速入门 功能选项卡 启动 区域中的 □（新建）命令，在"新建文件"对话框中选择 Standard.ipt，然后单击 创建 按钮进入零件建模环境。

◯步骤 2 创建如图 4.402 所示的拉伸特征 1。选择 三维模型 功能选项卡 创建 区域中的 ▥（拉伸）命令，在系统 选择平面以创建草图或选择现有草图以进行编辑 的提示下选取"XZ 平面"作为草图平面，绘制如图 4.403 所示的草图，在拉伸"特性"对话框的 行为 区域的 距离A 文本框输入深度值 15，

单击 确定 按钮，完成特征的创建。

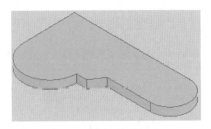

图 4.402　拉伸特征 1

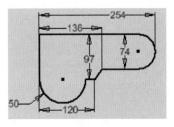

图 4.403　截面草图

○步骤 3 创建如图 4.404 所示的拉伸特征 2。选择 三维模型 功能选项卡 创建 区域中的 ▣（拉伸）命令，在系统 选择平面以创建草图或选择现有草图以进行编辑 的提示下选取如图 4.404 所示的面作为草图平面，绘制如图 4.405 所示的草图，在拉伸"特性"对话框的 行为 区域中选中 ✔ 与 ⬆，在 输出 区域选中 ▣ 单选项，单击 确定 按钮，完成特征的创建。

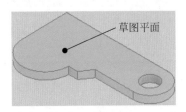

图 4.404　拉伸特征 2

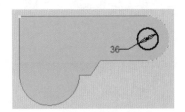

图 4.405　截面草图

○步骤 4 创建如图 4.406 所示的拉伸特征 3。选择 三维模型 功能选项卡 创建 区域中的 ▣（拉伸）命令，在系统 选择平面以创建草图或选择现有草图以进行编辑 的提示下选取如图 4.406 所示的面作为草图平面，绘制如图 4.407 所示的草图，在拉伸"特性"对话框的 行为 区域中选中 ✔，在 距离A 文本框输入深度值 3，在 输出 区域选中 ▣ 单选项，单击 确定 按钮，完成特征的创建。

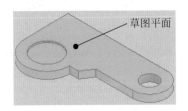

图 4.406　拉伸特征 3

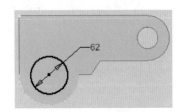

图 4.407　截面草图

○步骤 5 创建如图 4.408 所示的倒圆角 1。选择 三维模型 功能选项卡 修改 ▾ 区域中的 ◉（圆角）命令，在"圆角"对话框中选中 ◸（添加等半径边集）单选项，在系统提示下选取如图 4.409 所示的边线作为圆角对象，在"圆角"对话框的半径文本框中输入圆角半径 20，单击 确定 按钮，完成圆角的创建。

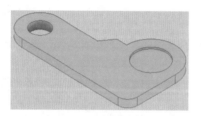

图 4.408　倒圆角 1

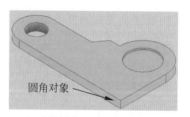

圆角对象

图 4.409　圆角对象

◎步骤 6 创建如图 4.410 所示的拉伸特征 4。选择 三维模型 功能选项卡 创建 区域中的▓（拉伸）命令，在系统 选择平面以创建草图或选择现有草图以进行编辑 的提示下选取如图 4.410 所示的面作为草图平面，绘制如图 4.411 所示的草图，在拉伸"特性"对话框的 行为 区域中选中▓，在 距离A 文本框输入深度值 2，在 输出 区域选中▓单选项，单击 确定 按钮，完成特征的创建。

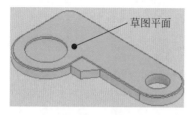

草图平面

图 4.410　拉伸特征 4

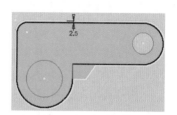

2.5

图 4.411　截面草图

◎步骤 7 创建如图 4.412 所示的拉伸特征 5。选择 三维模型 功能选项卡 创建 区域中的▓（拉伸）命令，在系统 选择平面以创建草图或选择现有草图以进行编辑 的提示下选取如图 4.412 所示的面作为草图平面，绘制如图 4.413 所示的草图，在拉伸"特性"对话框的 行为 区域中选中▓与▓，在 输出 区域选中▓单选项，单击 确定 按钮，完成特征的创建。

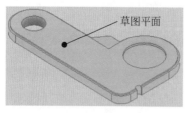

草图平面

图 4.412　拉伸特征 5

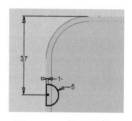

37

1

5

图 4.413　截面草图

◎步骤 8 创建如图 4.414 所示的倒圆角 2。选择 三维模型 功能选项卡 修改▾ 区域中的▓（圆角）命令，在"圆角"对话框中选中▓（添加等半径边集）单选项，在系统提示下选取如图 4.415 所示的 3 条边线作为圆角对象，在"圆角"对话框的半径文本框中输入圆角半径 10，单击 确定 按钮，完成圆角的创建。

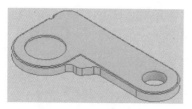

图 4.414　倒圆角 2

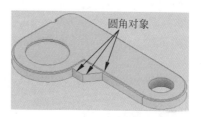

图 4.415　圆角对象

○步骤9　创建如图 4.416 所示的孔 1。选择 三维模型 功能选项卡 修改▾ 区域中的◙（孔）命令，选取如图 4.416 所示的面为打孔面（选择的位置为第 1 个孔的初步位置），在打孔面上任意其他位置单击，以确定另外一个孔的初步位置，在孔"特性"对话框的 类型 区域中选择▥（简单孔）与▣（倒角孔）类型，在 行为 区域选中▦，在"倒角孔直径"文本框输入 14，在"倒角孔角度"文本框输入 90，在"直径"文本框输入 10，单击 确定 按钮完成孔的初步创建，在浏览器中右击◙孔1 下的定位草图，选择▢ 编辑草图 命令，系统进入草图环境，添加约束后的效果如图 4.417 所示，单击✔按钮完成定位。

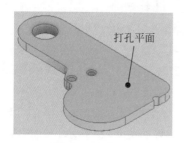

图 4.416　孔 1

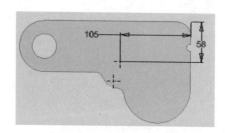

图 4.417　定位草图

○步骤10　创建如图 4.418 所示的拉伸特征 6。选择 三维模型 功能选项卡 创建 区域中的▣（拉伸）命令，在系统 选择平面以创建草图或选择现有草图以进行编辑 的提示下选取如图 4.418 所示的面作为草图平面，绘制如图 4.419 所示的草图，选取两个槽口的封闭区域作为截面轮廓，在拉伸"特性"对话框的 行为 区域中选中▨，在 距离A 文本框输入深度值 1.4，在 输出 区域选中▣单选项，单击 确定 按钮，完成特征的创建。

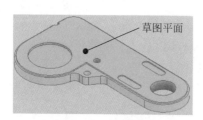

图 4.418　拉伸特征 6

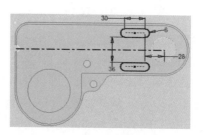

图 4.419　截面草图

○步骤 11 创建如图 4.420 所示的孔 2。选择 三维模型 功能选项卡 修改 ▾ 区域中的 ◉（孔）命令，选取如图 4.420 所示的面为打孔面（选择的位置为第 1 个孔的初步位置），在打孔面上任意其他位置单击，以确定另外 3 个孔的初步位置，在孔"特性"对话框的 类型 区域中选择 ▦（螺纹孔）与 ◎（无）类型，在"螺纹"区域的"类型"下拉列表中选择 GB Metric profile，在"尺寸"下拉列表中选择"4"，在"规格"下拉列表中选择"M4"，在 行为 区域选中 ▦，选中 ☑ 全螺纹 单选项，单击 确定 按钮完成孔的初步创建，在浏览器中右击 ◉ 孔1 下的定位草图，选择 □ 编辑草图 命令，系统进入草图环境，添加约束后的效果如图 4.421 所示，单击 ✔ 按钮完成定位。

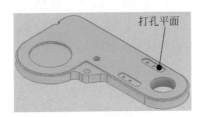

图 4.420 孔 2

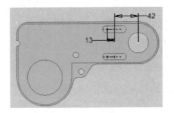

图 4.421 定位草图

○步骤 12 创建如图 4.422 所示的孔 3。选择 三维模型 功能选项卡 修改 ▾ 区域中的 ◉（孔）命令，选取如图 4.422 所示的面为打孔面（选择的位置为第 1 个孔的初步位置），在打孔面上任意其他位置单击，以确定另外一个孔的初步位置，在孔"特性"对话框的 类型 区域中选择 ▦（螺纹孔）与 ◎（无）类型，在"螺纹"区域的"类型"下拉列表中选择 GB Metric profile，在"尺寸"下拉列表中选择"4"，在"规格"下拉列表中选择"M4"，在 行为 区域选中 ▦，选中 ☑ 全螺纹 单选项，单击 确定 按钮完成孔的初步创建，在浏览器中右击 ◉ 孔1 下的定位草图，选择 □ 编辑草图 命令，系统进入草图环境，添加约束后的效果如图 4.423 所示，单击 ✔ 按钮完成定位。

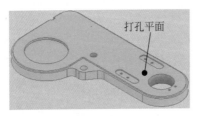

图 4.422 孔 3

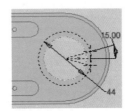

图 4.423 定位草图

○步骤 13 创建如图 4.424 所示的孔 4。选择 三维模型 功能选项卡 修改 ▾ 区域中的 ◉（孔）命令，选取如图 4.424 所示的面为打孔面（选择的位置为第 1 个孔的初步位置），在孔"特性"对话框的 类型 区域中选择 ▦（螺纹孔）与 ◎（无）类型，在"螺纹"区域的"类型"下拉列表中选择 GB Metric profile，在"尺寸"下拉列表中选择"4"，在"规格"下拉列表中选择"M4"，在 行为 区域选中 ▦，选中 ☑ 全螺纹 单选项，单击 确定 按钮完成孔的初步创建，在浏览器中右击 ◉ 孔1 下的定位草图，选择 □ 编辑草图 命令，系统进入草图环境，添加约束后的效果如图 4.425 所示的效果，单击 ✔ 按钮完成定位。

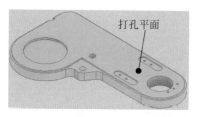

图 4.424　孔 4

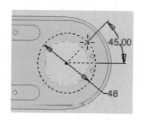

图 4.425　定位草图

◎步骤 14）创建如图 4.426 所示的环形阵列 1。选择 三维模型 功能选项卡 阵列 区域中的
♦ 环形 （环形阵列）命令，在"环形阵列"对话框中选中 ⬚ （阵列各个特征）单选项，在系
统提示下，在浏览器选取"孔 3"与"孔 4"作为要阵列的特征，在"环形阵列"对话框选择
旋转轴 前的 ▣ 按钮，在系统提示下，选取如图 4.427 所示的圆柱面。在 放置 区域的 ♦ 文本框输入
阵列数目 4，在 ♡ 文本框输入阵列夹角 360，在 方向 区域选中 ⬚ （旋转）单选项，单击"环形阵
列"对话框中的 确定 按钮，完成环形阵列的创建。

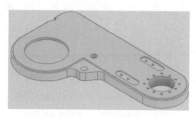

图 4.426　环形阵列 1

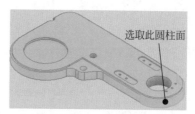

选取此圆柱面

图 4.427　阵列轴

◎步骤 15）创建如图 4.428 所示的孔 5。选择 三维模型 功能选项卡 修改▾ 区域中的 ⬚ （孔）
命令，选取如图 4.428 所示的面为打孔面（选择的位置为第 1 个孔的初步位置），在打孔面上
任意其他位置单击，以确定另外 3 个孔的初步位置，在孔"特性"对话框的 类型 区域中选择 ⬚
（简单孔）与 ⬚ （无）类型，在 行为 区域选中 ⬚，在"直径"文本框输入 4，单击 确定 按钮
完成孔的初步创建，在浏览器中右击 ⬚孔1 下的定位草图，选择 ⬚ 编辑草图 命令，系统进入草图
环境，添加约束后的效果如图 4.429 所示，单击 ✔ 按钮完成定位。

打孔平面

图 4.428　孔 5

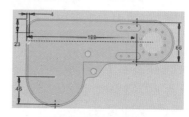

图 4.429　定位草图

◎步骤 16）创建如图 4.430 所示的孔 6。选择 三维模型 功能选项卡 修改▾ 区域中的 ⬚ （孔）
命令，选取如图 4.430 所示的面为打孔面（选择的位置为第 1 个孔的初步位置），在打孔面上
任意其他位置单击，以确定另外 3 个孔的初步位置，在孔"特性"对话框的 类型 区域中选择 ⬚

（螺纹孔）与 ⊘（无）类型，在"螺纹"区域的"类型"下拉列表中选择 GB Metric profile，在"尺寸"下拉列表中选择"2.5"，在"规格"下拉列表中选择"M2.5"，在 行为 区域选中 I、🔧 与 ⊍，在"孔深"文本框输入6，单击 确定 按钮完成孔的初步创建，在浏览器中右击 孔1 下的定位草图，选择 🖉 编辑草图 命令，系统进入草图环境，添加约束后的效果如图4.431所示，单击 ✔ 按钮完成定位。

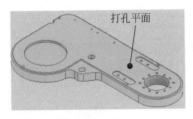

图 4.430　孔 6

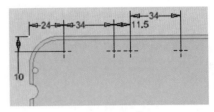

图 4.431　定位草图

○步骤 17　创建如图4.432所示的孔7。选择 三维模型 功能选项卡 修改▾ 区域中的 ⬤（孔）命令，选取如图4.432所示的面为打孔面（选择的位置为第1个孔的初步位置），在打孔面上任意其他位置单击，以确定另外5个孔的初步位置，在孔"特性"对话框中的 类型 区域中选择 ▤（螺纹孔）与 ⊘（无）类型，在"螺纹"区域的"类型"下拉列表中选择 GB Metric profile，在"尺寸"下拉列表中选择"3"，在"规格"下拉列表中选择"M3"，在 行为 区域选中 I，选中 ☑ 全螺纹 单选项，在"孔深"文本框输入7.5，单击 确定 按钮完成孔的初步创建，在浏览器中右击 孔1 下的定位草图，选择 🖉 编辑草图 命令，系统进入草图环境，添加约束后的效果如图4.433所示，单击 ✔ 按钮完成定位。

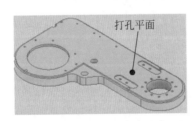

图 4.432　孔 7

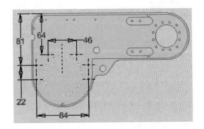

图 4.433　定位草图

○步骤 18　创建如图4.434所示的拉伸特征7。选择 三维模型 功能选项卡 创建 区域中的 🮲（拉伸）命令，在系统 选择平面以创建草图或选择现有草图以进行编辑 的提示下选取如图4.434所示的面作为草图平面，绘制如图4.435所示的截面草图，在拉伸"特性"对话框的 行为 区域中选中 ✔ 与 ▤，在 输出 区域选中 ▥ 单选项，单击 确定 按钮，完成特征的创建。

○步骤 19　创建如图4.436所示的孔8。选择 三维模型 功能选项卡 修改▾ 区域中的 ⬤（孔）命令，选取如图4.436所示的面为打孔面（选择的位置为第1个孔的初步位置），在打孔面上任意其他位置单击，以确定另外一个孔的初步位置，在孔"特性"对话框的 类型 区域中选择 ▤（螺纹孔）与 ⊘（无）类型，在"螺纹"区域的"类型"下拉列表中选择 GB Metric profile，

在"尺寸"下拉列表中选择"4"，在"规格"下拉列表中选择"M4"，在 行为 区域选中 I 、 ✎
与 ◡ ，选中 ☑ 全螺纹 单选项，在"孔深"文本框输入 10，单击 确定 按钮完成孔的初步创建，
在浏览器中右击 ◎孔1 下的定位草图，选择 □ 编辑草图 命令，系统进入草图环境，添加约束后的
效果如图 4.437 所示，单击 ✔ 按钮完成定位。

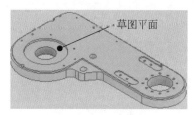

图 4.434　拉伸特征 7

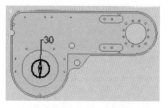

图 4.435　截面草图

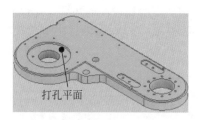

图 4.436　孔 8

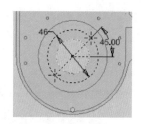

图 4.437　定位草图

（○步骤 20）创建如图 4.438 所示的孔 9。选择 三维模型 功能选项卡 修改 ▼ 区域中的 ◎（孔）
命令，选取如图 4.438 所示的面为打孔面（选择的位置为第 1 个孔的初步位置），在打孔面上
任意其他位置单击，以确定另外 6 个孔的初步位置，在孔"特性"对话框的 类型 区域中选择
冒（螺纹孔）与 ⊘（无）类型，在"螺纹"区域的"类型"下拉列表中选择 GB Metric profile，
在"尺寸"下拉列表中选择"3"，在"规格"下拉列表中选择"M3"，在 行为 区域选中 ￤ 与
✎ ，选中 ☑ 全螺纹 单选项，单击 确定 按钮完成孔的初步创建，在浏览器中右击 ◎孔1 下的定位
草图，选择 □ 编辑草图 命令，系统进入草图环境，添加约束后的效果如图 4.439 所示，单击 ✔
按钮完成定位。

图 4.438　孔 9

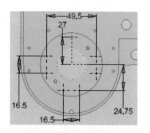

图 4.439　定位草图

（○步骤 21）创建如图 4.440 所示的拉伸特征 8。选择 三维模型 功能选项卡 创建 区域中的 ▯
（拉伸）命令，在系统 选择平面以创建草图或选择现有草图以进行编辑 的提示下选取如图 4.440 所示的面作为草

图平面，绘制如图 4.441 所示的草图，在拉伸"特性"对话框的 [行为] 区域中选中 ✓，在 [距离A] 文本框输入深度值 4.5，在 [输出] 区域选中 █ 单选项，单击 [确定] 按钮，完成特征的创建。

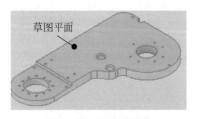

图 4.440　拉伸特征 8

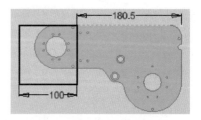

图 4.441　截面草图

○步骤 22　创建如图 4.442 所示的拉伸特征 9。选择 [三维模型] 功能选项卡 [创建] 区域中的 █（拉伸）命令，在系统 [选择平面以创建草图或选择现有草图以进行编辑] 的提示下选取如图 4.442 所示的面作为草图平面，绘制如图 4.443 所示的草图，选取两个圆的封闭区域作为截面轮廓，在拉伸"特性"对话框的 [行为] 区域中选中 ✓，在 [距离A] 文本框输入深度值 4，在 [输出] 区域选中 █ 单选项，单击 [确定] 按钮，完成特征的创建。

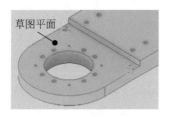

图 4.442　拉伸特征 9

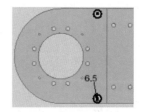

图 4.443　截面草图

○步骤 23　创建如图 4.444 所示的拉伸特征 10。选择 [三维模型] 功能选项卡 [创建] 区域中的 █（拉伸）命令，在系统 [选择平面以创建草图或选择现有草图以进行编辑] 的提示下选取如图 4.444 所示的面作为草图平面，绘制如图 4.445 所示的草图，选取两个圆的封闭区域作为截面轮廓，在拉伸"特性"对话框的 [行为] 区域中选中 ✓，在 [距离A] 文本框输入深度值 4，在 [输出] 区域选中 █ 单选项，单击 [确定] 按钮，完成特征的创建。

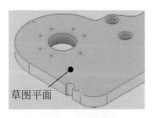

图 4.444　拉伸特征 10

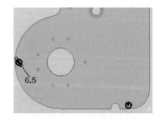

图 4.445　截面草图

○步骤 24　创建如图 4.446 所示的孔 10。选择 [三维模型] 功能选项卡 [修改▼] 区域中的 █（孔）命令，选取如图 4.446 所示的面为打孔面（选择的位置为第 1 个孔的初步位置），在打孔面上任意其他位置单击，以确定另外 5 个孔的初步位置，在孔 "特性" 对话框的 类型 区域中选择 （螺纹孔）与 （无）类型，在 "螺纹" 区域的 "类型" 下拉列表中选择 GB Metric profile，在 "尺寸" 下拉列表中选择 "4"，在 "规格" 下拉列表中选择 "M4"，在 行为 区域选中 、 与 ，选中 ☑ 全螺纹 单选项，在 "孔深" 文本框输入 8，单击 确定 按钮完成孔的初步创建，在浏览器中右击 孔1 下的定位草图，选择 编辑草图 命令，系统进入草图环境，添加约束后的效果如图 4.447 所示，单击 ✔ 按钮完成定位。

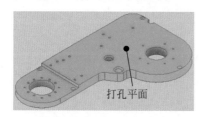

图 4.446　孔 10

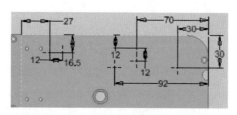

图 4.447　定位草图

○步骤 25　保存文件。选择 "快速访问工具栏" 中的 "保存" 命令，系统会弹出 "另存为" 对话框，在文件名文本框输入 "转板"，单击 "保存" 按钮，完成保存操作。

第 5 章

Inventor 钣金设计

5.1 钣金设计入门

5.1.1 钣金设计概述

钣金件是指利用金属的可塑性，针对金属薄板，通过折弯、冲裁及成型等工艺，制造出单个钣金零件，然后通过焊接、铆接等工艺装配成钣金产品。

钣金零件的特点如下。

（1）同一零件的厚度一致。

（2）在钣金壁与钣金壁的连接处通过折弯连接。

（3）质量轻、强度高、导电、成本低。

（4）大规模量产性能好、材料利用率高。

学习钣金零件特点的作用：判断一个零件是否是一个钣金零件，只有同时符合前两个特点的零件才是一个钣金零件，我们才可以通过钣金的方式来实现，否则不可以。

正是由于有这些特点，所以钣金件的应用非常普遍，钣金件在大部分行业被使用，例如机械、电子、电器、通信、汽车工业、医疗机械、仪器仪表、航空航天、机电设备的支撑（电气控制柜）及护盖（机床外围护盖）等。在一些特殊的金属制品中，钣金件可以占到80%，几种常见的钣金设备如图5.1所示。

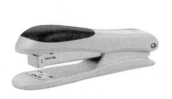

图 5.1　常见钣金设备

5.1.2　钣金设计的一般过程

使用 Inventor 进行钣金件设计的一般过程如下。

（1）新建一个"零件"文件，进入钣金建模环境。

（2）以钣金件所支持或者所保护的零部件大小和形状为基础，创建基础钣金特征。

> **说明**
>
> 在零件设计中，我们把创建的第 1 个实体特征称为基础特征，创建基础特征的方法很多，例如拉伸特征、旋转特征、扫描特征、放样特征等；同样的道理，在创建钣金零件时，我们把创建的第 1 个钣金实体特征称为基础钣金特征，创建基础钣金实体特征的方法也很多，例如面（平板）、异形板及钣金放样等。

（3）创建附加钣金壁（法兰）。在创建完基础钣金后，往往需要根据实际情况添加其他的钣金壁，在 Inventor 中软件提供了很多创建附加钣金壁的方法，例如凸缘、异形板等。

（4）创建钣金实体特征。在创建完主体钣金后，还可以随时创建一些实体特征，例如剪切、孔、倒角特征及圆角特征等。

（5）创建钣金的折弯。

（6）创建钣金的展平图样。

（7）创建钣金工程图。

5.2　钣金壁

5.2.1　面（平板）

面（平板）是指其厚度一致的平整薄板，它是一个钣金零件的"基础"，其他的钣金特征（如凸缘、异形板、折弯、剪切等）都可以在这个"基础"上构建，因而这个平整的薄板就是钣金件最重要的部分。

1. 基本面（平板）特征

基本平板特征是创建一个平整的钣金基础特征，在创建钣金零件时，需要先绘制钣金壁的正面轮廓草图（轮廓必须是闭合的），必须定义需要的材料方向。

〇步骤1　新建钣金文件。选择 快速入门 功能选项卡 启动 区域中的 🗋（新建）命令，在"新建文件"对话框中选择 SheetMetal.ipt，如图 5.2 所示，然后单击 创建 按钮进入钣金设计环境。

图 5.2 "新建文件"对话框

说明

除步骤 1 中的方法外，还有两种方法可进入钣金环境。

（1）首先新建一个实体零件，然后在零件设计环境中单击 三维模型 选项卡 转换 区域中的 "转换为钣金"按钮，即可转换到钣金环境。

（2）直接打开一个钣金零件进入钣金环境。

步骤 2 定义面（平板）特征的截面草图。选择 三维模型 功能选项卡 草图 区域中的 （开始创建二维草图）命令，选取 XZ 平面为草图平面，绘制如图 5.3 所示的草图。

说明

面（平板）特征的创建必须提前创建截面轮廓，否则将弹出如图 5.4 所示的"Autodesk Inventor Professional 提示"对话框。

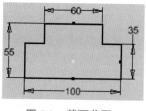

图 5.3 截面草图

图 5.4 "**Autodesk Inventor Professional** 提示"对话框

步骤3 选择命令。选择 钣金 功能选项卡 创建 区域中的"面"命令▨，系统会弹出如图 5.5 所示的"面"对话框。

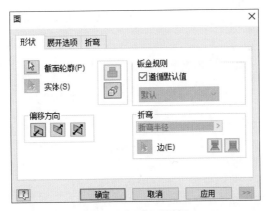

图 5.5 "面"对话框

图 5.5 "面"对话框部分选项的说明如下。

（1） 截面轮廓(P)：用于选择一个或者多个假面轮廓，按照钣金厚度进行拉伸，如果草图中只有一个截面轮廓，则系统将自动选择该轮廓。

（2） 偏移方向 区域：用于设置钣金材料的方向，如图 5.6 所示。

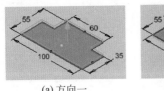
（a）方向一

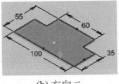
（b）方向二

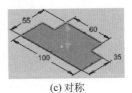
（c）对称

图 5.6 钣金材料方向

（3） 钣金规则 区域：用于设置默认的钣金规则。

步骤4 定义钣金材料方向。在"面"对话框 偏移方向 区域选中▨单选项，将钣金材料方向调整至如图 5.6（a）所示的方向。

步骤5 单击"面"对话框中的 确定 按钮，完成面的创建。

步骤6 定义钣金材料厚度。单击 钣金 功能选项卡 设置▾ 区域中的▨ "钣金默认设置"按钮，系统会弹出如图 5.7 所示的"钣金默认设置"对话框。在 钣金规则(S) 下拉列表中选择"默认 -mm"选项，取消选中□使用规则中的厚度(R) 复选框，在"厚度"文本框中输入数值 2.0，其他参数接受系统默认设置，单击 确定 按钮完成厚度的设置。

步骤7 保存文件。选择"快速访问工具栏"中的"保存"命令，系统会弹出"另存为"对话框，在文件名文本框输入"基础面（平板）"，单击"保存"按钮，完成保存操作。

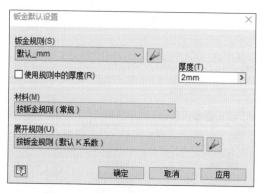

图 5.7 "钣金默认设置"对话框

图 5.7 "钣金默认设置"对话框部分选项的说明如下。

（1）钣金规则(S) 区域：用于指定或者修改钣金规则的参数值。单击 ✐（编辑钣金规则）按钮，系统会弹出如图 5.8 所示的"样式和标准编辑器"对话框，在此对话框中可以定义包括"材料""厚度""折弯""拐角"和"展开规则"选项的选择和值，也可以新建一个样式。

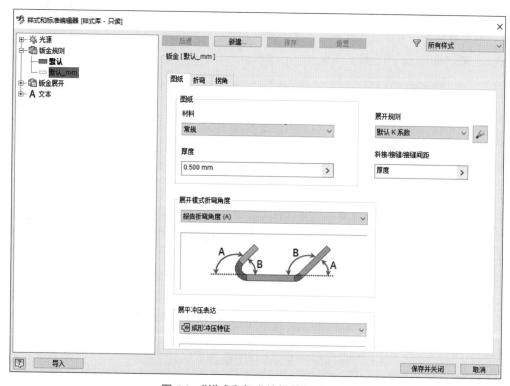

图 5.8 "样式和标准编辑器"对话框

（2）材料(M) 区域：用于设置当前钣金件的材料。

（3）展开规则(U) 区域：用于设置钣金默认的展开规则，单击 ✐ 可以编辑当前选择的钣金展开规则。

5min

2. 附加面（平板）特征

附加面（平板）是在已有的钣金壁的表面，添加正面平整的钣金薄壁材料，其壁厚无须用户定义，系统将自动设定为与已存在钣金壁的厚度相同。下面以图 5.9 所示的模型为例，来说明创建附加面（平板）的一般操作过程。

(a) 创建前

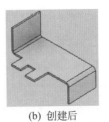
(b) 创建后

图 5.9 附加面（平板）

步骤1 打开文件 D:\inventor2022\ ch05.02\ ch05.02.01\ 附加面（平板）-ex。

步骤2 定义面（平板）特征的截面草图。选择 钣金 功能选项卡 草图 区域中的 ⊡（开始创建二维草图）命令，选取如图 5.10 所示的模型表面为草图平面，绘制如图 5.11 所示的草图。

图 5.10 草图平面

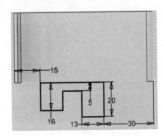

图 5.11 截面轮廓

> **注意**
>
> 绘制草图的面或基准面的法线必须与钣金的厚度方向平行。

步骤3 选择命令。选择 钣金 功能选项卡 创建 区域中的"面"命令 ▨，系统会弹出"面"对话框。

步骤4 采用系统默认的钣金厚度方向。

步骤5 单击"面"对话框中的 确定 按钮，完成面的创建。

5.2.2 凸缘

钣金凸缘是在已存在的钣金壁的边缘上创建折弯，其厚度与原有钣金厚度相同。在创建凸缘特征时，需先在已存在的钣金中选取某一条边线作为凸缘钣金壁的附着边，其次需要定

22min

义凸缘特征的其余参数。下面以图 5.12 所示的模型为例，说明创建凸缘钣金壁的一般操作过程。

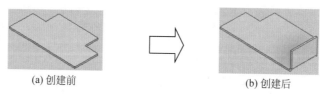

(a) 创建前　　　　　　　　　　　　　　(b) 创建后

图 5.12　凸缘

步骤1 打开文件 D:\inventor2022\ ch05.02\ ch05.02.02\ 凸缘 -ex。

步骤2 选择命令。选择 钣金 功能选项卡 创建 区域中的 ☐ "凸缘"命令，系统会弹出如图 5.13 所示的"凸缘"对话框。

步骤3 选取附着边。在系统 选择边 的提示下，选取如图 5.14 所示的模型边线为凸缘的附着边。

图 5.13　"凸缘"对话框

图 5.14　凸缘附着边

步骤4 定义凸缘形状属性。在"凸缘"对话框的 高度范围 区域的下拉列表中选择"距离"选项，在"距离"文本框中输入 25，选中 ☐ 单选项；在 凸缘角度(A) 下拉列表中选择"按值"，在"角度"文本框中输入 90，折弯半径(B) 文本框中输入 3.0，在 折弯位置 区域中选中 ☐ 单选项。

图 5.13 "凸缘"对话框部分选项的说明如下。

（1）☐（边选择模式）：用于选择应用于凸缘的一条或者多条独立的边线，如图 5.15 所示。

(a) 单条边　　　　　　　　　　　　(b) 多条边

图 5.15　边选择模式

（2）☐（回路选择模式）：用于选择一条边回路，然后在边回路的所有边线处生成凸缘，如图 5.16 所示。

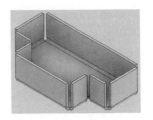

图 5.16　回路选择模式

（3）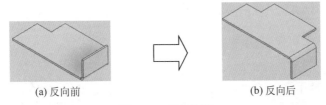（反向）按钮：用于调整凸缘生成的方向，如图 5.17 所示。

(a) 反向前　　　　　　　　　　　　(b) 反向后

图 5.17　反向按钮

（4）**凸缘角度(A)** 文本框：用于设置凸缘的角度，如图 5.18 所示。

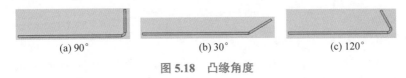

(a) 90°　　　　　　　　　(b) 30°　　　　　　　　(c) 120°

图 5.18　凸缘角度

（5）**高度范围** 文本框：用于设置凸缘的高度，如图 5.19 所示。

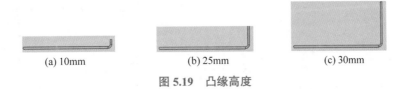

(a) 10mm　　　　　　　(b) 25mm　　　　　　　(c) 30mm

图 5.19　凸缘高度

（6）（从两个外交面的交线折弯）选项：用于控制凸缘的总长是从折弯面的外部虚拟交点处开始计算，直到折弯平面区域端部为止的距离，如图 5.20 所示。

（7）（从两个内侧面的交线折弯）选项：用于控制凸缘的总长是从折弯面的内部虚拟交点处开始计算，直到折弯平面区域端部为止的距离，如图 5.21 所示。

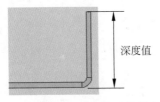

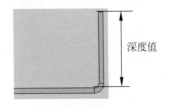

图 5.20　从两个外交面的交线折弯　　　　图 5.21　从两个内侧面的交线折弯

（8）（从相切平面）选项：用于控制凸缘的总长距离是从折弯面相切虚拟交点处开始计算，直到折弯平面区域的端部为止的距离（只对大于90°的折弯有效），如图5.22所示。

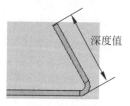

图 5.22　从相切平面

（9）（对齐/正交）选项：用于控制高度测量值是与凸缘面对齐还是与基础面正交，如图5.23所示。

(a) 选中　　　　　　　　　　　　　　(b) 不选中

图 5.23　对齐/正交

（10）（参考平面内）选项：用于凸缘的外侧面与附着边平齐，如图5.24所示。

（11）（从相邻面折弯）选项：用于把凸缘特征直接加在基础特征上来创建材料而不改变基础特征尺寸，如图5.25所示。

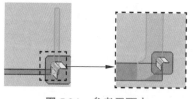

图 5.24　参考平面内

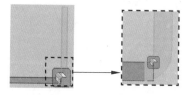

图 5.25　从相邻面折弯

（12）（参考平面外）选项：用于凸缘的内侧面与附着边平齐，如图5.26所示。

（13）（与相邻面相切）选项：用于凸缘圆弧面的相切面与附着边平齐，如图5.27所示。

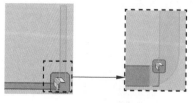

图 5.26　参考平面外

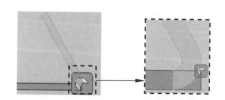

图 5.27　与相邻面相切

（14）宽度范围区域：用于设置凸缘的范围。

☑ **边**：用于在所选边线的全长创建凸缘，如图 5.28 所示。

☑ **宽度**：用于从现有面的边上选定一个顶点、工作点、工作平面或者平面作为参考，偏移一定的值来创建指定宽度的凸缘，如图 5.29 所示，还可以以选定边的中点为基准创建特定宽度的凸缘，如图 5.30 所示。

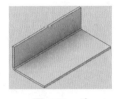

图 5.28　边

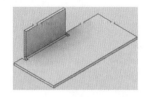

图 5.29　宽度 - 偏移

图 5.30　宽度 - 居中

☑ **偏移量**：用于从现有面的边上的两个选定顶点、工作点、工作平面或平面的偏移量创建凸缘，如图 5.31 所示。

☑ **从表面到表面**：用于创建通过选定现有的零件几何图元定义凸缘的宽度，效果如图 5.32 所示。

图 5.31　偏移量

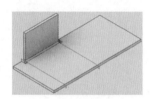

图 5.32　从表面到表面

〇步骤 5 定义凸缘折弯属性。在"凸缘"对话框中单击"折弯"选项卡，此选项卡内容接受系统默认设置，如图 5.33 所示。

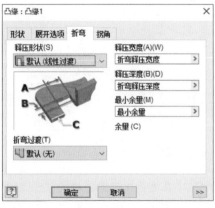

图 5.33　"凸缘"对话框"折弯"选项卡

〇步骤 6 单击"凸缘"对话框中的 **确定** 按钮，完成特征的创建。

图 5.33 "凸缘"对话框"折弯"选项卡部分选项的说明如下。

（1）**释压形状(S)** 区域：用于设置钣金件中释放槽的类型。

☑ ▐▌默认 (线性过渡)：用于创建矩形形状的释放槽，效果如图 5.34 所示。

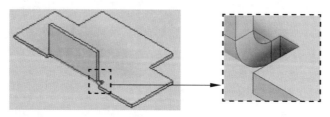

图 5.34　线性过渡

☑ ▐▌水滴形：用于创建在凸缘壁的连接处，通过垂直切割主壁材料至折弯线处构建的释放槽，效果如图 5.35 所示。

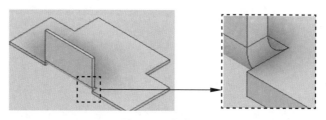

图 5.35　水滴形

☑ ▐▌圆角：用于创建在凸缘的连接处，将主壁材料切割成矩圆形缺口构建的释放槽，效果如图 5.36 所示。

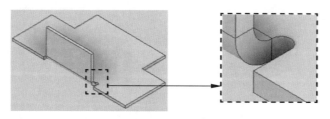

图 5.36　圆角

（2）释压宽度(A)(W)区域：用于设置释放槽的宽度大小，在对话框释放槽预览区域标示 A。

（3）释压深度(B)(D)区域：用于设置释放槽的深度大小，在对话框释放槽预览区域标示 B。

（4）最小余量(M)区域：用于设置沿折弯释压切割允许保留的最小备料的可接受大小，在对话框释放槽预览区域标示 C。

（5）折弯过渡(T)区域：用于定义在进行折弯操作时折弯过渡的形式。

☑ ▐▌无：用于根据几何图元，在选定折弯处相交的两个面的边之间会产生一条样条曲线。

☑ ▐▌交点：用于从与折弯特征的边相交的折弯区域的边上产生一条直线。

☑ ▐▌直线：用于从折弯区域的一条边到另一条边产生一条直线。

☑ ▐▌圆弧：用于从与折弯特征的边相交的折弯区域的边上产生一段圆弧。

☑ ▐▌修剪到折弯：用于将垂直于折弯特征对折弯区域进行切割。

5.2.3　异形板

异形板特征是以扫掠的方式创建钣金壁。在创建异形板特征时需要先绘制钣金壁的侧面轮廓草图，然后给定钣金的宽度值（扫掠轨迹的长度值），系统将轮廓草图沿指定方向延伸至指定的深度，形成钣金壁。值得注意的是，异形板所使用的草图必须是不封闭的。

1. 基本异形板特征

基本异形板是创建一个异形板的钣金基础特征，在创建该钣金特征时，需要先绘制钣金壁的侧面轮廓草图（必须为开放的线条），然后给定钣金厚度和材料方向。下面以创建如图 5.37 所示的模型为例，说明创建基本异形板的一般操作过程。

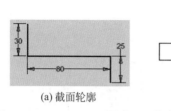

(a) 截面轮廓　　　　　　　(b) 异形板

图 5.37　基本异形板

〇步骤 1　新建钣金文件。选择 快速入门 功能选项卡 启动 区域中的 □（新建）命令，在"新建文件"对话框中选择 SheetMetal.ipt，然后单击 创建 按钮进入钣金设计环境。

〇步骤 2　定义异形板特征的截面草图。选择 钣金 功能选项卡 草图 区域中的 ◩（开始创建二维草图）命令，选取 XY 平面为草图平面，绘制如图 5.38 所示的草图。

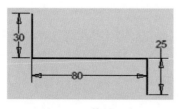

图 5.38　截面轮廓

> **说明**
>
> 在绘制异形板的截面草图时，如果没有将折弯位置绘制为圆弧，系统则将在折弯位置自动创建圆弧作为折弯的半径。

〇步骤 3　选择命令。选择 钣金 功能选项卡 创建 区域中的"异形板"命令 ∿，系统会弹出如图 5.39 所示的"异形板"对话框。

〇步骤 4　定义截面轮廓。系统会自动选取步骤 2 中创建的草图作为截面。

〇步骤 5　定义异形板参数。在"异形板"对话框中确认 ⬊ 被按下，在 折弯半径 文本框输入 1，在**距离(D)** 文本框输入 40，选中 ⊠（中间平面距离）单选项。

图 5.39 "异形板"对话框

⊙步骤6 单击"异形板"对话框中的 确定 按钮，完成异形板的创建。

⊙步骤7 定义钣金材料厚度。单击 钣金 功能选项卡 设置▾ 区域中的 ⬛ "钣金默认设置"按钮，系统会弹出"钣金默认设置"对话框，在 钣金规则(S) 下拉列表中选择"默认 -mm"选项，取消选中□ 使用规则中的厚度(R) 复选框，在"厚度"文本框中输入数值 2.0，其他参数接受系统默认设置，单击 确定 按钮完成厚度的设置。

2. 附加异形板特征

附加异形板是根据用户定义的侧面形状并沿着已存在的钣金体的边缘进行拉伸所形成的钣金特征，其壁厚与原有钣金壁相同。下面以创建如图 5.40 所示的模型为例，来说明创建附加异形板的一般操作过程。

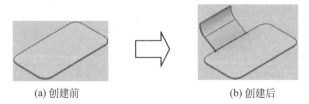

(a) 创建前   (b) 创建后

图 5.40 附加异形板

⊙步骤1 打开文件 D:\inventor2022\ ch05.02\ ch05.02.03\ 附加异形板 -ex。

⊙步骤2 创建工作平面。单击 钣金 功能选项卡 定位特征 区域中 ⬛下的 平面，在系统弹出的快捷菜单中选择 在曲面点处与曲线垂直 命令，依次选取如图 5.41 所示的曲线参考与点参考，完成后如图 5.42 所示。

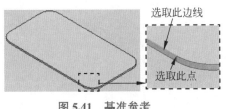

图 5.41 基准参考

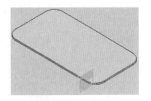

图 5.42 工作平面 1

○步骤 3 创建附加异形板截面。选择 钣金 功能选项卡 草图 区域中的 □（开始创建二维草图）命令，选取工作平面 1 为草图平面，绘制如图 5.43 所示的草图。

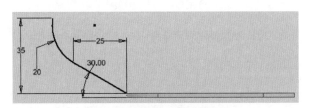

图 5.43 附加异形板截面

○步骤 4 选择命令。选择 钣金 功能选项卡 创建 区域中的"异形板"命令 ，系统会弹出如图 5.44 所示的"异形板"对话框。

图 5.44 "异形板"对话框

○步骤 5 定义截面轮廓。系统会自动选取步骤 3 中创建的草图作为截面。

○步骤 6 定义异形板路径。在系统 选择边 的提示下，选取如图 5.41 所示的边线作为路径。

○步骤 7 定义宽度类型。在 宽度范围 区域的"类型"下拉列表中选择 偏移量 类型，在"偏移 1"文本框输入 20，在"偏移 2"文本框输入 30。

○步骤 8 单击"异形板"对话框中的 确定 按钮，完成异形板的创建。

图 5.44"异形板"对话框部分选项的说明如下。

（1）▱（边选择模式）：用于选择应用于异形板的一条或者多条独立的边线，如图 5.45 所示。

(a) 单条边   (b) 多条边

图 5.45　边选择模式

（2）▱（回路选择模式）：用于选择一条边回路，然后在边回路的所有边线处生成异形板，如图 5.46 所示。

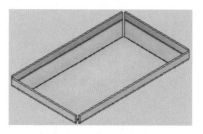

图 5.46　回路选择模式

（3）偏移方向区域：用于控制异形板相对于附着边的位置。

☑ ▨：用于表示钣金的外侧面与附着边重合，如图 5.47 所示。

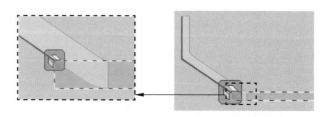

图 5.47　方向一

☑ ▨：用于表示钣金的内侧面与附着边重合，如图 5.48 所示。

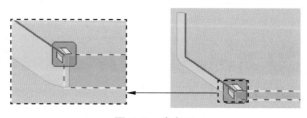

图 5.48　方向二

☑ ：用于表示钣金壁均匀位于附着边两侧，如图 5.49 所示。

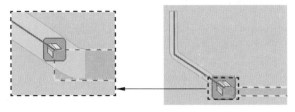

图 5.49 对称

5.2.4 钣金放样

钣金放样以放样的方式创建钣金壁。在创建放样折弯时需要先定义两个截面草图，然后给定钣金的相关参数，此时系统会自动根据提供的截面轮廓形成钣金薄壁。下面以创建如图 5.50 所示的天圆地方钣金为例，介绍创建钣金放样的一般操作过程。

▶ 9min

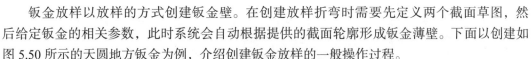

图 5.50 钣金放样

○步骤 1 新建钣金文件。选择 快速入门 功能选项卡 启动 区域中的 ▱（新建）命令，在"新建文件"对话框中选择 SheetMetal.ipt，然后单击 创建 按钮进入钣金设计环境。

○步骤 2 定义钣金放样的第 1 个截面草图。选择 钣金 功能选项卡 草图 区域中的 ▣（开始创建二维草图）命令，选取 XZ 平面为草图平面，绘制如图 5.51 所示的草图。

○步骤 3 创建如图 5.52 所示的工作平面 1。单击 钣金 功能选项卡 定位特征 区域中 ▱下的 平面 ，在系统弹出的快捷菜单中选择 从平面偏移 命令，选取 XZ 平面为参考平面，在"间距"文本框输入间距值 50。

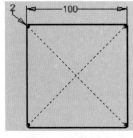

图 5.51 截面草图 1

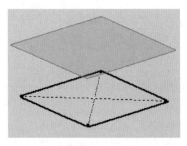

图 5.52 工作平面 1

○步骤 4 定义钣金放样的第 2 个截面草图。选择 钣金 功能选项卡 草图 区域中的 ▨（开始创建二维草图）命令，选取工作平面 1 为草图平面，绘制如图 5.53 所示的草图。

○步骤 5 选择命令。选择 钣金 功能选项卡 创建 区域中的 ▨钣金放样 命令，系统会弹出如图 5.54 所示的"钣金放样"对话框。

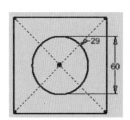

图 5.53 截面草图 2

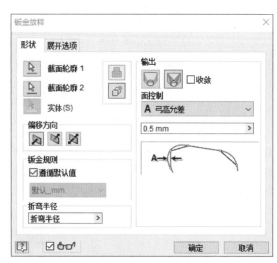

图 5.54 "钣金放样"对话框

○步骤 6 选择放样截面轮廓。在系统 选择第一个打开或关闭的截面轮廓 的提示下，选取如图 5.51 所示的截面草图 1，在系统 选择第二个打开或关闭的截面轮廓 的提示下，选取如图 5.53 所示的截面草图 2。

○步骤 7 定义钣金厚度方向。在偏移方向区域选中 ▨（方向向内）单选项。

○步骤 8 定义输出类型。在 输出 区域选中 ▨（折弯成型）单选项，在 面控制 下拉列表中选择 ▲弓高允差，输入弓高允差值 0.3。

○步骤 9 单击"钣金放样"对话框中的 确定 按钮，完成钣金放样的创建。

○步骤 10 定义钣金材料的厚度。单击 钣金 功能选项卡 设置 ▼ 区域中的 ▨ "钣金默认设置"按钮，系统会弹出"钣金默认设置"对话框，在钣金规则(S) 下拉列表中选择"默认 -mm"选项，取消选中 □使用规则中的厚度(R) 复选框，在"厚度"文本框中输入数值 2.0，其他参数接受系统默认设置，单击 确定 按钮完成厚度的设置。

图 5.54 "钣金放样"对话框部分选项的说明如下。

（1）▨（折弯成型）单选项：用于通过折弯的加工方法得到放样折弯，效果如图 5.50 所示。

（2）▨（冲压成型）单选项：用于通过冲压成型的加工方法得到放样折弯，效果如图 5.55 所示。

（3）面控制下拉列表：用于控制折弯成型的输出参数，此选项只在选中 ▨ 时有效。

☑ ▲ 弓高允差：用于通过控制圆弧段到面段弓高的最大距离创建弯曲部分。

☑ ᴮ 相邻面角度：用于通过控制面顶点处弓高段的最大角度创建弯曲部分。

☑ ᶜ 面宽度：用于通过控制细分圆弧截面轮廓时面的最大宽度创建弯曲部分。

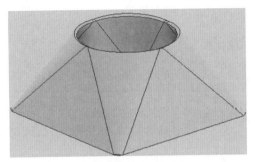

图 5.55　冲压成型

5.2.5　轮廓旋转

轮廓旋转是通过旋转的方式将直线、圆弧、样条曲线与椭圆弧组成的轮廓创建轮廓旋转钣金壁。在创建轮廓旋转时需要先定义旋转截面与旋转轴，然后给定钣金的相关参数，此时系统会自动根据提供的截面轮廓形成钣金薄壁。

1. 基本轮廓旋转特征

基本轮廓旋转是创建一个轮廓旋转的钣金基础特征，在创建该钣金特征时，需要先绘制钣金壁的侧面轮廓草图（必须为开放的线条），然后给定钣金相关参数。下面以创建如图 5.56 所示的模型为例，介绍创建轮廓旋转的一般操作过程。

6min

○步骤1　新建钣金文件。选择 快速入门 功能选项卡 启动 区域中的 □（新建）命令，在"新建文件"对话框中选择 SheetMetal.ipt，然后单击 创建 按钮进入钣金设计环境。

○步骤2　定义轮廓旋转的侧面轮廓草图。选择 钣金 功能选项卡 草图 区域中的 ☑（开始创建二维草图）命令，选取 XY 平面为草图平面，绘制如图 5.57 所示的轮廓草图。

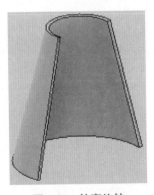

图 5.56　轮廓旋转

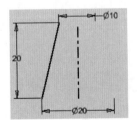

图 5.57　轮廓草图

○步骤3　选择命令。选择 钣金 功能选项卡 创建 区域中的 轮廓旋转 命令，系统会弹出如图 5.58 所示的"轮廓旋转"对话框。

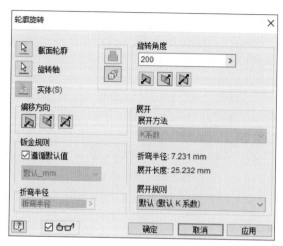

图 5.58　"轮廓旋转"对话框

步骤4 定义轮廓旋转的截面与旋转轴。系统会自动选取如图 5.56 所示的直线作为截面轮廓，选取中心轴作为旋转轴。

步骤5 定义厚度方向。在 偏移方向 区域选中 （方向向内）单选项。

步骤6 定义旋转角度与方向。在旋转角度文本框输入 200，选中 单选项。

步骤7 单击"轮廓旋转"对话框中的 确定 按钮，完成轮廓旋转的创建。

图 5.58 "轮廓旋转"对话框部分选项的说明如下。

（1）旋转角度区域中的 选项：用于将截面轮廓沿着正方向旋转一定角度，效果如图 5.59 所示。

（2）旋转角度区域中的 选项：用于将截面轮廓沿着反方向旋转一定角度，效果如图 5.60 所示。

（3）旋转角度区域中的 选项：用于将截面轮廓沿着正反方向同时旋转一定角度，效果如图 5.61 所示。

图 5.59　方向一

图 5.60　方向二

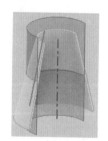

图 5.61　对称

2. 附加轮廓旋转特征

附加轮廓旋转是在已存在的钣金特征的基础上，以现有钣金的边线为截面，结合旋转方

4min

式得到钣金壁。下面以创建如图 5.62 所示的模型为例，介绍创建附加轮廓旋转的一般操作过程。

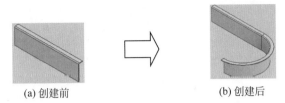

(a) 创建前　　　　　　　　　　(b) 创建后

图 5.62　附加轮廓旋转

◎步骤 1　打开文件 D:\inventor2022\ ch05.02\ ch05.02.05\ 附加轮廓旋转 -ex。

◎步骤 2　创建附加轮廓旋转截面。选择 钣金 功能选项卡 草图 区域中的 ▣（开始创建二维草图）命令，选取如图 5.63 所示的模型表面为草图平面，绘制如图 5.64 所示的草图。

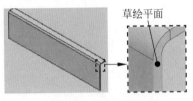

图 5.63　草图平面

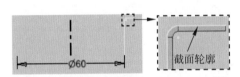

图 5.64　截面轮廓

> **说明**
>
> 图 5.64 所示的草图可以通过"投影几何图元"的方式快速得到。

◎步骤 3　选择命令。选择 钣金 功能选项卡 创建 区域中的 轮廓旋转 命令，系统会弹出"轮廓旋转"对话框。

◎步骤 4　定义轮廓旋转的截面与旋转轴。系统会自动选取如图 5.64 所示的对象作为截面轮廓，选取中心轴作为旋转轴。

◎步骤 5　定义厚度方向。在 偏移方向 区域选中 ◢（使方向与基础异形板的方向一致）单选项。

◎步骤 6　定义旋转角度与方向。在 旋转角度 文本框输入 180，选中 ◢ 单选项。

◎步骤 7　单击"轮廓旋转"对话框中的 确定 按钮，完成轮廓旋转的创建。

5.2.6　卷边

6min

"卷边"命令可以在钣金模型的边线上添加不同的卷曲形状。在创建卷边时，首先需要在现有的钣金壁上选取一条作为卷边的附着边，其次需要定义其侧面形状及尺寸等参数。

下面以创建如图 5.65 所示的钣金壁为例，介绍创建卷边的一般操作过程。

(a) 创建前

(b) 创建后

图 5.65　卷边

◯步骤 1　打开文件 D:\inventor2022\ ch05.02\ ch05.02.06\ 卷边 -ex。

◯步骤 2　选择命令。选择 钣金 功能选项卡 创建 区域中的 ⬚卷边 命令，系统会弹出如图 5.66 所示的"卷边"对话框。

◯步骤 3　选择附着边。在系统 选择边 的提示下，选取如图 5.67 所示的边线作为附着边。

◯步骤 4　定义卷边参数。在"类型"下拉列表中选择 ⬚单层，在 间隙 文本框输入 5，在 长度(L) 文本框输入 15。

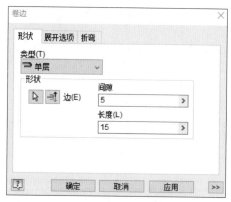

图 5.66　"卷边"对话框

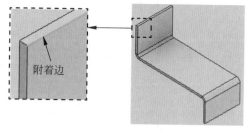
附着边

图 5.67　选择附着边

◯步骤 5　完成创建。单击"卷边"对话框中的 确定 按钮，完成卷边的创建。图 5.66"卷边"对话框部分选项的说明如下。

（1） 类型(T) 区域：用于设置卷边的类型。

☑ ⬚单层 ：用于创建单层的卷边，效果如图 5.65（b）所示。

☑ ⬚水滴形 ：用于创建水滴形的卷边，效果如图 5.68 所示。

☑ ⬚滚边形 ：用于创建滚边形的卷边，效果如图 5.69 所示。

☑ ⬚双层 ：用于创建双层的卷边，效果如图 5.70 所示。

图 5.68　水滴形

图 5.69　滚边形

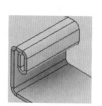

图 5.70　双层

（2）⊐ （反向）按钮：用于调整卷边生成的方向，如图 5.71 所示。

(a) 反向前　　　　　　　　　　(b) 反向后

图 5.71　反向按钮

（3）**间隙**文本框：用于控制卷边特征的内壁面与附着边之间的垂直距离，此选项仅对 ⊐单层 与 ⊐双层 有效，效果如图 5.72 所示。

图 5.72　间隙值

（4）**长度(L)**文本框：用于控制卷边特征的整体长度，此选项仅对 ⊐单层 与 ⊐双层 有效，效果如图 5.73 所示。

图 5.73　长度值

（5）**半径(R)**文本框：用于控制卷边内侧半径的大小，此选项仅对 ⊃水滴形 与 ⊃滚边形 有效，效果如图 5.74 所示。

(a) 半径为3　　　　　　　(b) 半径为5

图 5.74　半径

（6）**角度(A)**文本框：用于控制卷边的角度，此选项仅对 ⊃水滴形 与 ⊃滚边形 有效，效果如图 5.75 所示。

(a) 角度为120°　　　　　　　(b) 角度为260°

图 5.75　角度

5.2.7　折弯

8min

折弯功能可以在两个独立的钣金体之间创建一个过渡的钣金几何体，并且将其合并。下面以创建如图 5.76 所示的钣金壁为例，介绍创建折弯的一般操作过程。

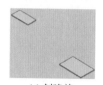

(a) 创建前　　　　　　　　(b) 创建后

图 5.76　折弯

◎步骤1 打开文件 D:\inventor2022\ ch05.02\ ch05.02.07\ 折弯 -ex01。

◎步骤2 选择命令。选择 钣金 功能选项卡 创建 区域中的 折弯 命令，系统会弹出如图 5.77 所示的"折弯"对话框。

图 5.77　"折弯"对话框

◎步骤3 选择折弯边。在系统 选择边 的提示下，选取如图 5.78 所示的边线 1 与边线 2 为折弯参考边。

◎步骤4 定义折弯类型。在"折弯"对话框 双向折弯 区域选中●固定边(F)单选项。

◎步骤5 完成创建。单击"折弯"对话框中的 确定 按钮，完成折弯的创建。

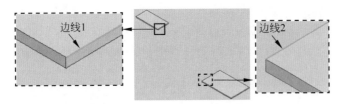

图 5.78　定义过渡边

图 5.77 "折弯"对话框部分选项的说明如下。

（1）⌖ 边类型：用于选择折弯的参考边线。

（2）折弯半径 文本框：用于设置折弯的半径大小。

（3）双向折弯 区域：用于当平板平行但是不共面时设置折弯连接的方式。

☑ ⦿固定边(F)：用于在选择的两条边线之间创建连接钣金壁，如图 5.76 所示。

☑ ○45度(D)：用于创建 45°的连接钣金壁，可以固定起始边也可以固定终止边，如图 5.79 所示。

(a) 固定起始边　　　　　　　　(b) 固定终止边

图 5.79　45°

☑ ⦿全半径(U)：用于在所选两条边线之间创建整个圆弧的钣金壁，可以固定起始边也可以固定终止边，如图 5.80 所示。

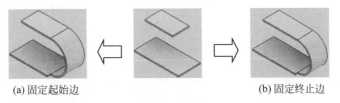

(a) 固定起始边　　　　　　　　(b) 固定终止边

图 5.80　全半径

☑ ○90度(E)：用于在所选两条边线之间创建 90°的钣金壁，可以固定起始边也可以固定终止边，如图 5.81 所示。

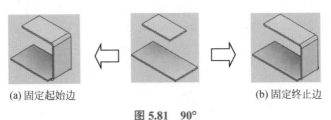

(a) 固定起始边　　　　　　　　(b) 固定终止边

图 5.81　90°

（4）**折弯范围** 区域：用于控制与侧面的连接方式。

☑ 🔲（与侧面对齐的延伸折弯）：用于沿由折弯连接的侧边上的平板延伸材料，当两个平板平行时，效果如图 5.82（a）所示，当两个平板不平行时，效果如图 5.82（b）所示。

（a）对齐延伸　　　　　　　　　　　（b）垂直延伸

图 5.82　与侧面对齐的延伸折弯

☑ 🔲（与侧面垂直的延伸折弯）：用于沿垂直于侧面延伸材料，当两个平板平行时，效果如图 5.83 所示，当两个平板不平行时，效果如图 5.84 所示。

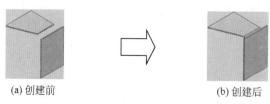

（a）创建前　　　　　　　　　　　（b）创建后

图 5.83　与侧面对齐的延伸折弯

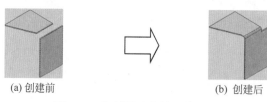

（a）创建前　　　　　　　　　　　（b）创建后

图 5.84　与侧面垂直的延伸折弯

4min

5.2.8　将实体零件转换为钣金

将实体零件转换为钣金件是另外一种设计钣金件的方法，此方法设计钣金是先设计实体零件后通过转换到钣金环境选取一个基础面就可以实现自动转换。

下面以创建如图 5.85 所示的钣金为例，介绍将实体零件转换为钣金的一般操作过程。

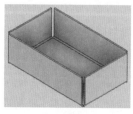

图 5.85　将实体零件转换为钣金

○步骤1 打开文件 D:\inventor2022\ ch05.02\ ch05.02.08\ 将实体零件转换为钣金 -ex。

○步骤2 切换到钣金环境。选择 三维模型 功能选项卡 转换 区域中的 （转换为钣金）命令。

○步骤3 定义钣金基础面。在系统 选择基础面 的提示下，选取如图 5.86 所示的面为钣金基础面，系统会弹出"钣金默认设置"对话框。

○步骤4 定义钣金默认设置。单击 按钮，将钣金厚度设置为 2，其他参数采用默认。

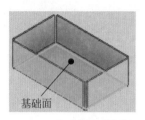

基础面

图 5.86　定义钣金基础面

○步骤5 完成创建。单击"钣金默认设置"对话框中的 确定 按钮，完成转换的创建。

5.3　钣金的折叠与展开

对钣金进行折弯是钣金加工中很常见的一种工序，通过钣金折叠命令就可以对钣金的形状进行改变，从而获得所需的钣金零件。

5.3.1　钣金折叠

10min

"钣金折叠"是将钣金的平面区域以折叠线为基准弯曲某个角度。在进行折叠操作时，应注意折叠特征仅能在钣金的平面区域建立，不能跨越另一个折叠特征。

钣金折叠特征需要包含如下四大要素（如图 5.87 所示）。

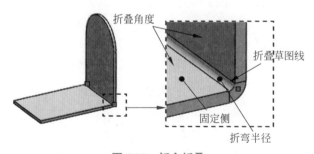

折叠角度

折叠草图线

固定侧

折弯半径

图 5.87　钣金折叠

（1）折叠草图线：用于控制折叠位置和折叠形状的直线。

（2）固定侧：用于控制折叠时保持固定不动的侧。

（3）折弯半径：用于控制折叠部分的弯曲半径。

（4）折叠角度：用于控制折叠的弯曲程度。

下面以创建如图 5.88 所示的钣金为例，介绍钣金折叠的一般操作过程。

(a) 折叠前　　　　　　　　　　　(b) 折叠后

图 5.88　钣金折叠

◯步骤1 打开文件 D:\inventor2022\ ch05.03\ ch05.03.01\ 钣金折叠 -ex。

◯步骤2 绘制折叠草图线。选择 钣金 功能选项卡 草图 区域中的 （开始创建二维草图）命令，选取如图 5.89 所示的模型表面为草图平面，绘制如图 5.90 所示的草图。

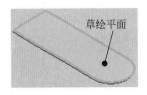

图 5.89　草图平面

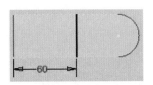

图 5.90　折叠草图线

◯步骤3 选择命令。选择 钣金 功能选项卡 创建 区域中的 折叠 命令，系统会弹出如图 5.91 所示的"折叠"对话框。

图 5.91　"折叠"对话框

◯步骤4 选择折弯草图线。在系统 选择折弯草图线 的提示下，选取如图 5.90 所示的直线作为折弯草图线。

注意

钣金折叠的折弯草图线只可以是单条直线并且直线的端点需要与钣金边界重合，如图 5.88 所示，不可以是多条直线，也不能是圆弧、样条等曲线对象。

○步骤 5　定义折弯侧。在"折叠"对话框中通过单击![icon]调整折弯侧，如图 5.92 所示。

○步骤 6　定义折弯方向。在"折叠"对话框中通过单击![icon]调整折弯方向，如图 5.92 所示。

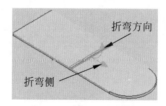

图 5.92　折弯侧与折弯方向

○步骤 7　定义折弯位置。在"折叠"对话框 **折叠位置** 区域中选中![icon]（折弯中心线）单选项。

○步骤 8　定义折弯角度与半径。在"折叠"对话框 **折叠角度** 文本框输入 90，在 **折弯半径(R)** 文本框选择"折弯半径"。

○步骤 9　完成创建。单击"折叠"对话框中的 确定 按钮，完成折叠的创建。

图 5.91"折叠"对话框部分选项的说明如下。

（1）![icon]（反转到对侧）单选项：用于控制折叠的折弯侧，如图 5.93 所示。

(a) 反转前　　　　　　　　　　　　(b) 反转后

图 5.93　反转到对侧

（2）![icon]（反向）单选项：用于控制折叠的方向，如图 5.94 所示。

(a) 反向前　　　　　　　　　　　　(b) 反向后

图 5.94　反向

（3）![icon]（折弯中心线）单选项：在展开状态时，折弯线位于折弯半径的中心，如图 5.95 所示。

图 5.95　折弯中心线

（4）▣（折弯起始线）单选项：在展开状态时，折弯线位于折弯半径的第一相切边缘，如图 5.96 所示。

图 5.96　折弯起始线

（5）▣（折弯终止线）单选项：在展开状态时，折弯线位于折弯半径的第二相切边缘，如图 5.97 所示。

图 5.97　折弯终止线

（6）**折叠角度** 文本框：用于设置折叠的角度，如图 5.98 所示。

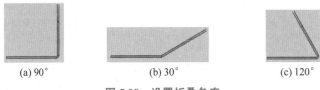

(a) 90°　　　　　　(b) 30°　　　　　　(c) 120°

图 5.98　设置折叠角度

（7）**折弯半径(R)** 文本框：用于设置折叠的半径，如图 5.99 所示。

(a) 半径为2　　　　　　(b) 半径为5

图 5.99　设置折弯半径

6min

5.3.2　钣金展开

钣金展开就是将带有折弯的钣金零件展平为二维平面的薄板。在钣金设计中，当需要在钣金件的折弯区域创建切除特征时，首先应用展开命令将折弯特征展平，然后就可以在展平的折弯区域创建切除特征了。也可以通过钣金展开的方式得到钣金的下料长度。

下面以创建如图 5.100 所示的钣金为例，介绍钣金展开的一般操作过程。

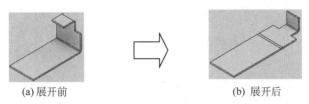

(a) 展开前　　　　　　　　　　(b) 展开后

图 5.100　钣金展开

◎步骤1 打开文件 D:\inventor2022\ ch05.03\ ch05.03.02\ 钣金展开 -ex。

◎步骤2 选择命令。选择 钣金 功能选项卡 修改 ▾ 区域中的 展开 命令，系统会弹出如图 5.101 所示的"展开"对话框。

图 5.101　"展开"对话框

◎步骤3 定义基础参考。在系统 选择基础参考 的提示下，选取如图 5.102 所示的面为基础参考面。

◎步骤4 定义要展开的折弯面。在系统 选择要展开的折弯面 的提示下，选取如图 5.103 所示的折弯面。

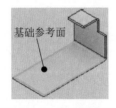

图 5.102　基础参考面　　　　　　　　　　**图 5.103　要展开的折弯面**

◎步骤5 完成创建。单击"展开"对话框中的 确定 按钮，完成展开的创建。

图 5.101 "展开"对话框选项的说明如下。

（1）基础参考(A)：用于选择钣金零件的平面表面作为平板实体的固定面，在选定固定对象后系统将以该平面为基准将钣金零件展开。

（2）📐 折弯：可以根据需要选择模型中需要展平的折弯特征，然后以已经选择的参考面为基准将钣金零件展开，如图 5.104 所示。

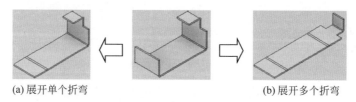

(a) 展开单个折弯   (b) 展开多个折弯

图 5.104　部分展开

（3）📐 添加所有折弯：用于自动将模型中所有可以展开的折弯进行选中，进而全部展开，如图 5.105 所示。

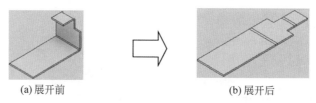

(a) 展开前   (b) 展开后

图 5.105　钣金全部展开

（4）📐 草图：用于选择将模型中未使用的草图进行展开，如图 5.106 所示。

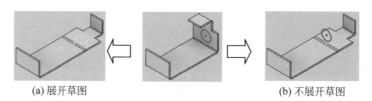

(a) 展开草图   (b) 不展开草图

图 5.106　草图展开

5.3.3　重新折叠

重新折叠与钣金展开的操作非常类似，但作用是相反的，重新折叠主要是将展开的钣金零件重新恢复到钣金展开之前的效果。

下面以创建如图 5.107 所示的钣金为例，介绍重新折叠的一般操作过程。

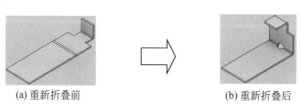

(a) 重新折叠前   (b) 重新折叠后

图 5.107　重新折叠

◉步骤 1　打开文件 D:\inventor2022\ ch05.03\ ch05.03.03\ 重新折叠 -ex。

◉步骤 2　绘制剪切草图。选择 钣金 功能选项卡 草图 区域中的 図（开始创建二维草图）命令，选取如图 5.108 所示的模型表面为草图平面，绘制如图 5.109 所示的草图。

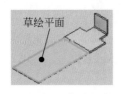

图 5.108　草图平面

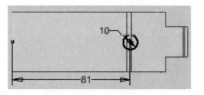

图 5.109　截面轮廓

◉步骤 3　创建如图 5.110 所示的剪切特征。选择 钣金 功能选项卡 修改 ▾ 区域中的 回（剪切）命令，系统会弹出如图 5.111 所示的"剪切"对话框，并且系统会自动选取如图 5.109 所示的草图为截面轮廓，在"深度"文本框选择厚度，选中 ☑法向剪切(N) 单选项，单击 确定 按钮，完成剪切的创建。

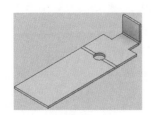

图 5.110　剪切特征

图 5.111　"剪切"对话框

◉步骤 4　选择命令。选择 钣金 功能选项卡 修改 ▾ 区域中的 重新折叠 命令，系统会弹出如图 5.112 所示的"重新折叠"对话框。

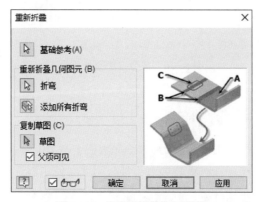

图 5.112　"重新折叠"对话框

◉步骤 5　选择基础参考面。选取如图 5.113 所示的模型表面为基础参考面。

◉步骤 6　定义要重新折叠的折弯面。在系统的提示下，选取如图 5.114 所示的折弯面。

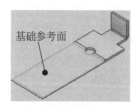

图 5.113 基础参考面

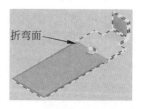

图 5.114 要重新折弯的折弯面

○步骤7 完成创建。单击"重新折叠"对话框中的 确定 按钮，完成重新折叠的创建。图 5.112"重新折叠"对话框选项的说明如下。

（1） 基础参考(A)：用于选择钣金零件的平面表面作为平板实体的固定面，在选定固定对象后系统将以该平面为基准将钣金零件折叠。

（2） 折弯：可以根据需要选择模型中需要重新折叠的折弯特征，然后以已经选择的参考面为基准将钣金零件重新折叠，如图 5.115 所示。

(a) 重新折叠单个折弯

(b) 重新折叠多个折弯

图 5.115 部分重新折叠

（3） 添加所有折弯：用于自动将模型中所有可以重新折叠的折弯进行选中，进而全部重新折叠展开，如图 5.116 所示。

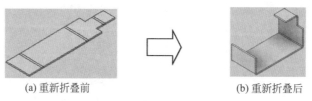

(a) 重新折叠前

(b) 重新折叠后

图 5.116 钣金全部重新折叠

5.3.4 由于设计错误导致的钣金展开失败

7min

在 Inventor 中，由于产品设计的结构问题会导致钣金产品无法进行展开，如图 5.117 所示的钣金零件，当三块钣金壁展开时肯定会有干涉，因此在使用展开命令进行展开时，会弹出如图 5.118 所示的错误窗口。

由于结构问题导致的展开错误，用户只需将结构修改到合理，对于图 5.117 所示的结构，用户可以在三个钣金壁中切除一定材料，下面介绍具体的操作过程。

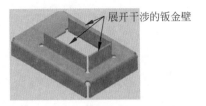

图 5.117　设计错误导致的展开失败

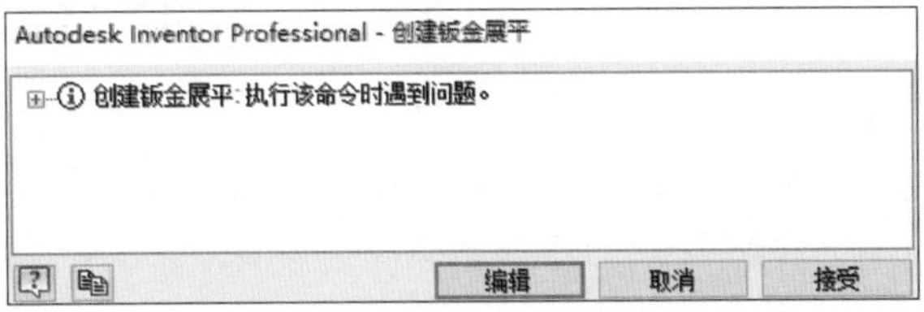

图 5.118　"创建钣金展平"对话框

步骤1 打开文件 D:\inventor2022\ ch05.03\ ch05.03.03\ 重新折叠 -ex。

步骤2 绘制剪切草图 1。选择 钣金 功能选项卡 草图 区域中的 回（开始创建二维草图）命令，选取如图 5.119 所示的模型表面为草图平面，绘制如图 5.120 所示的草图。

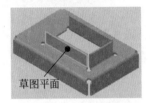

图 5.119　基础参考面

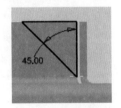

图 5.120　剪切草图 1

> **说明**
>
> 由于相邻钣金壁的夹角为 90°，因此三角形的角度就为 90° /2。

步骤3 创建如图 5.121 所示的剪切特征 01。选择 钣金 功能选项卡 修改 ▼ 区域中的 回（剪切）命令，系统会自动选取如图 5.120 所示的草图为截面轮廓，在"深度"下拉列表中选择"贯通"，取消选中口法向剪切(N) 单选项，单击 确定 按钮，完成剪切的创建。

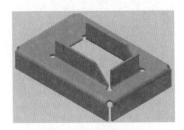

图 5.121　剪切特征 01

○步骤4 绘制剪切草图2。选择 钣金 功能选项卡 草图 区域中的 ▣（开始创建二维草图）命令，选取如图 5.122 所示的模型表面为草图平面，绘制如图 5.123 所示的草图。

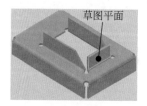

图 5.122　草图平面

图 5.123　剪切草图 2

○步骤5 创建如图 5.124 所示的剪切特征 02。选择 钣金 功能选项卡 修改 ▾ 区域中的 ▣（剪切）命令，系统会自动选取如图 5.123 所示的草图为截面轮廓，在"深度"文本框选择厚度，取消选中□法向剪切(N) 单选项，单击 确定 按钮，完成剪切的创建。

○步骤6 绘制剪切草图3。选择 钣金 功能选项卡 草图 区域中的 ▣（开始创建二维草图）命令，选取如图 5.122 所示的模型表面为草图平面，绘制如图 5.125 所示的草图。

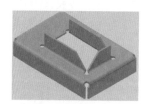

图 5.124　剪切特征 02

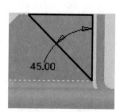

图 5.125　剪切草图 3

○步骤7 创建如图 5.126 所示的剪切特征 03。选择 钣金 功能选项卡 修改 ▾ 区域中的 ▣（剪切）命令，系统会自动选取如图 5.125 所示的草图为截面轮廓，在"深度"文本框选择厚度，取消选中□法向剪切(N) 单选项，单击 确定 按钮，完成剪切的创建。

○步骤8 创建如图 5.127 所示的钣金展开。选择 钣金 功能选项卡 修改 ▾ 区域中的 ▣展开 命令，选取如图 5.128 所示的面为基础参考面，单击 ▩ 添加所有折弯 按钮选取所有可以展开的折弯，单击 确定 按钮，完成展开的创建。

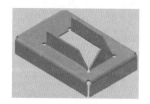

图 5.126　剪切特征 03

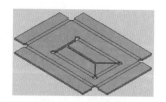

图 5.127　钣金展开

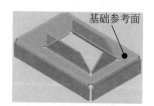

图 5.128　基础参考面

5.4　钣金成型

5.4.1　冲压工具

在冲压特征的创建过程中冲压工具的选择尤其重要，有了一个很好的冲压工具才可以创建完美的冲压特征。在 Inventor 2022 中用户可以直接使用软件提供的冲压工具或将其修改后使用，也可按要求自己创建冲压工具。

1. 系统提供的冲压工具

单击 钣金 功能选项卡 修改 ▾ 区域中的 ☐ "冲压工具"按钮，系统会弹出"冲压工具目录"对话框，在 Punches 文件夹下系统提供了一套成型工具，如图 5.129 所示。

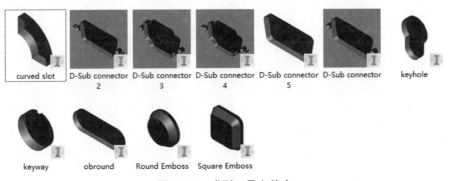

图 5.129　成型工具文件夹

若选取要使用的冲压工具并打开，此时系统会弹出如图 5.130 所示"冲压工具"对话框，在此对话框中可以定义冲压工具的几何中心、角度及大小规格。

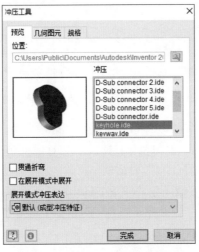

图 5.130　"冲压工具"对话框

2. 自定义冲压工具

冲压工具的定制相对来讲比较简单，首先要创建出该特征，然后利用提取 iFeature 功能就可以定制冲压工具了。

5.4.2　使用系统自带冲压工具创建冲压特征的一般操作过程

使用系统中自带的冲压工具，应用到钣金零件上创建冲压特征的一般过程如下：

（1）定义冲压工具在钣金中的放置参考点。

（2）选择冲压工具命令，找到合适的冲压工具。

（3）定义冲压工具的中心、角度及规格。

下面以如图 5.131 所示的模型为例，介绍使用系统自带冲压工具创建冲压特征的一般操作过程。

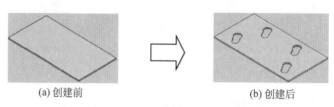

(a) 创建前　　　　　　　　(b) 创建后

图 5.131　使用系统冲压工具创建冲压特征

◎步骤1 打开文件 D:\inventor2022\ ch05.04\ ch05.04.02\ 冲压特征 -ex。

◎步骤2 定义冲压工具在钣金中的放置参考点。选择 钣金 功能选项卡 草图 区域中的 ▣（开始创建二维草图）命令，选取如图 5.132 所示的模型表面为草图平面，绘制如图 5.133 所示的草图。

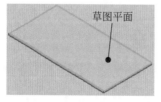

图 5.132　草图平面

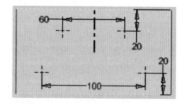

图 5.133　放置参考点草图

◎步骤3 选择命令。选择 钣金 功能选项卡 修改 ▾ 区域中的 ⊟ "冲压工具"命令。

◎步骤4 选择冲压工具。在"冲压工具目录"对话框中选择 keyhole 工具，然后单击 打开(O) 按钮，系统会弹出"冲压工具"对话框。

◎步骤5 定义冲压工具参数。在"冲压工具"对话框中单击 几何图元 选项卡，在 角度 文本框输入 30，如图 5.134 所示。在"冲压工具"对话框中单击 规格 选项卡，设置如图 5.135 所示的参数。

图 5.134 "几何图元"选项卡

图 5.135 "规格"选项卡

◯步骤 6 单击 完成 按钮，完成冲压的创建。

5.4.3 使用自定义冲孔冲压工具创建冲压特征的一般操作过程

15min

下面以如图 5.136 所示的模型为例，介绍使用自定义冲孔冲压工具创建冲压特征的一般操作过程。

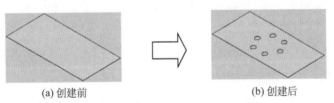

(a) 创建前　　　　　　　　　　　(b) 创建后

图 5.136 使用自定义冲孔冲压工具创建冲压特征

◯步骤 1 打开文件 D:\inventor2022\ ch05.04\ ch05.04.03\ 自定义冲孔模具 -ex。

◯步骤 2 添加冲孔模具用户参数。

（1）选择命令。选择 管理 功能选项卡 参数▼ 区域中的 fx（参数）命令，系统会弹出如图 5.137 所示的"参数"对话框。

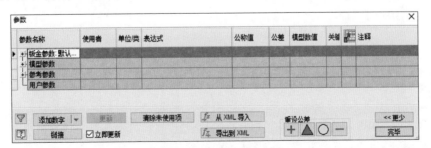

图 5.137 "参数"对话框

（2）添加大孔半径参数。单击 添加数字 ▾ 按钮，输入参数的名称"大孔半径"，在表达式文本框输入参数值4，完成后如图5.138所示。

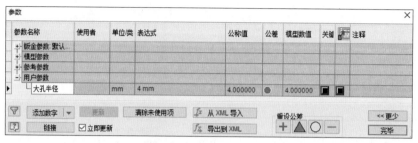

图5.138　大孔半径参数

（3）添加其他参数。参考（2）添加小孔半径参数1.5，添加中心距参数4，添加倒圆角半径2，如图5.139所示。

参数名称	使用者	单位/类	表达式	公称值	公差	模型数值	关键	注释
＋ 钣金参数:默认...								
＋ 模型参数								
＋ 参考参数								
－ 用户参数								
大孔半径	d4	mm	4 mm	4.000000	○	4.000000	□	□
小孔半径	d5	mm	1.5 mm	1.500000	○	1.500000	□	□
中心距	d7	mm	4 mm	4.000000	○	4.000000	□	□
倒圆角	d6	mm	2 mm	2.000000	○	2.000000	□	□

图5.139　其他参数

（4）单击 完毕 按钮完成参数的添加。

◎步骤3　绘制冲孔特征草图。选择 钣金 功能选项卡 草图 区域中的 ▨（开始创建二维草图）命令，选取如图5.140所示的模型表面为草图平面，绘制如图5.141所示的草图。

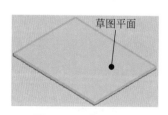

图5.140　草图平面

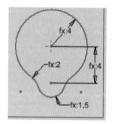

图5.141　冲孔特征草图

> **说明**
>
> 　　草图的尺寸与步骤2定义的用户自定义参数关联，关联方法：双击要关联的尺寸，在系统弹出的"编辑尺寸"对话框中单击 ⊡，在系统弹出的快捷菜单中选择列出参数命令，在如图5.142所示的参数列表中选择需要关联的参数即可。

> 草图中必须有一个使用草图点绘制的点，此点用来对模具进行定位，此草图中我们将此点放在大圆中心。
> 草图在绘制时不可与现有钣金壁建立任何的参数与几何关联，否则将导致后期模具无法正常使用。

步骤 4　创建如图 5.143 所示的剪切特征。选择 钣金 功能选项卡 修改 ▾ 区域中的 ▢（剪切）命令，系统会自动选取如图 5.141 所示的草图为截面轮廓，在"深度"下拉列表中选择"贯通"，取消选中 □法向剪切(N) 单选项，单击 确定 按钮，完成剪切的创建。

图 5.142　"参数"列表

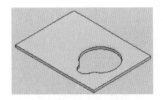

图 5.143　剪切特征

步骤 5　创建自定义冲孔模具。

（1）选择命令。选择 管理 功能选项卡 编写 区域中的 提取 iFeature 命令，系统会弹出如图 5.144 所示的"提取 iFeature"对话框。

（2）选择类型。在"提取 iFeature"对话框中选择 ⊙钣金冲压 iFeature 单选项。

（3）选择添加的特征。在浏览器中选择步骤 4 创建的"剪切 1"，此时对话框如图 5.145 所示。

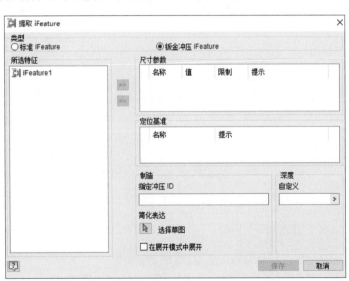

图 5.144　"提取 iFeature"对话框（1）

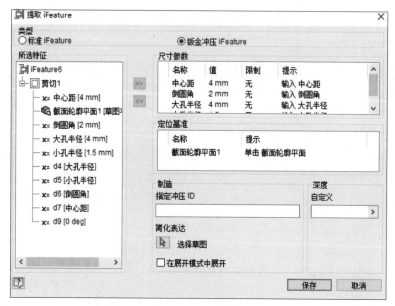

图 5.145 "提取 iFeature" 对话框（2）

（4）定义冲孔模具参数限制范围。在尺寸参数区域的"限制"下拉列表中均选择"无"。限制下拉列表各类型的说明如下。

选择"无"类型，用于不指定限制范围，在实际冲压时，用户可以输入任意数值。

选择"范围"类型，系统会弹出如图 5.146 所示的"指定范围"对话框，在该对话框可以设置最小与最大值。

选择"列表"类型，用于通过列表的方式指定可以指定的参数值，选择列表类型后，系统会弹出如图 5.147 所示的"列表值"对话框，单击 单击此处以添加值 即可添加列表中的数值。

图 5.147 "列表值"窗口

图 5.146 "指定范围"窗口

（5）定义冲压 ID。在"提取 iFeature"对话框 指定冲压ID 文本框输入"异型孔冲压"。

（6）单击 保存 按钮，系统会弹出"另存为"对话框，选择 Punches 文件夹，在 文件名(N): 文本框输入"异型孔冲压"，单击 保存(S) 按钮完成模具定义。

说明

如果弹出如图 5.148 所示的对话框，则可单击 是(Y) 。

图 5.148　**Autodesk Inventor Professional** 对话框

步骤6 打开文件 D:\inventor2022\ ch05.04\ ch05.04.03\ 使用自定义冲孔模具创建冲压特征 -ex。

步骤7 定义冲压工具在钣金中的放置参考点。选择 钣金 功能选项卡 草图 区域中的 （开始创建二维草图）命令，选取如图 5.149 所示的模型表面为草图平面，绘制如图 5.150 所示的草图（6 个点）。

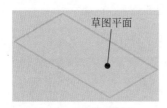

图 5.149　草图平面

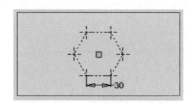

图 5.150　放置参考点草图

步骤8 选择命令。选择 钣金 功能选项卡 修改 ▾ 区域中的 "冲压工具" 命令。

步骤9 选择冲压工具。在 "冲压工具目录" 对话框中选择 "异型孔冲压" 工具，然后单击 打开(O) 按钮，系统会弹出 "冲压工具" 对话框。

步骤10 定义冲压工具参数。在 "冲压工具" 对话框中单击 几何图元 选项卡，在 角度 文本框输入 0，在 "冲压工具" 对话框中单击 规格 选项卡，设置如图 5.151 所示的参数。

图 5.151　"规格" 选项卡

○步骤11 单击 完成 按钮，完成冲压的创建。

15min

5.4.4 百叶窗冲压的一般操作过程

下面以如图 5.152 所示的模型为例，介绍百叶窗冲压的一般操作过程。

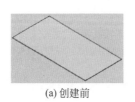 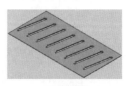

(a) 创建前   (b) 创建后

图 5.152 百叶窗冲压

○步骤1 打开文件 D:\inventor2022\ ch05.04\ ch05.04.04\ 百叶窗冲压模具 -ex。

○步骤2 定义参考草图。选择 钣金 功能选项卡 草图 区域中的 ⊡（开始创建二维草图）命令，选取如图 5.153 所示的模型表面为草图平面，绘制如图 5.154 所示的草图。

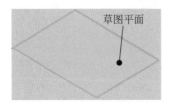

图 5.153 草图平面

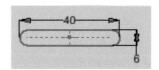

图 5.154 放置参考点草图

> **说明**
>
> 　　草图中必须有一个使用草图点绘制的点，此点用来对模具进行定位，此草图中我们将此点放在槽口的中心。
>
> 　　草图在绘制时不可与现有钣金壁建立任何的参数与几何关联，否则将导致后期模具无法正常使用。

○步骤3 创建如图 5.155 所示的工作平面。单击 钣金 功能选项卡 定位特征 区域中 ▦ 下的 平面，在系统弹出的快捷菜单中选 两条共面边 命令，依次选取图 5.154 中的两条直线参考。

○步骤4 定义旋转草图。选择 钣金 功能选项卡 草图 区域中的 ⊡（开始创建二维草图）命令，选取工作平面 1 为草图平面，绘制如图 5.156 所示的草图。

> **说明**
>
> 　　草图形状为图 5.154 所示图形的一半。

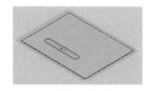

图 5.155　工作平面 1

图 5.156　旋转截面

◯步骤 5　创建如图 5.157 所示的旋转特征 1。选择 三维模型 功能选项卡 创建 区域中的 🔄（旋转）命令，系统会自动选取步骤 4 创建的草图为旋转截面，在"旋转"对话框 行为 区域中选中 ✅，在 角度A 文本框输入 90（旋转 90°），单击 确定 按钮，完成特征的创建。

说明

执行旋转命令前将步骤 2 创建的草图隐藏。

◯步骤 6　定义旋转草图。选择 钣金 功能选项卡 草图 区域中的 ▣（开始创建二维草图）命令，选取工作平面 1 为草图平面，绘制如图 5.158 所示的草图。

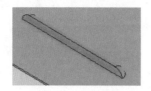

图 5.157　旋转特征 1

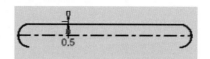

图 5.158　旋转截面

◯步骤 7　创建如图 5.159 所示的旋转特征 2。选择 三维模型 功能选项卡 创建 区域中的 🔄（旋转）命令，系统会自动选取步骤 6 创建的草图为旋转截面，在"旋转"对话框 行为 区域中选中 ✅，在 角度A 文本框输入 90，在 输出 区域选中 🔲（剪切）单选项，单击 确定 按钮，完成特征的创建。

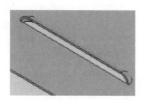

图 5.159　旋转特征 2

◯步骤 8　创建自定义冲孔模具。

（1）选择命令。选择 管理 功能选项卡 编写 区域中的 📄提取 iFeature 命令，系统会弹出"提取 iFeature"对话框。

（2）选择类型。在"提取 iFeature"对话框中选择 ⦿钣金冲压 iFeature 单选项。

（3）选择添加的特征。在浏览器中选择步骤 2 创建的"草图 2"，此时对话框如图 5.160 所示。

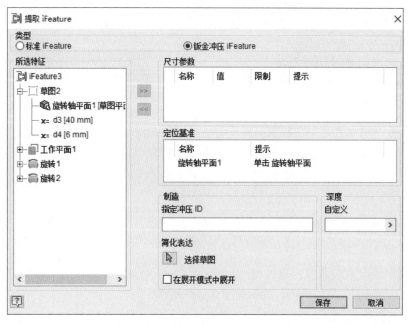

图 5.160　"提取 iFeature"对话框

（4）定义冲压 ID。在"提取 iFeature"对话框 指定冲压 ID 文本框输入"百叶窗冲压"。

（5）单击 保存 按钮，系统会弹出"另存为"对话框，选择 Punches 文件夹，在 文件名(N): 文本框输入"百叶窗冲压"，单击 保存(S) 按钮完成模具的定义。

◎步骤9 打开文件 D:\inventor2022\ ch05.04\ ch05.04.04\ 百叶窗冲压 -ex。

◎步骤10 定义冲压工具在钣金中的放置参考点。选择 钣金 功能选项卡 草图 区域中的 图（开始创建二维草图）命令，选取如图 5.161 所示的模型表面为草图平面，绘制如图 5.162 所示的草图（8 个点）。

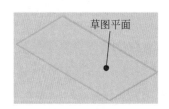

图 5.161　草图平面

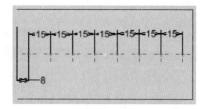

图 5.162　放置参考点草图

◎步骤11 选择命令。选择 钣金 功能选项卡 修改 ▾ 区域中的 "冲压工具"命令。

◎步骤12 选择冲压工具。在"冲压工具目录"对话框中选择"百叶窗冲压"工具，然后单击 打开(O) 按钮，系统会弹出"冲压工具"对话框。

◎步骤13 定义冲压工具参数。在"冲压工具"对话框中单击 几何图元 选项卡，在 角度 文本框输入 10。

◎步骤14 单击 完成 按钮，完成冲压的创建。

5.5　钣金边角处理

5.5.1　剪切

5min

在钣金设计中"剪切"特征是应用较为频繁的特征之一，它是在已有的零件模型中去除一定的材料，从而达到需要的效果。

剪切特征与实体建模中的拉伸切除的区别：当草绘平面与模型表面平行时，二者没有区别，但当不平行时，二者有明显的差异。在确认已经选中 ☑法向剪切(N) 复选框后，钣金剪切是垂直于钣金表面去切除，形成垂直孔，如图 5.163 所示；实体拉伸切除是垂直于草绘平面去切除，形成斜孔，如图 5.164 所示。

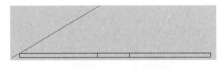
图 5.163　钣金法向切除

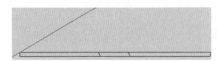
图 5.164　实体普通切除

下面以创建如图 5.165 所示的钣金为例，介绍钣金剪切的一般操作过程。

(a) 剪切前

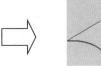
(b) 剪切后

图 5.165　钣金剪切

◎步骤1　打开文件 D:\inventor2022\ch05.05\ch05.05.01\ 剪切 -ex。

◎步骤2　绘制剪切特征草图。选择 钣金 功能选项卡 草图 区域中的 ▣（开始创建二维草图）命令，选取如图 5.166 所示的模型表面为草图平面，绘制如图 5.167 所示的草图。

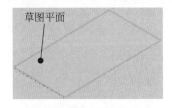
草图平面

图 5.166　草图平面

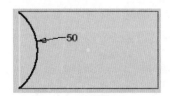
—50

图 5.167　剪切草图

◎步骤3　选择命令。选择 钣金 功能选项卡 修改 ▾ 区域中的 ▣（剪切）命令，系统会弹出如图 5.168 所示的"剪切"对话框。

◎步骤4　选择剪切截面。系统会自动选取如图 5.167 所示的草图为截面轮廓。

◎步骤5　定义剪切参数。在"深度"下拉列表中选择"距离"，在"距离"文本框选择"厚度"，选中 ☑法向剪切(N) 单选项。

◎步骤⑥ 单击"剪切"对话框中的 确定 按钮，完成剪切的创建，如图 5.169 所示。

图 5.168 "剪切"对话框

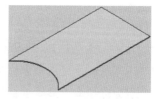

图 5.169 剪切特征

▶ 4min

5.5.2 拐角接缝

"拐角接缝"命令可以将相邻钣金壁进行相互延伸，从而使开放的区域闭合，并且在边角处进行延伸以达到封闭边角的效果。

下面以创建如图 5.170 所示的拐角接缝为例，介绍创建钣金拐角接缝的一般操作过程。

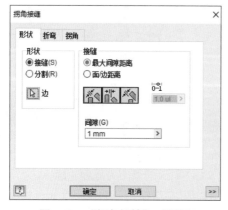

(a) 创建前　　　　　　　　　　(b) 创建后

图 5.170 拐角接缝

◎步骤① 打开文件 D:\inventor2022\ch05.05\ch05.05.02\ 拐角接缝 -ex。

◎步骤② 选择命令。选择 钣金 功能选项卡 修改 ▾ 区域中的 ⯆（拐角接缝）命令，系统会弹出如图 5.171 所示的"拐角接缝"对话框。

◎步骤③ 选择参考边线。在系统 选择边 的提示下，选择如图 5.172 所示的两条边线。

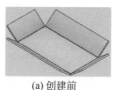

图 5.171 "拐角接缝"对话框

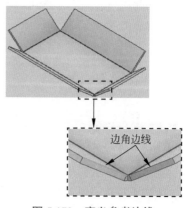

图 5.172 定义参考边线

◎步骤 4 定义接缝参数。在 **接缝** 区域选中 ◉**最大间隙距离** 与 📐 单选项，在 **间隙(G)** 文本框输入 1。

◎步骤 5 单击"拐角接缝"对话框中的 确定 按钮，完成拐角接缝的创建，如图 5.173 所示。

(a) 创建前　　　　　　　　　　　　(b) 创建后

图 5.173　拐角接缝 1

◎步骤 6 创建其他拐角接缝。参考步骤 2 ～步骤 5 的操作，完成另外 3 个拐角接缝的创建。
图 5.171 所示的"拐角接缝"对话框中的各选项说明如下。

（1）**形状** 区域：选择模型的边并指定是否接缝拐角。

（2）**接缝** 区域：用于控制接缝间隙交迭类型、间隙距离值及交迭百分比等。

☑ ◉**最大间隙距离**：使用该选项创建拐角接缝间隙，可以与使用物理检测标尺方式一致的方式对其进行测量。

☑ ◉**面边距离**：使用该选项创建拐角接缝间隙，可以测量从与选定的第一条边相邻的面到选定的第二条边的距离。

☑ 📐（对称间隙）：用于将当前的拐角接缝类型设置为"对称间隙"（只有在选中 ◉**最大间隙距离** 后才可以使用该选项），如图 5.174 所示。

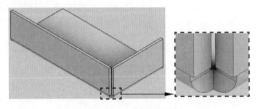

图 5.174　对称间隙

☑ 📐（交迭）：用于将当前的拐角接缝类型设置为"交迭"（只有在选中 ◉**最大间隙距离** 后才可以使用该选项），如图 5.175 所示。

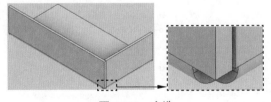

图 5.175　交迭

☑ 📐（反向交迭）：用于将当前的拐角接缝类型设置为"反向交迭"（只有在选中 ◉**最大间隙距离**

后才可以使用该选项），如图 5.176 所示。

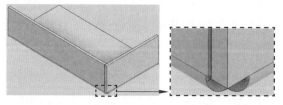

图 5.176　反向交迭

☑ ▣（无交迭）：用于将当前的拐角接缝类型设置为"无交迭"（只有在选中◉面边距离后才可以使用该选项），如图 5.177 所示。

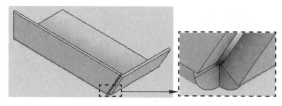

图 5.177　无交迭

☑ ▣（交迭）：用于将当前的拐角接缝类型设置为"交迭"（只有在选中◉面边距离后才可以使用该选项），如图 5.178 所示。

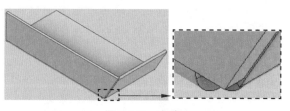

图 5.178　交迭

☑ ▣（反向交迭）：用于将当前的拐角接缝类型设置为"反向交迭"（只有在选中◉面边距离后才可以使用该选项），如图 5.179 所示。

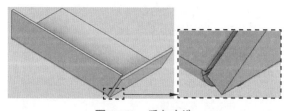

图 5.179　反向交迭

☑ ▣（百分比交迭）：使用 0 ～ 1 的小数值来定义交迭部分占凸缘厚度的百分比，只有将交迭类型指定为交迭或反向交迭时，该选项才有效，如图 5.180 所示。

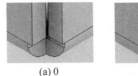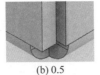

(a) 0　　　　　　　　(b) 0.5　　　　　　　　(c) 1

图 5.180　百分比交迭

☑ 间隙(G)：用于指定拐角接缝的边之间（或面与边之间）的距离，如图 5.181 所示。

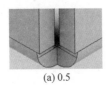

(a) 0.5　　　　　　　(b) 1　　　　　　　　(c) 2

图 5.181　间隙

（3）延长拐角 区域：用于指定拐角如何延长。

☑ ◉对齐 ：用于投影第 1 个平板使其与第 2 个平板对齐。

☑ ◉垂直 ：用于投影第 1 个平板使其与第 2 个平板垂直。

5.5.3　拐角圆角

▶5min

拐角圆角特征即对钣金件在厚度方向上倒圆角。下面以如图 5.182 示的模型为例，来说明创建拐角圆角特征的一般操作过程。

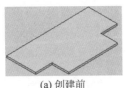

(a) 创建前　　　　　　　　　　　　(b) 创建后

图 5.182　拐角圆角

◯步骤1 打开文件 D:\inventor2022\ch05.05\ch05.05.03\ 拐角圆角 -ex。

◯步骤2 选择命令。选择 钣金 功能选项卡 修改 ▾ 区域中的 □拐角圆角 命令，系统会弹出如图 5.183 所示的"拐角圆角"对话框。

图 5.183　"拐角圆角"对话框

◎步骤3 定义选择模式。在"拐角圆角"对话框 选择模式 区域选中 ◉拐角(C) 单选项。

◎步骤4 定义拐角边线。在系统 选择─拐角做圆角 的提示下，选取如图 5.184 所示的 4 条边线。

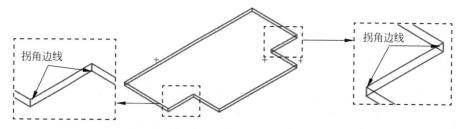

图 5.184 定义拐角边线

◎步骤5 定义圆角大小。在 半径 文本框输入圆角半径 6。

◎步骤6 单击"拐角圆角"对话框中的 确定 按钮，完成拐角圆角的创建。

图 5.183"拐角圆角"对话框部分选项的说明如下。

（1）拐角：用于定义圆角的一组或多组钣金拐角，如图 5.185 所示。

(a) 一组　　　　　　　　　　　　　　　　　　(b) 两组

图 5.185 拐角

（2）半径：用于定义一组选定拐角的半径，如图 5.186 所示。

(a) 半径为6　　　　　　　　　　　　　　　　(b) 半径为10

图 5.186 圆角半径

（3）选择模式 区域：用于设置改变从拐角组中添加或删除拐角的方法。

☑ ◉拐角(C)：选中该复选框用于选择或删除单个拐角特征。

☑ ◉特征(F)：选中该复选框用于选择或删除某个特征的所有拐角。

5.5.4　拐角倒角

3min

拐角倒角特征即对钣金件在厚度方向上倒斜角。下面以如图 5.187 示的模型为例，来说明创建拐角倒角特征的一般操作过程。

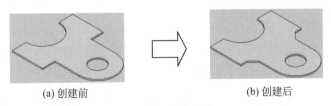

(a) 创建前 　　　　　　　　　　　(b) 创建后

图 5.187　拐角倒角

步骤 1　打开文件 D:\inventor2022\ch05.05\ch05.05.04\ 拐角倒角 -ex。

步骤 2　选择命令。选择 钣金 功能选项卡 修改 ▾ 区域中的 ▢拐角倒角 命令，系统会弹出如图 5.188 所示的"拐角倒角"对话框。

图 5.188　"拐角倒角"对话框

步骤 3　定义倒角类型。在"拐角倒角"对话框中选中 ▢（一个倒角边长）。

步骤 4　定义倒角边线。在系统 选择要倒角的拐角 的提示下，选取如图 5.189 所示的两条边线。

步骤 5　定义倒角大小。在 倒角边长 文本框输入倒角值 10。

步骤 6　单击"拐角倒角"对话框中的 确定 按钮，完成拐角倒角的创建。

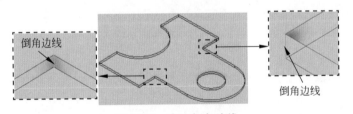

倒角边线

倒角边线

图 5.189　定义倒角边线

注意

当用户在一条边缘上创建了一个"倒斜角"特征后，倒角后的边缘仍可以进行倒角。建议读者在整个钣金设计的最后阶段完成所有的倒角。

5.5.5　接缝

接缝特征主要是将封闭的钣金模型进行分割，从而形成一个接缝，这样才能对其进行展开。

4min

1. 单点接缝

下面以如图 5.190 所示的模型为例，来说明创建单点接缝的一般操作过程。

◎步骤1 打开文件 D:\inventor2022\ch05.05\ch05.05.05\ 单点接缝 -ex。

(a) 创建前　　　　　　　　　　　　　　(b) 创建后

图 5.190　单点缝隙

◎步骤2 选择命令。选择 钣金 功能选项卡 修改▾ 区域中的 接缝 命令，系统会弹出如图 5.191 所示的"接缝"对话框。

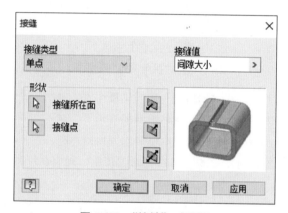

图 5.191　"接缝"对话框

◎步骤3 定义接缝类型。在"接缝"对话框"接缝类型"下拉列表中选择 单点 类型。

◎步骤4 定义接缝所在面。在系统 选择面 的提示下，选取如图 5.192 所示的面为接缝面。

◎步骤5 定义接缝点。在系统 选择草图点、顶点、工作点或中边点 的提示下，选取如图 5.193 所示的点为接缝点。

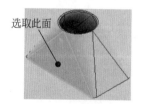

图 5.192　接缝所在面

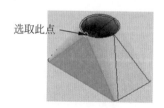

图 5.193　接缝点

◎步骤6 定义接缝值。在"接缝"对话框"接缝值"文本框中选择"间隙大小"。

说明

用户默认的接缝大小参数等于钣金的厚度，用户可以通过选择 管理 功能选项卡 样式和标准 区域中的 ✿（样式编辑器）命令，在 斜接/接缝/接缝间距 文本框输入默认的缝隙值即可，如图 5.194 所示。

○步骤 7 单击"接缝"对话框中的 确定 按钮，完成接缝的创建。

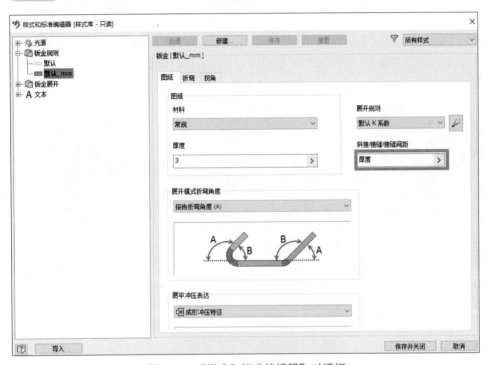

图 5.194　"样式和标准编辑器"对话框

2. 点对点接缝

下面以如图 5.195 所示的模型为例，来说明创建点对点接缝的一般操作过程。

○步骤 1 打开文件 D:\inventor2022\ch05.05\ch05.05.05\ 点对点接缝 -ex。

 4min

(a) 创建前　　　　　　　　　　　(b) 创建后

图 5.195　点对点缝隙

○步骤 2 绘制第 1 个接缝点草图。选择 钣金 功能选项卡 草图 区域中的 ▣（开始创建二维草图）命令，选取如图 5.196 所示的模型表面为草图平面，绘制如图 5.197 所示的草图。

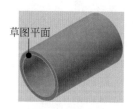

图 5.196　草图平面

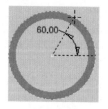

图 5.197　第 1 个接缝点草图

◯步骤 3　绘制第 2 个接缝点草图。选择 钣金 功能选项卡 草图 区域中的 ▣（开始创建二维草图）命令，选取如图 5.198 所示的模型表面为草图平面，绘制如图 5.199 所示的草图，第 1 个接缝点与第 2 个接缝点的相对位置如图 5.200 所示。

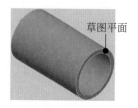

图 5.198　草图平面

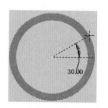

图 5.199　第 2 个接缝点草图

图 5.200　两接缝点的相对位置

◯步骤 4　选择命令。选择 钣金 功能选项卡 修改 ▾ 区域中的 ▦ 接缝 命令，系统会弹出如图 5.201 所示的"接缝"对话框。

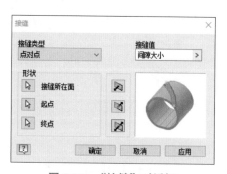

图 5.201　"接缝"对话框

◯步骤 5　定义接缝类型。在"接缝"对话框"接缝类型"下拉列表中选择 点对点 类型。
◯步骤 6　定义接缝所在面。在系统 选择面 的提示下，选取如图 5.202 所示的面为接缝面。

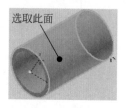

图 5.202　接缝所在面

◎步骤7 定义接缝起点。在系统 选择草图点、顶点、工作点或中边点 的提示下，选取如图 5.197 所示的点为接缝起点。

◎步骤8 定义接缝终点。在系统 选择草图点、顶点、工作点或中边点 的提示下，选取如图 5.199 所示的点为接缝终点。

◎步骤9 定义接缝值。在"接缝"对话框"接缝值"文本框中选择"间隙大小"。

◎步骤10 单击"接缝"对话框中的 确定 按钮，完成接缝的创建。

3. 面范围接缝

2min

下面以如图 5.203 所示的模型为例，说明创建面范围接缝的一般操作过程。

◎步骤1 打开文件 D:\inventor2022\ch05.05\ch05.05.05\ 面范围接缝 -ex。

(a) 创建前　　　　　　　　　(b) 创建后

图 5.203　面范围缝隙

◎步骤2 选择命令。选择 钣金 功能选项卡 修改▼ 区域中的 接缝 命令，系统会弹出如图 5.204 所示的"接缝"对话框。

图 5.204　"接缝"对话框

◎步骤3 定义接缝类型。在"接缝"对话框"接缝类型"下拉列表中选择 面范围 类型。

◎步骤4 定义接缝所在面。在系统 选择面 的提示下，选取如图 5.205 所示的面为接缝面。

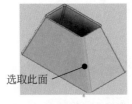

选取此面

图 5.205　接缝所在的面

○步骤 5 单击"接缝"对话框中的 确定 按钮，完成接缝的创建。

5.6　钣金设计综合应用案例 1：啤酒开瓶器

案例概述：

本案例介绍啤酒开瓶器的创建过程，此案例比较适合初学者。通过学习此案例，可以对 Inventor 中钣金的基本命令有一定的认识，例如平板、折叠及剪切等，该模型及浏览器如图 5.206 所示。

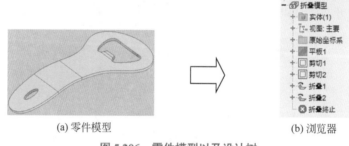

(a) 零件模型　　　　　　　　　　　　　　(b) 浏览器

图 5.206　零件模型以及设计树

○步骤 1 新建文件。选择 快速入门 功能选项卡 启动 区域中的 □（新建）命令，在"新建文件"对话框中选择 SheetMetal.ipt，然后单击 创建 按钮进入钣金设计环境。

○步骤 2 设置钣金默认参数。单击 钣金 功能选项卡 设置▼ 区域中的 □ "钣金默认设置"按钮，系统会弹出"钣金默认设置"对话框，在 钣金规则(S) 下拉列表中选择"默认 -mm"选项，取消选中 □使用规则中的厚度(R) 复选框，在"厚度"文本框中输入数值 3.0，其他参数接受系统默认设置，单击 确定 按钮完成厚度的设置。

○步骤 3 定义面（平板）特征的截面草图。选择 钣金 功能选项卡 草图 区域中的 ⊡（开始创建二维草图）命令，选取 XZ 平面为草图平面，绘制如图 5.207 所示的草图。

○步骤 4 创建如图 5.208 所示的平板特征。选择 钣金 功能选项卡 创建 区域中的"面"命令 □，系统会弹出"面"对话框，在 偏移方向 区域选中 ☒ 单选项，单击 确定 按钮，完成平板的创建。

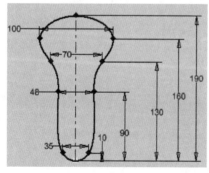

图 5.207　平板截面草图

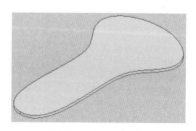

图 5.208　平板特征

◎步骤 5　绘制剪切截面。选择 钣金 功能选项卡 草图 区域中的▣（开始创建二维草图）命令，选取如图 5.209 所示的模型表面为草图平面，绘制如图 5.210 所示的草图。

◎步骤 6　创建如图 5.211 所示的剪切特征 01。选择 钣金 功能选项卡 修改▼ 区域中的▣（剪切）命令，系统会自动选取如图 5.210 所示的草图为截面轮廓，在"深度"下拉列表中选择"距离"，在"距离"文本框选择"厚度"，取消选中□ 法向剪切(N) 单选项，单击 确定 按钮，完成剪切的创建。

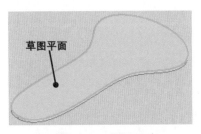

图 5.209　草图平面

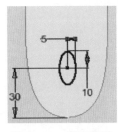

图 5.210　截面轮廓

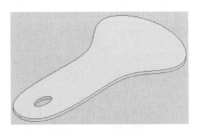

图 5.211　剪切特征 01

◎步骤 7　绘制剪切截面。选择 钣金 功能选项卡 草图 区域中的▣（开始创建二维草图）命令，选取如图 5.209 所示的模型表面为草图平面，绘制如图 5.212 所示的草图。

◎步骤 8　创建如图 5.213 所示的剪切特征 02。选择 钣金 功能选项卡 修改▼ 区域中的▣（剪切）命令，系统会自动选取如图 5.212 所示的草图为截面轮廓，在"深度"下拉列表中选择"距离"，在"距离"文本框选择"厚度"，取消选中□ 法向剪切(N) 单选项，单击 确定 按钮，完成剪切的创建。

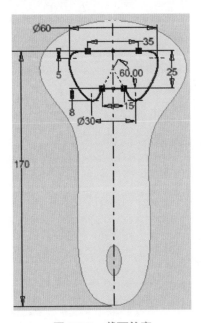

图 5.212　截面轮廓

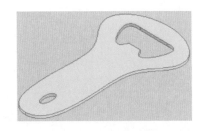

图 5.213　剪切特征 02

◎步骤 9　绘制折叠折弯线。选择 钣金 功能选项卡 草图 区域中的▣（开始创建二维草图）

命令，选取如图 5.209 所示的模型表面为草图平面，绘制如图 5.214 所示的草图。

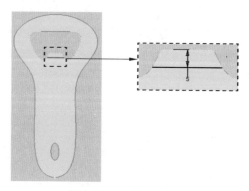

图 5.214　折叠折弯线

○步骤10　创建如图 5.215 所示的折叠特征 01。选择 钣金 功能选项卡 创建 区域中的 ✍ 折叠 命令，系统会弹出"折叠"对话框，在系统 选择折弯草图线 的提示下，选取如图 5.214 所示的直线作为折弯草图线，通过单击 🔁 调整折弯侧如图 5.216 所示，通过单击 🔁 调整折弯方向如图 5.216 所示，在"折叠"对话框 折叠位置 区域中选中 🔲（折弯中心线）单选项，在"折叠"对话框 折叠角度 文本框输入 20，在 折弯半径(R) 文本框输入 10，单击 确定 按钮，完成折叠的创建。

图 5.215　折叠特征 01

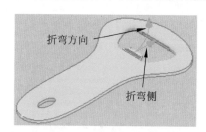

折弯方向

折弯侧

图 5.216　折弯侧与折弯方向

○步骤11　绘制折叠折弯线。选择 钣金 功能选项卡 草图 区域中的 🔲（开始创建二维草图）命令，选取如图 5.209 所示的模型表面为草图平面，绘制如图 5.217 所示的草图。

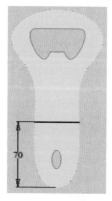

图 5.217　折叠折弯线

◎步骤12　创建如图 5.218 所示的折叠特征 02。选择 钣金 功能选项卡 创建 区域中的 ② 折叠
命令，系统会弹出"折叠"对话框，在系统 选择折弯草图线 的提示下，选取如图 5.217 所示的直线
作为折弯草图线，通过单击 ⬆ 调整折弯侧如图 5.219 所示，通过单击 ⬇ 调整折弯方向如图 5.219
所示，在"折叠"对话框 折叠位置 区域中选中 ⬇（折弯中心线）单选项，在"折叠"对话框
折叠角度 文本框输入 20，在 折弯半径(R) 文本框输入 100，单击 确定 按钮，完成折叠的创建。

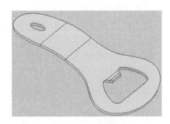

图 5.218　折叠特征 02

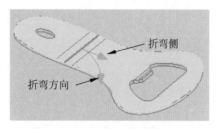

图 5.219　折弯侧与折弯方向

◎步骤13　保存文件。选择"快速访问工具栏"中的"保存"命令，系统会弹出"另存为"
对话框，在文件名文本框输入"啤酒开瓶器"，单击"保存"按钮，完成保存操作。

5.7　钣金设计综合应用案例 2：机床外罩

72min

案例概述：

　　本案例介绍机床外罩的创建过程，该产品设计分为创建自定义冲压模具与创建钣金主体。
主体钣金由一些钣金基本特征组成，其中要注意凸缘和剪切等特征的创建方法，该模型及浏
览器如图 5.220 所示。

(a) 零件模型　　　　　　　　　　(b) 浏览器

图 5.220　机床外罩模型以及浏览器

5.7.1　创建凹坑冲压模具

　　凹坑冲压模具模型及浏览器如图 5.221 所示。

◎步骤1　新建文件。选择 快速入门 功能选项卡 启动 区域中的 □（新建）命令，在"新建文件"

对话框中选择 SheetMetal.ipt，然后单击 创建 按钮进入钣金设计环境。

◯步骤 2 设置钣金默认参数。单击 钣金 功能选项卡 设置▾ 区域中的 "钣金默认设置" 按钮，系统会弹出 "钣金默认设置" 对话框，在 钣金规则(S) 下拉列表中选择 "默认 -mm" 选项，取消选中 □使用规则中的厚度(R) 复选框，在 "厚度" 文本框中输入数值 1.0，其他参数接受系统默认设置，单击 确定 按钮完成厚度设置。

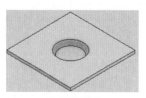

(a) 零件模型   (b) 浏览器

图 5.221 冲压模具模型以及浏览器

◯步骤 3 定义面（平板）特征的截面草图。选择 钣金 功能选项卡 草图 区域中的 ☑（开始创建二维草图）命令，选取 XZ 平面为草图平面，绘制如图 5.222 所示的草图。

◯步骤 4 创建如图 5.223 所示的平板特征。选择 钣金 功能选项卡 创建 区域中的 "面" 命令 ☑，系统会弹出 "面" 对话框，在 偏移方向 区域选中 ☑ 单选项，单击 确定 按钮，完成平板的创建。

图 5.222 平板截面

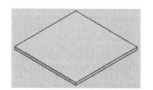

图 5.223 平板特征

◯步骤 5 创建参考草图 2。选择 三维模型 功能选项卡 草图 区域中的 ☑（开始创建二维草图）命令，选取如图 5.224 所示模型表面为草图平面，绘制如图 5.225 所示的草图。

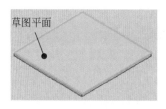

草图平面

图 5.224 凸台拉伸 1

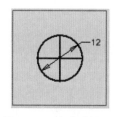

图 5.225 参考草图 2

◎步骤6 创建如图 5.226 所示的工作平面 1。单击 三维模型 功能选项卡 定位特征 区域中 下的 平面，在系统弹出的快捷菜单中选择 两条共面边 命令，依次选取图 5.225 中的两条直线参考。

◎步骤7 创建如图 5.227 所示的拉伸特征 1。选择 三维模型 功能选项卡 创建 区域中的 （拉伸）命令，选取如图 5.225 所示的圆为拉伸截面，在 行为 区域选中 选项，在 角度A 文本框输入深度值 2.5，在 输出 区域选中 单选项，在 锥度A 文本框输入 –30，单击 确定 按钮，完成特征的创建。

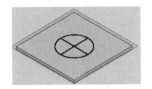

图 5.226　工作平面 1

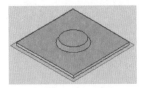

图 5.227　拉伸特征 1

◎步骤8 创建如图 5.228 所示的工作平面 2。单击 三维模型 功能选项卡 定位特征 区域中 下的 平面，在系统弹出的快捷菜单中选择 平面绕边旋转的角度 命令，依次选取图 5.229 中的直线参考与步骤 6 创建工作平面 1，在角度文本框输入 90。

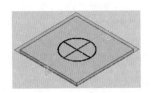

图 5.228　工作平面 2

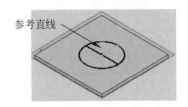

参考直线

图 5.229　工作平面参考

◎步骤9 创建旋转截面草图。选择 三维模型 功能选项卡 草图 区域中的 （开始创建二维草图）命令，选取如图 5.228 所示的工作平面 2 为草图平面，绘制如图 5.230 所示的草图。

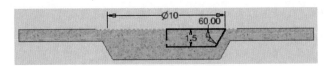

图 5.230　旋转截面

◎步骤10 创建如图 5.231 所示的旋转特征。选择 三维模型 功能选项卡 创建 区域中的 （旋转）命令，系统会自动选取步骤 4 创建的草图为旋转截面，在"旋转"对话框 行为 区域中选中 ，在 角度A 区域选中 ，在 输出 区域选中 单选项，单击 确定 按钮，完成特征的创建。

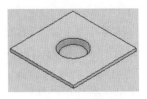

图 5.231　旋转特征

◎步骤11 创建自定义凹坑模具。

（1）选择命令。选择 管理 功能选项卡 编写 区域中的 📖提取 iFeature 命令，系统会弹出"提取 iFeature"对话框。

（2）选择类型。在"提取 iFeature"对话框中选择 ◉钣金冲压 iFeature 单选项。

（3）选择添加的特征。在浏览器中选择步骤 5 创建的"草图 2"与步骤 7 创建的"拉伸特征 1"，此时对话框如图 5.232 所示。

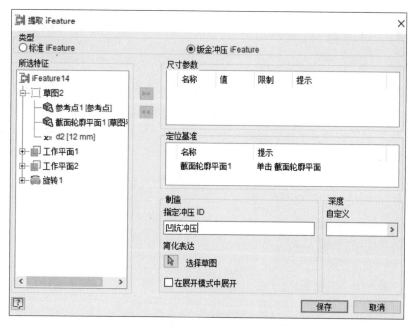

图 5.232 "提取 iFeature"对话框

（4）定义冲压 ID。在"提取 iFeature"对话框 指定冲压 ID 文本框输入"凹坑冲压"。

（5）单击 保存 按钮，系统会弹出"另存为"对话框，选择 Punches 文件夹，在 文件名(N): 文本框输入"凹坑冲压"，单击 保存(S) 按钮完成模具的定义。

◎步骤12 保存文件。选择"快速访问工具栏"中的"保存"命令，系统会弹出"另存为"对话框，在文件名文本框输入"凹坑冲压"，单击"保存"按钮，完成保存操作。

5.7.2 创建加强筋冲压模具

加强筋冲压模具模型及浏览器如图 5.233 所示。

◎步骤1 新建文件。选择 快速入门 功能选项卡 启动 区域中的 🗋（新建）命令，在"新建文件"对话框中选择 SheetMetal.ipt，然后单击 创建 按钮进入钣金设计环境。

◎步骤2 设置钣金默认参数。单击 钣金 功能选项卡 设置▾ 区域中的 🗔"钣金默认设置"按钮，系统会弹出"钣金默认设置"对话框，在 钣金规则(S) 下拉列表中选择"默认 -mm"选项，取消选中□使用规则中的厚度(R) 复选框，在"厚度"文本框中输入数值 1.0，其他参数接受系统默认设置，单击 确定 按钮完成厚度的设置。

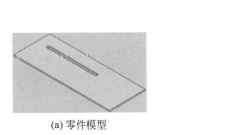

(a) 零件模型　　　　　　　　　(b) 浏览器

图 5.233　加强筋冲压模具模型以及浏览器

◯步骤3 定义面（平板）特征的截面草图。选择 钣金 功能选项卡 草图 区域中的 ⬚（开始创建二维草图）命令，选取 XZ 平面为草图平面，绘制如图 5.234 所示的草图。

◯步骤4 创建如图 5.235 所示的平板特征。选择 钣金 功能选项卡 创建 区域中的"面"命令 ⬚，系统会弹出"面"对话框，在 偏移方向 区域选中 ◩ 单选项，单击 确定 按钮，完成平板的创建。

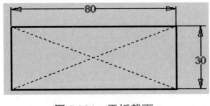

图 5.234　平板截面

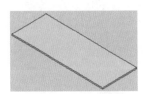

图 5.235　平板特征

◯步骤5 定义参考草图。选择 钣金 功能选项卡 草图 区域中的 ⬚（开始创建二维草图）命令，选取如图 5.236 所示的模型表面为草图平面，绘制如图 5.237 所示的草图。

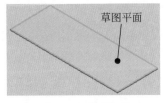

草图平面

图 5.236　草图平面

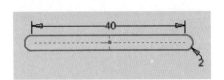

图 5.237　参考草图

◯步骤6 创建如图 5.238 所示的工作平面 1。单击 三维模型 功能选项卡 定位特征 区域中 ▣ 下的 平面，在系统弹出的快捷菜单中选择 ◈ 两条共面边 命令，依次选取图 5.237 中的两条直线参考。

◯步骤7 定义旋转草图。选择 钣金 功能选项卡 草图 区域中的 ⬚（开始创建二维草图）命令，选取工作平面 1 为草图平面，绘制如图 5.239 所示的草图。

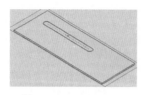

图 5.238　工作平面 1

图 5.239　旋转截面

◎步骤8 创建如图 5.240 所示的旋转特征 1。选择 三维模型 功能选项卡　创建　区域中的 🗪（旋转）命令，系统会自动选取步骤 7 创建的草图为旋转截面，在"旋转"对话框 行为 区域中选中 ✓ ，在 角度A 文本框输入 180（旋转 180°），单击 确定 按钮，完成特征的创建。

说明
执行旋转命令前将步骤 5 创建的草图隐藏。

◎步骤9 定义旋转草图。选择 钣金 功能选项卡　草图　区域中的 ⬜（开始创建二维草图）命令，选取工作平面 1 为草图平面，绘制如图 5.241 所示的草图。

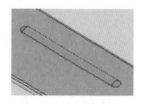

图 5.240　旋转特征 1

图 5.241　旋转截面

◎步骤10 创建如图 5.242 所示的旋转特征 2。选择 三维模型 功能选项卡　创建　区域中的 🗪（旋转）命令，系统会自动选取步骤 9 创建的草图为旋转截面，在"旋转"对话框 行为 区域中选中 ✓ ，在 角度A 文本框输入 180，在 输出 区域选中 🗖（剪切）单选项，单击 确定 按钮，完成特征的创建。

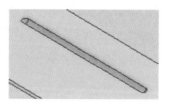

图 5.242　旋转特征 2

◎步骤11 创建自定义加强筋模具。

（1）选择命令。选择 管理 功能选项卡　编写　区域中的 🔧 提取 iFeature 命令，系统会弹出"提取 iFeature"对话框。

（2）选择类型。在"提取 iFeature"对话框中选择 ⦿ 钣金冲压 iFeature 单选项。

（3）选择添加的特征。在浏览器中选择步骤 5 创建的"草图 2"，此时对话框如图 5.243 所示。

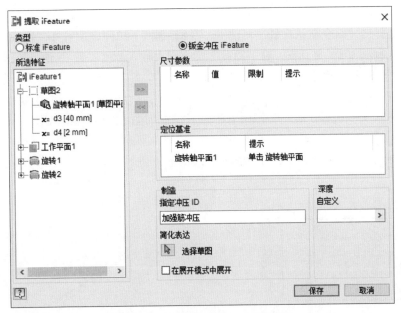

图 5.243　"提取 iFeature"对话框

（4）定义冲压 ID。在"提取 iFeature"对话框 指定冲压 ID 文本框输入"加强筋冲压"。

（5）单击 保存 按钮，系统会弹出"另存为"对话框，选择 Punches 文件夹，在 文件名(N): 文本框输入"加强筋冲压"，单击 保存(S) 按钮完成模具的定义。

●步骤12 保存文件。选择"快速访问工具栏"中的"保存"命令，系统会弹出"另存为"对话框，在文件名文本框输入"加强筋冲压"，单击"保存"按钮，完成保存操作。

5.7.3　创建矩形凹坑冲压模具

矩形凹坑冲压模具模型及浏览器如图 5.244 所示。

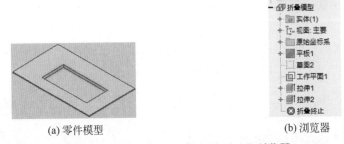

(a) 零件模型　　　　　(b) 浏览器

图 5.244　矩形凹坑冲压模具模型以及浏览器

●步骤1 新建文件。选择 快速入门 功能选项卡 启动 区域中的 □（新建）命令，在"新建文件"对话框中选择 SheetMetal.ipt，然后单击 创建 按钮进入钣金设计环境。

○步骤 2 设置钣金默认参数。单击 钣金 功能选项卡 设置 区域中的 "钣金默认设置" 按钮，系统会弹出 "钣金默认设置" 对话框，在 钣金规则(S) 下拉列表中选择 "默认 -mm" 选项，取消选中□ 使用规则中的厚度(R) 复选框，在 "厚度" 文本框中输入数值 1.0，其他参数接受系统默认设置，单击 确定 按钮完成厚度的设置。

○步骤 3 定义面（平板）特征的截面草图。选择 钣金 功能选项卡 草图 区域中的 （开始创建二维草图）命令，选取 XZ 平面为草图平面，绘制如图 5.245 所示的草图。

○步骤 4 创建如图 5.246 所示的平板特征。选择 钣金 功能选项卡 创建 区域中的 "面" 命令 ，系统会弹出 "面" 对话框，在 偏移方向 区域选中 单选项，单击 确定 按钮，完成平板的创建。

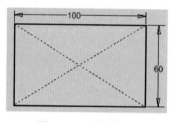

图 5.245　平板截面

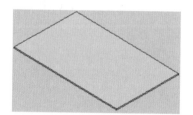

图 5.246　平板特征

○步骤 5 定义参考草图。选择 钣金 功能选项卡 草图 区域中的 （开始创建二维草图）命令，选取如图 5.247 所示的模型表面为草图平面，绘制如图 5.248 所示的草图。

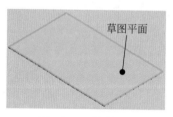

草图平面

图 5.247　草图平面

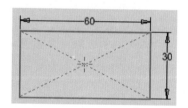

图 5.248　参考草图

○步骤 6 创建如图 5.249 所示的工作平面 1。单击 钣金 功能选项卡 定位特征 区域中 下的 平面 ，在系统弹出的快捷菜单中选择 两条共面边 命令，依次选取图 5.248 中的两条长度为 80 的直线参考。

○步骤 7 定义拉伸草图。选择 钣金 功能选项卡 草图 区域中的 （开始创建二维草图）命令，选取工作平面 1 为草图平面，绘制如图 5.250 所示的草图。

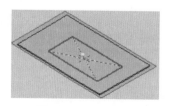

图 5.249　工作平面 1

图 5.250　拉伸草图

说明

图 5.250 所示的草图与图 5.248 所示的矩形的长和宽相同，用户可以通过投影几何图元的方式快速得到。

◎步骤8　创建如图 5.251 所示的拉伸特征 01。选择 二维模型 功能选项卡 创建 区域中的 （拉伸）命令，系统会自动选取步骤 7 创建的草图为拉伸截面，在拉伸 "特性" 对话框 行为 区域中选中 ，在 距离A 文本框输入深度值 3，在 输出 区域选中 （求并）单选项，在 锥度A 文本框输入 -30，单击 确定 按钮，完成特征的创建。

◎步骤9　定义拉伸草图。选择 钣金 功能选项卡 草图 区域中的 （开始创建二维草图）命令，选取工作平面 1 为草图平面，绘制如图 5.252 所示的拉伸草图。

图 5.251　拉伸特征 01

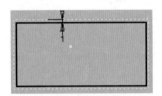

图 5.252　拉伸草图

◎步骤10　创建如图 5.253 所示的拉伸特征 02。选择 三维模型 功能选项卡 创建 区域中的 （拉伸）命令，系统会自动选取步骤 9 创建的草图为拉伸截面，在拉伸 "特性" 对话框 行为 区域中选中 ，在 距离A 文本框输入深度值 2，在 输出 区域选中 （剪切）单选项，在 锥度A 文本框输入 -30，单击 确定 按钮，完成特征的创建。

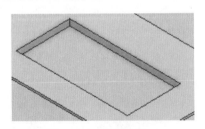

图 5.253　拉伸特征 02

◎步骤11　创建自定义加强筋模具。

（1）选择命令。选择 管理 功能选项卡 编写 区域中的 提取 iFeature 命令，系统会弹出 "提取 iFeature" 对话框。

（2）选择类型。在 "提取 iFeature" 对话框中选择 钣金冲压 iFeature 单选项。

（3）选择添加的特征。在浏览器中选择步骤 5 创建的 "草图 2"，此时对话框如图 5.254 所示。

（4）定义冲压 ID。在 "提取 iFeature" 对话框 指定冲压 ID 文本框输入 "矩形凹坑冲压"。

（5）单击 保存 按钮，系统会弹出 "另存为" 对话框，选择 Punches 文件夹，在 文件名(N): 文本框输入 "矩形凹坑冲压"，单击 保存(S) 按钮完成模具的定义。

○步骤12 保存文件。选择"快速访问工具栏"中的"保存"命令，系统会弹出"另存为"对话框，在文件名文本框输入"矩形凹坑冲压"，单击"保存"按钮，完成保存操作。

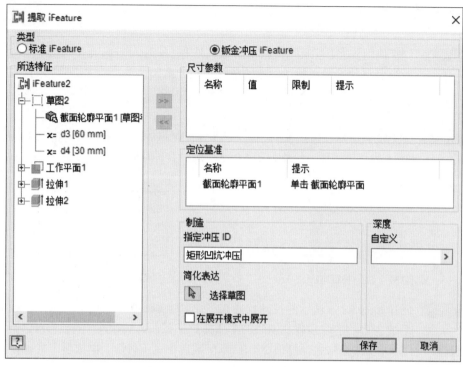

图 5.254 "提取 iFeature"对话框

5.7.4 创建主体钣金结构

○步骤1 新建文件。选择 快速入门 功能选项卡 启动 区域中的 □（新建）命令，在"新建文件"对话框中选择 SheetMetal.ipt，然后单击 创建 按钮进入钣金设计环境。

○步骤2 设置钣金默认参数。单击 钣金 功能选项卡 设置▾ 区域中的 □ "钣金默认设置"按钮，系统会弹出"钣金默认设置"对话框，在 钣金规则(S) 下拉列表中选择"默认 -mm"选项，取消选中□ 使用规则中的厚度(R) 复选框，在"厚度"文本框中输入数值 1.0，其他参数接受系统默认设置，单击 确定 按钮完成厚度的设置。

○步骤3 定义面（平板）特征的截面草图。选择 钣金 功能选项卡 草图 区域中的 ☑（开始创建二维草图）命令，选取 XZ 平面为草图平面，绘制如图 5.255 所示的草图。

○步骤4 创建如图 5.256 所示的平板特征。选择 钣金 功能选项卡 创建 区域中的"面"命令 ☑，系统会弹出"面"对话框，在 偏移方向 区域选中 ☑ 单选项，单击 确定 按钮，完成平板的创建。

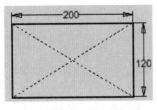

图 5.255 平板截面

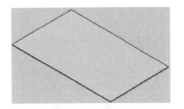

图 5.256 平板特征

步骤5 创建如图 5.257 所示的凸缘特征 01。选择 钣金 功能选项卡 创建 区域中的 "凸缘"命令，在系统 选择边 的提示下，选取如图 5.258 所示的模型边线为凸缘的附着边，在 高度范围 区域的下拉列表中选择"距离"选项，在"距离"文本框中输入 120，选中 单选项，在 凸缘角度(A) 下拉列表中选择"按值"，在"角度"文本框中输入 90，在 折弯半径(B) 文本框中选择"折弯半径"，在 折弯位置 区域中选中 单选项，单击 确定 按钮完成特征的创建。

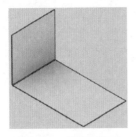

图 5.257 凸缘特征 01

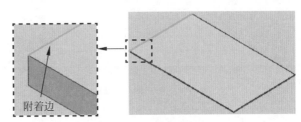

附着边

图 5.258 选取附着边

步骤6 定义剪切特征的截面草图。选择 钣金 功能选项卡 草图 区域中的 （开始创建二维草图）命令，选取如图 5.259 所示的模型表面为草图平面，绘制如图 5.260 所示的草图。

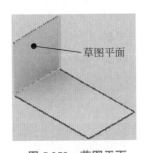

草图平面

图 5.259 草图平面

图 5.260 截面草图

步骤7 创建如图 5.261 所示的剪切特征 01。选择 钣金 功能选项卡 修改 ▼ 区域中的 （剪切）命令，系统会自动选取如图 5.260 所示的草图为截面轮廓，在"深度"下拉列表中选择"距离"，在"距离"文本框选择"厚度"，取消选中 □ 法向剪切(N) 单选项，单击 确定 按钮，完成剪切的创建。

步骤8 定义剪切特征的截面草图。选择 钣金 功能选项卡 草图 区域中的 （开始创建二维草图）命令，选取如图 5.259 所示的模型表面为草图平面，绘制如图 5.262 所示的草图。

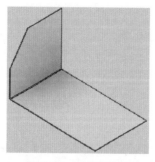

图 5.261　剪切特征 01

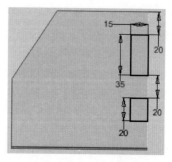

图 5.262　截面草图

○步骤⑨　创建如图 5.263 所示的剪切特征 02。选择 钣金 功能选项卡 修改▼ 区域中的 ▢（剪切）命令，选取如图 5.262 所示的两个矩形区域为截面轮廓，在"深度"下拉列表中选择"距离"，在"距离"文本框选择"厚度"，取消选中□法向剪切(N) 单选项，单击 确定 按钮，完成剪切的创建。

图 5.263　剪切特征 02

○步骤⑩　创建如图 5.264 所示的凸缘特征 02。选择 钣金 功能选项卡 创建 区域中的 ↰ "凸缘"命令，在系统 选择边 的提示下，选取如图 5.265 所示的模型边线为凸缘的附着边，在 **高度范围** 区域的下拉列表中选择"距离"选项，在"距离"文本框中输入 24，选中 ⟋ 单选项，在 **凸缘角度(A)** 下拉列表中选择"按值"，在"角度"文本框中输入 90，在 折弯半径(B) 文本框中选择"折弯半径"，在 **折弯位置** 区域中选中 ↳ 单选项，单击 确定 按钮完成特征的创建。

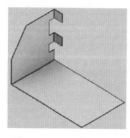

图 5.264　凸缘特征 02

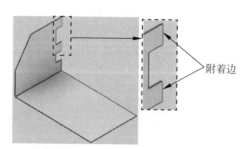

图 5.265　选取附着边

○步骤⑪　创建如图 5.266 所示的凸缘特征 03。选择 钣金 功能选项卡 创建 区域中的 ↰

"凸缘"命令，在系统 选择边 的提示下，选取如图 5.267 所示的模型边线为凸缘的附着边，在 **高度范围** 区域的下拉列表中选择"距离"选项，在"距离"文本框中输入 36，选中 单选项，在 **凸缘角度(A)** 下拉列表中选择"按值"，在"角度"文本框中输入 90，在 **折弯半径(B)** 文本框中选择"折弯半径"，在 **折弯位置** 区域中选中 单选项，单击 按钮，在 **宽度范围** 区域的"类型"下拉列表中选择 偏移里 ，在"偏移 1"文本框输入 20，在"偏移 2"文本框输入 0，单击 确定 按钮完成特征的创建。

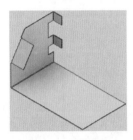

图 5.266　凸缘特征 03

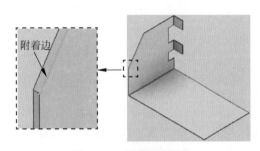

图 5.267　选取附着边

附着边

步骤12 定义剪切特征的截面草图。选择 钣金 功能选项卡 草图 区域中的 （开始创建二维草图）命令，选取如图 5.268 所示的模型表面为草图平面，绘制如图 5.269 所示的草图。

图 5.268　草图平面

草图平面

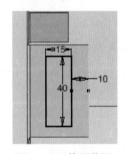

图 5.269　截面草图

步骤13 创建如图 5.270 所示的剪切特征 03。选择 钣金 功能选项卡 修改 ▼ 区域中的 （剪切）命令，系统会自动选取如图 5.269 所示的图形为截面轮廓，在"深度"下拉列表中选择"距离"，在"距离"文本框选择"厚度"，取消选中 法向剪切(N) 单选项，单击 确定 按钮，完成剪切的创建。

步骤14 创建如图 5.271 所示的镜像特征 01。选择 钣金 功能选项卡 阵列 区域中的 （镜像）命令，在"镜像"对话框中选中 （镜像各个特征）单选项，在浏览器选取"凸缘 1""剪切 1""剪切 2""凸缘 2""凸缘 3"与"剪切 3"作为要镜像的特征，在"镜像"对话框中单击 镜像平面 前的 按钮，选取"YZ 平面"为镜像中心平面，单击"镜像"对话框中的 确定 按钮，完成镜像特征的创建。

步骤15 定义剪切特征的截面草图。选择 钣金 功能选项卡 草图 区域中的 （开始创建二维草图）命令，选取如图 5.272 所示的模型表面为草图平面，绘制如图 5.273 所示的草图。

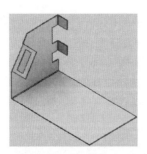

图 5.270　剪切特征 03

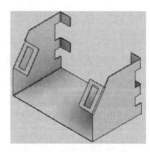

图 5.271　镜像特征 01

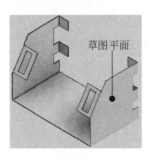

图 5.272　草图平面

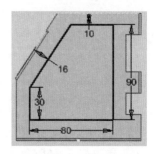

图 5.273　截面草图

○步骤16　创建如图 5.274 所示的剪切特征 04。选择选择 钣金 功能选项卡 修改▼ 区域中的 ▣（剪切）命令，系统会自动选取如图 5.273 所示的图形为截面轮廓，在"深度"下拉列表中选择"距离"，在"距离"文本框选择"厚度"，取消选中□法向剪切(N) 单选项，单击 确定 按钮，完成剪切的创建。

○步骤17　创建如图 5.275 所示的拐角圆角特征。选择 钣金 功能选项卡 修改▼ 区域中的 ▢拐角圆角 命令，系统会弹出"拐角圆角"对话框，在 选择模式 区域选中◉拐角(C) 单选项，在系统提示下，选取如图 5.276 所示的 5 条边线，在 半径 文本框输入圆角半径 8，单击 确定 按钮，完成拐角圆角的创建。

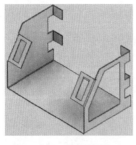

图 5.274　剪切特征 04

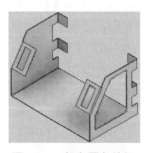

图 5.275　拐角圆角特征

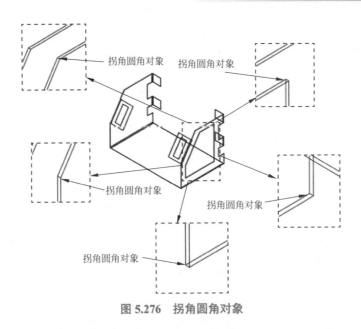

图 5.276　拐角圆角对象

步骤18　定义剪切特征的截面草图。选择 钣金 功能选项卡 草图 区域中的 （开始创建二维草图）命令，选取如图 5.277 所示的模型表面为草图平面，绘制如图 5.278 所示的草图。

图 5.277　草图平面

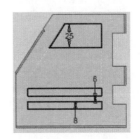

图 5.278　截面草图

步骤19　创建如图 5.279 所示的剪切特征。选择 钣金 功能选项卡 修改▼ 区域中的 （剪切）命令，选取如图 5.278 所示的多个封闭区域为截面轮廓，在"深度"下拉列表中选择"距离"，在"距离"文本框选择"厚度"，取消选中 法向剪切(N) 单选项，单击 确定 按钮，完成剪切的创建。

步骤20　创建如图 5.280 所示的拐角圆角特征。选择 钣金 功能选项卡 修改▼ 区域中的 拐角圆角 命令，系统会弹出"拐角圆角"对话框，在 选择模式 区域选中 ◉拐角(C) 单选项，

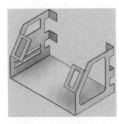

图 5.279　剪切特征

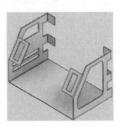

图 5.280　拐角圆角

在系统提示下，选取如图 5.281 所示的 4 条边线，在 半径 文本框输入圆角半径 4，单击 确定 按钮，完成拐角圆角的创建。

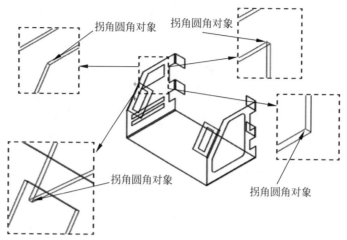

图 5.281 拐角圆角对象

⭕步骤21 定义凹坑冲压在钣金中的放置参考点。选择 钣金 功能选项卡 草图 区域中的 同（开始创建二维草图）命令，选取如图 5.282 所示的模型表面为草图平面，绘制如图 5.283 所示的草图（4 个点）。

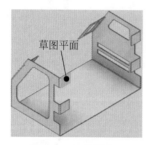

图 5.282 草图平面

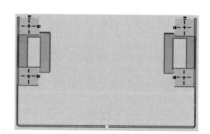

图 5.283 放置参考点草图

⭕步骤22 创建如图 5.284 所示的凹坑冲压成型特征。选择 钣金 功能选项卡 修改▼ 区域中的 畚 "冲压工具"命令，在"冲压工具目录"对话框中选择"凹坑冲压"工具，然后单击 打开(O) 按钮，系统会弹出"冲压工具"对话框，单击 完成 按钮，完成冲压的创建。

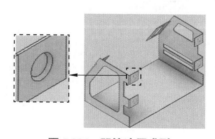

图 5.284 凹坑冲压成型

○ 步骤23 定义加强筋冲压在钣金中的放置参考点。选择 钣金 功能选项卡 草图 区域中的 ▣ （开始创建二维草图）命令，选取如图 5.285 所示的模型表面为草图平面，绘制如图 5.286 所示的草图（一个点）。

图 5.285　草图平面

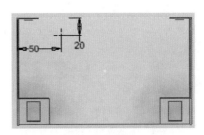

图 5.286　放置参考点草图

○ 步骤24 创建如图 5.287 所示的将加强筋冲压成型特征。选择 钣金 功能选项卡 修改 ▼ 区域中的 ⬚ "冲压工具"命令，在"冲压工具目录"对话框中选择"加强筋冲压"工具，然后单击 打开(O) 按钮，系统会弹出"冲压工具"对话框，在 角度 文本框输入 90，单击 完成 按钮，完成冲压的创建。

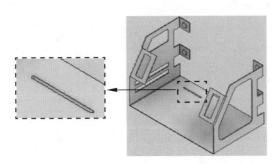

图 5.287　凹坑冲压成型

○ 步骤25 创建如图 5.288 所示的矩形阵列。选择 钣金 功能选项卡 阵列 区域中的 ▦ 矩形（矩形阵列）命令，系统会弹出"矩形阵列"对话框，在"矩形阵列"对话框中选中 ▣ （阵列各个特征）单选项，在系统提示下，在浏览器选取步骤 24 创建的成型特征作为要阵列的特征，激活 方向1 区域中的 ▸ 按钮，选取如图 5.289 所示的边线，方向如图 4.290 所示，在 ⋯ 文本框输入数量 5，在 ◇ 文本框输入间距 20，激活 方向2 区域中的 ▸ 按钮，选取如图 5.284 所示的边线，方向如图 4.291 所示，在 ⋯ 文本框输入数量 2，在 ◇ 文本框输入间距 100，单击 确定 按钮，完成矩形阵列的创建。

说明

　　如果方向不正确，用户则可以通过单击 ⬚ 按钮进行调整。

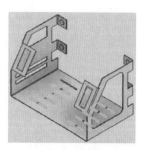

图 5.288　矩形阵列

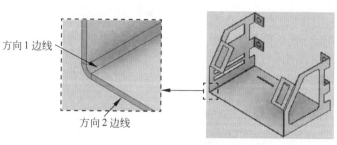

方向1边线

方向2边线

图 5.289　矩形阵列方向参考

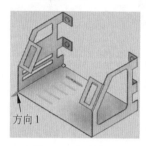

方向1

图 5.290　方向 1

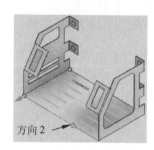

方向2

图 5.291　方向 2

⚙步骤26 定义矩形凹坑冲压在钣金中的放置参考点。选择 钣金 功能选项卡 草图 区域中的 ▣（开始创建二维草图）命令，选取如图 5.292 所示的模型表面为草图平面，绘制如图 5.293 所示的草图（一个点）。

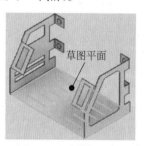

草图平面

图 5.292　草图平面

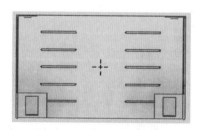

图 5.293　放置参考点草图

⚙步骤27 创建如图 5.294 所示的将矩形凹坑冲压成型特征。选择 钣金 功能选项卡 修改▼ 区域中的 ⬚ "冲压工具"命令，在"冲压工具目录"对话框中选择"矩形凹坑冲压"工具，然后单击 打开(O) 按钮，系统会弹出"冲压工具"对话框，在"冲压工具"对话框中单击几何图元选项卡，在角度文本框输入 90，其他参数采用默认，单击 完成 按钮，完成冲压的创建。

⚙步骤28 保存文件。选择"快速访问工具栏"中的"保存"命令，系统会弹出"另存为"对话框，在文件名文本框输入"机床外罩"，单击"保存按钮，完成保存操作。

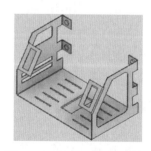

图 5.294　矩形凹坑冲压成型

第6章

Inventor 装配设计

6.1　装配设计概述

在实际的产品设计过程中，零件设计只是一个最基础的环节，一个完整的产品都由许多零件组装而成，只有将各个零件按照设计和使用的要求组装到一起，才能形成一个完整的产品，才能直观地表达出设计意图。

1. 装配的作用

（1）模拟真实产品组装，优化装配工艺。

零件的装配处于产品制造的最后阶段，产品最终的质量一般通过装配来得到保证和检验，因此，零件的装配设计是决定产品质量的关键环节。研究制定合理的装配工艺，采用有效地保证装配精度的装配方法，对进一步提高产品质量有十分重要的意义。Inventor 的装配模块能够模拟产品实际装配的过程。

（2）得到产品的完整数字模型，易于观察。

（3）检查装配体中各零件之间的干涉情况。

（4）制作爆炸视图辅助实际产品的组装。

（5）制作装配体工程图。

装配设计一般有两种方式：自顶向下装配和自下向顶装配。自下向顶设计是一种从局部到整体的设计方法，采用此方法设计产品的思路是先设计零部件，然后将零部件插入装配体控件中进行组装，从而得到整个装配体。这种方法在零件之间不存在任何参数关联，仅仅存在简单的装配关系；自顶向下设计是一种从整体到局部的设计方法，采用此方法设计产品的思路是先创建一个反映装配体整体构架的一级控件，所谓控件就是控制元件，用于控制模型的外观及尺寸等，在设计中起承上启下的作用，将最高级别称为一级控件，其次，根据一级控件来分配各个零件间的位置关系和结构，并根据分配好的零件间的关系，完成各零件的设计。

2. 相关术语及概念

（1）零件：组成部件与产品的最基本单元。

（2）部件：可以是零件也可以是多个零件组成的子装配，它是组成产品的主要单元。

（3）约束：在装配过程中，配合用来控制零部件与零部件之间的相对位置，起到定位作用。

（4）装配体：也称为产品，是装配的最终结果，它是由零部件及零部件之间的配合关系组成的。

6.2　装配设计的一般过程

▶29min

使用 Inventor 进行装配设计的一般过程如下。

（1）新建一个"装配"文件，进入装配设计环境。

（2）装配第 1 个零部件。

> **说明**
>
> 装配第 1 个零部件时包含两步操作。第 1 步，引入零部件；第 2 步，通过约束定义零部件的位置。

（3）装配其他零部件。

（4）保存装配体。

（5）制作爆炸视图。

（6）创建装配体工程图。

下面以装配如图 6.1 所示的车轮产品为例，介绍装配体创建的一般过程。

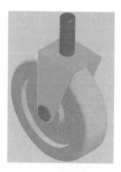

图 6.1　车轮产品

6.2.1　新建装配文件

◯步骤1　选择命令。选择 快速入门 功能选项卡 启动 区域中的 ▢（新建）命令，系统会弹出"新建文件"对话框。

◯步骤2　选择装配模板。在"新建文件"对话框中选择 Standard.iam 模板，单击 创建 按钮进入装配环境。

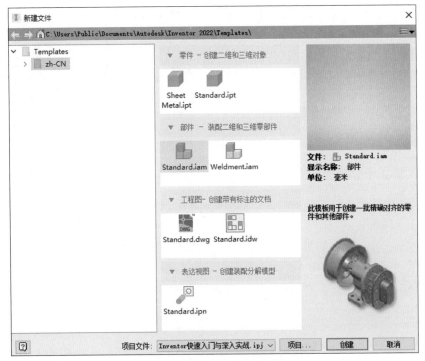

图 6.2　"新建文件"对话框

6.2.2　装配第 1 个零件

○步骤 1　选择命令。选择 装配 功能选型卡 零部件 ▾ 区域中的 📂（放置）命令，系统会弹出如图 6.3 所示的"装入零部件"对话框。

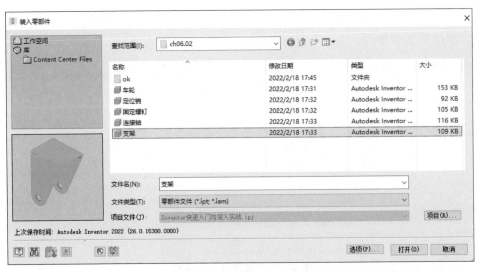

图 6.3　"装入零部件"对话框

⚪步骤2 选择要添加的零部件。在打开的对话框中选择 D:\inventor2022\ ch06.02 中的支架零件，然后单击 打开(O) 按钮。

⚪步骤3 定位零部件。在图形区右击并选择 在原点处固定放置(G) 命令，即可把零部件固定到装配原点处（零件的 3 个默认基准面与装配体的 3 个默认基准面分别重合），放置完成后按键盘上的 Esc 键，如图 6.4 所示。

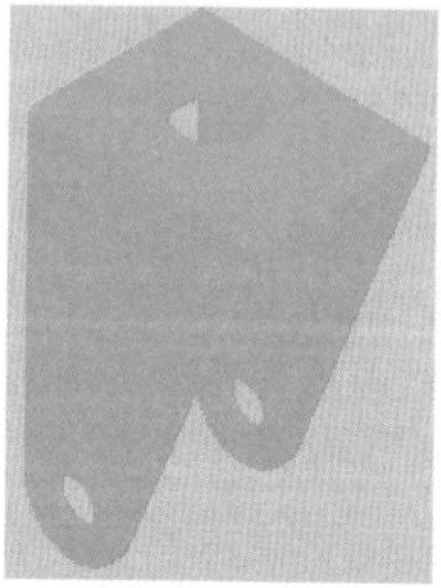

6.2.3　装配第 2 个零件

图 6.4　支架零件

1. 引入第 2 个零件

⚪步骤1 选择命令。选择 装配 功能选型卡 零部件 ▼ 区域中的 （放置）命令，系统会弹出"装入零部件"对话框。

⚪步骤2 选择要添加的零部件。在打开的对话框中选择 D:\inventor2022\ ch06.02 中的车轮零件，然后单击 打开(O) 按钮。

⚪步骤3 放置零部件。在图形区合适位置单击放置第 2 个零件，如图 6.5 所示，放置完成后按键盘上的 Esc 键。

图 6.5　车轮零件

2. 定位第 2 个零件

⚪步骤1 选择命令。选择 装配 功能选项卡 关系 ▼ 区域中的 （约束）命令，系统会弹出如图 6.6 所示的"放置约束"对话框。

图 6.6　"放置约束"对话框

步骤 2　定义约束类型。在"放置约束"对话框 **类型** 区域选中 ⬚（配合）类型。

步骤 3　选择放置约束对象。在系统 选择要约束的几何图元 的提示下，选取如图 6.7 所示的圆柱面 1 与圆柱面 2 为参考。

步骤 4　选择求解方法。在"放置约束"对话框 **求解方法** 区域选中 ⬚（对齐）选项。

步骤 5　单击 应用 按钮完成约束添加，效果如图 6.8 所示。

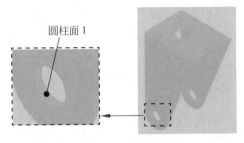

图 6.7　参考面

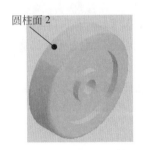

图 6.8　配合约束

说明

　　如果车轮零件位置与支架零件位置干涉影响后期对象的选取，用户可以将鼠标指针放置到车轮零件上，按住左键拖动即可调整车轮位置。

步骤 6　定义约束类型。在"放置约束"对话框 **类型** 区域确认选中 ⬚（配合）类型。

步骤 7　选择放置约束对象。在系统 选择要约束的几何图元 的提示下，选取支架零件的 XY 平面与车轮零件的 YZ 平面为参考。

步骤 8　选择求解方法。在"放置约束"对话框 **求解方法** 区域选中 ⬚（配合）选项。

步骤 9　单击 确定 按钮完成车轮位置的定义，完成后的效果如图 6.9 所示。

图 6.9　车轮定位完成

6.2.4　装配第 3 个零件

1. 引入第 3 个零件

◎步骤1 选择命令。选择 装配 功能选型卡 零部件 ▾ 区域中的 📂（放置）命令，系统会弹出"装入零部件"对话框。

◎步骤2 选择要添加的零部件。在打开的对话框中选择 D:\inventor2022\ ch06.02 中的定位销零件，然后单击 打开(O) 按钮。

◎步骤3 放置零部件。在图形区合适位置单击放置第 3 个零件，如图 6.10 所示，放置完成后按键盘上的 Esc 键。

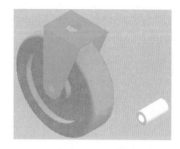

图 6.10　定位销零件

2. 定位第 3 个零件

◎步骤1 选择命令。选择 装配 功能选项卡 关系 ▾ 区域中的 ⬛（约束）命令，系统会弹出"放置约束"对话框。

◎步骤2 定义约束类型。在"放置约束"对话框 类型 区域选中 📏（配合）类型。

◎步骤3 选择放置约束对象。在系统 选择要约束的几何图元 的提示下，选取如图 6.11 所示的圆柱面 1 与圆柱面 2 为参考。

◎步骤4 选择求解方法。在"放置约束"对话框 求解方法 区域选中 📶（对齐）选项。

◎步骤5 单击 应用 按钮完成约束添加，效果如图 6.12 所示。

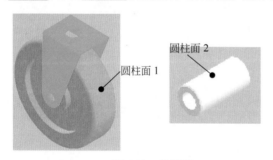

圆柱面 2

圆柱面 1

图 6.11　参考面

图 6.12　配合约束

> **说明**
>
> 　　如果定位销零件位置影响后期约束对象的选取，用户则可以将鼠标指针放置到定位销零件上，按住左键拖动即可调整定位销位置。

◎步骤6 定义约束类型。在"放置约束"对话框 类型 区域确认选中 📏（配合）类型。

◎步骤7 选择放置约束对象。在系统 选择要约束的几何图元 的提示下，选取支架零件的 XY 平面与定位销零件的 XY 平面为参考。

○步骤8 选择求解方法。在"放置约束"对话框 求解方法 区域选中 ▭（配合）选项。

○步骤9 单击 确定 按钮完成定位销位置的定义，完成后如图 6.13 所示（隐藏车轮零件后的效果）。

图 6.13　定位销定位完成

6.2.5　装配第 4 个零件

1. 引入第 4 个零件

○步骤1 选择命令。选择 装配 功能选型卡 零部件 ▾ 区域中的 ▨（放置）命令，系统会弹出"装入零部件"对话框。

○步骤2 选择要添加的零部件。在打开的对话框中选择 D:\inventor2022\ ch06.02 中的固定螺钉零件，然后单击 打开(0) 按钮。

○步骤3 放置零部件。在图形区合适位置单击放置第 4 个零件，如图 6.14 所示，放置完成后按键盘上的 Esc 键。

图 6.14　固定螺钉零件

2. 定位第 4 个零件

○步骤1 调整零件的角度与位置。选择 装配 功能选项卡 位置 ▾ 区域中的 ▨ 自由旋转 命令，在图形区中将鼠标指针移动到要旋转的固定螺钉零件上并单击，此时图形区如图 6.15 所示，按住鼠标左键并拖动鼠标，将模型旋转至如图 6.16 所示的大概角度。

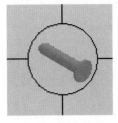

图 6.15　旋转命令

图 6.16　旋转固定螺钉角度

○步骤2 选择命令。选择 装配 功能选项卡 关系▾ 区域中的⬚（约束）命令，系统会弹出"放置约束"对话框。

○步骤3 定义约束类型。在"放置约束"对话框 类型 区域选中⬚（配合）类型。

○步骤4 选择放置约束对象。在系统 选择要约束的几何图元 的提示下，选取如图6.17所示的圆柱面1与圆柱面2为参考。

○步骤5 选择求解方法。在"放置约束"对话框 求解方法 区域选中 ⬚（配合）选项。

○步骤6 单 应用 按钮完成约束添加，效果如图6.18所示。

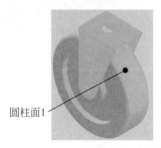

图6.17 参考面

图6.18 配合约束

○步骤7 定义约束类型。在"放置约束"对话框 类型 区域确认选中⬚（配合）类型。

○步骤8 选择放置约束对象。在系统 选择要约束的几何图元 的提示下，选取如图6.19所示的面1与面2为参考。

○步骤9 选择求解方法。在"放置约束"对话框 求解方法 区域选中⬚（配合）选项。

○步骤10 单击 确定 按钮完成定位销位置的定义，完成后如图6.20所示。

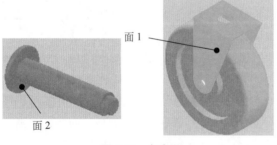

图6.19 参考面

图6.20 配合约束

6.2.6 装配第5个零件

1. 引入第5个零件

○步骤1 选择命令。选择 装配 功能选型卡 零部件▾ 区域中的⬚（放置）命令，系统会弹出"装入零部件"对话框。

步骤2 选择要添加的零部件。在打开的对话框中选择 D:\inventor2022\ ch06.02 中的连接轴零件，然后单击 [打开(0)] 按钮。

步骤3 放置零部件。在图形区合适位置单击放置第 5 个零件，如图 6.21 所示，放置完成后按键盘上的 Esc 键。

2. 定位第 5 个零件

步骤1 调整零件角度。选择 [装配] 功能选项卡 位置 ▼ 区域中的 [自由旋转] 命令，在图形区中将鼠标指针移动到要旋转的连接轴零件上并单击，按住鼠标左键并拖动鼠标，将模型旋转至如图 6.22 所示的大概角度。

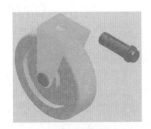

图 6.21　连接轴零件

图 6.22　调整零件角度

步骤2 选择命令。选择 [装配] 功能选项卡 关系 ▼ 区域中的 [约束] 命令，系统会弹出"放置约束"对话框。

步骤3 定义约束类型。在"放置约束"对话框 类型 区域选中 [配合] 类型。

步骤4 选择放置约束对象。在系统 选择要约束的几何图元 的提示下，选取如图 6.23 所示的圆柱面 1 与圆柱面 2 为参考。

步骤5 选择求解方法。在"放置约束"对话框 求解方法 区域选中 [对齐] 选项。

步骤6 单击 [应用] 按钮完成约束的添加，效果如图 6.24 所示。

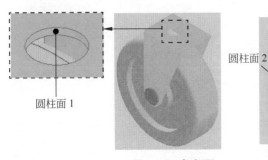

圆柱面 1

图 6.23　参考面

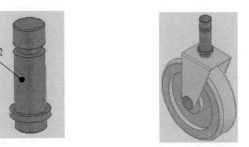

圆柱面 2

图 6.24　配合约束

步骤7 定义约束类型。在"放置约束"对话框 类型 区域确认选中 [配合] 类型。

步骤8 选择放置约束对象。在系统 选择要约束的几何图元 的提示下，选取如图 6.25 所示的面 1 与面 2 为参考。

○步骤9 选择求解方法。在"放置约束"对话框**求解方法**区域选中 （配合）选项。

○步骤10 单击 ▢ 确定 ▢ 按钮完成连接轴位置的定义，完成后如图 6.26 所示。

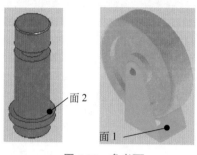

图 6.25 参考面 图 6.26 配合约束

○步骤11 保存文件。选择"快速访问工具栏"中的"保存"命令，系统会弹出"另存为"对话框，在文件名文本框输入"车轮"，单击"保存"按钮，完成保存操作。

> **注意**
>
> 一般情况下，装配文件要与零件文件放置在同一文件夹中。

6.3 约束

通过定义装配约束，可以指定零件相对于装配体（组件）中其他组件的放置方式和位置。装配约束的类型包括配合、角度、相切、插入和对称等。在 Inventor 中，一个零件通过装配约束添加到装配体后，它的位置会随与其有约束关系的组件的改变而相应地改变，而且约束设置值作为参数可随时修改，并可与其他参数建立关系方程，这样整个装配体实际上是一个参数化的装配体。

关于装配约束，需要注意以下几点：

（1）一般来讲，建立一个装配约束时，应选取零件参照和部件参照。零件参照和部件参照是零件和装配体中用于配合定位和定向的点、线、面。例如通过"配合"约束将一根轴放入装配体的一个孔中，轴的圆柱面或者中心轴就是零件参照，而孔的圆柱面或者中心轴就是部件参照。

（2）要对一个零件在装配体中完整地指定放置和定向（完整约束），往往需要定义多个装配约束。

（3）系统一次只可以添加一个约束。例如不能用一个"配合"约束将一个零件上两个不同的孔与装配体中的另一个零件上两个不同的孔对齐，必须定义两个不同的"配合"约束。

1. "配合"约束

"配合"约束可以添加两个零部件线或者面（线与线重合如图 6.27 所示、线与面重合如

19min

图 6.28 所示、面与面重合如图 6.29 所示）的重合关系，并且可以改变重合的方向，如图 6.30 所示。

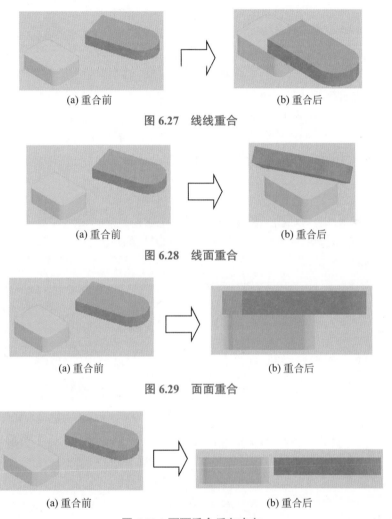

(a) 重合前　　　　　　　　　(b) 重合后

图 6.27　线线重合

(a) 重合前　　　　　　　　　(b) 重合后

图 6.28　线面重合

(a) 重合前　　　　　　　　　(b) 重合后

图 6.29　面面重合

(a) 重合前　　　　　　　　　(b) 重合后

图 6.30　面面重合反向方向

"配合"约束可以使两个零部件上的线或面保持一定距离来限制零部件的相对位置关系，如图 6.31 所示。

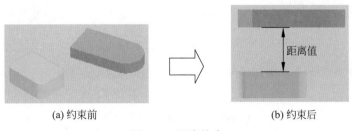

距离值

(a) 约束前　　　　　　　　　(b) 约束后

图 6.31　距离约束

"配合"约束可以添加两个零部件线或者面中任意两个对象之间在一定间距范围内活动。下面以装配如图 6.32 所示的产品为例，模拟零件 2 可以在零件 1 槽中的一定范围活动，介绍添加限制距离的配合约束的一般过程。

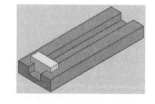

图 6.32　限制距离的配合约束

○步骤 1　新建装配文件。选择 快速入门 功能选项卡 启动 区域中的 □（新建）命令，系统会弹出"新建文件"对话框，在"新建文件"对话框中选择 Standard.iam 模板，单击 创建 按钮进入装配环境。

○步骤 2　引入并定位第 1 个零部件。选择 装配 功能选型卡 零部件 ▾ 区域中的 ☞（放置）命令，系统会弹出"装入零部件"对话框，在打开的对话框中选择 D:\inventor2022\ch06.03 中的限制距离 01 零件，然后单击 打开(O) 按钮，在图形区右击并选择在原点处固定放置(G)命令，即可把零部件固定到装配原点处，如图 6.33 所示。

○步骤 3　引入第 2 个零部件。选择 装配 功能选型卡 零部件 ▾ 区域中的 ☞（放置）命令，系统会弹出"装入零部件"对话框，在打开的对话框中选择 D:\inventor2022\ ch06.03 中的限制距离 02 零件，然后单击 打开(O) 按钮，在图形区合适位置单击放置零件，如图 6.34 所示，放置完成后按键盘上的 Esc 键。

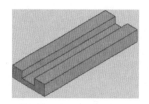

图 6.33　限制距离 01 零件

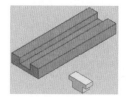

图 6.34　限制距离 02 零件

○步骤 4　添加第 2 个零部件的配合约束。选择 装配 功能选项卡 关系 ▾ 区域中的 ◻（约束）命令，系统会弹出"放置约束"对话框，在 类型 区域确认选中 ◪（配合）类型，在系统的提示下，选取如图 6.35 所示的面 1 与面 2 为参考，在 求解方法 区域选中 ◻◻（配合）选项，单击 应用 按钮完成配合约束的定义，完成后如图 6.36 所示。

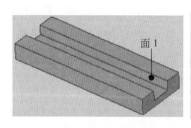

面 1

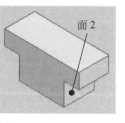

面 2

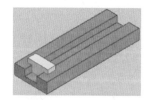

图 6.35　配合面

图 6.36　配合约束

○步骤 5　添加第 2 个零部件的配合约束。在 类型 区域确认选中 ◪（配合）类型，在系统的提示下，选取如图 6.37 所示的面 1 与面 2 为参考，在 求解方法 区域选中 ◻◻（配合）选项，单击 应用 按钮完成配合约束的定义，完成后如图 6.38 所示。

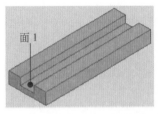
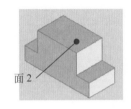

图 6.37　配合面

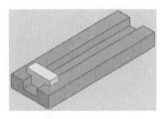

图 6.38　配合约束

○步骤6 添加第 2 个零部件的配合约束。在 类型 区域确认选中 ▱（配合）类型，在系统的提示下，选取如图 6.39 所示的面 1 与面 2 为参考，在 求解方法 区域选中 ◈（对齐）选项，在 偏移里:文本框输入 -10，单击 "放置约束" 对话框中的 >> "更多" 按钮，在 极限 区域取消选中☐使用偏移里作为基准位置复选项，选中☑最大值复选框，在☑最大值文本框输入 0，选中☑最小值复选框，在☑最小值文本框输入 -60，单击 确定 按钮完成配合约束的定义，完成后如图 6.40 所示。

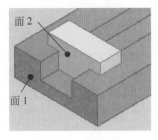

图 6.39　配合面

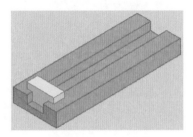

图 6.40　配合约束

○步骤7 验证限制距离配合。在绘图区域中将鼠标指针放置到限制距离 02 表面，按住鼠标左键拖动，此时看到限制距离 02 会在轨道中滑动，并且范围为 0 ～ 60，如图 6.41 所示。

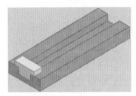

(a) 最小距离　　　　　　　　　　　(b) 最大距离

图 6.41　验证限制距离配合

○步骤8 保存文件。选择 "快速访问工具栏" 中的 "保存" 命令，系统会弹出 "另存为" 对话框，在文件名文本框输入 "限制距离约束"，单击 "保存" 按钮，完成保存操作。

"配合" 约束可以将所选两个圆柱面处于同轴心位置，该配合经常用于轴类零件的装配，如图 6.42 所示。

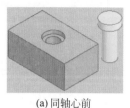
(a) 同轴心前

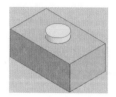
(b) 同轴心后

图 6.42　同轴心配合

14min

2. "角度"约束

"角度"约束可以使两个元件上的线或面建立一个角度，从而限制部件的相对位置关系，如图 6.43 所示。

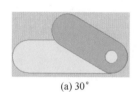
(a) 30°

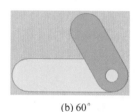
(b) 60°

图 6.43　角度约束

"角度"约束可以添加两个零部件线或者面对象之间（线与线平行、线与面平行、面与面平行）的平行关系，并且可以改变平行的方向，如图 6.44 所示。

(a) 平行线

(b) 平行后

图 6.44　平行

"角度"约束可以添加两个零部件线或者面对象之间（线与线垂直、线与面垂直、面与面垂直）的垂直关系，如图 6.45 所示。

(a) 垂直前

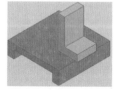
(b) 垂直后

图 6.45　垂直

"角度"约束可以添加两个零部件线或者面对象之间在一定角度范围内摆动。下面以装配如图 6.46 所示的门产品为例，模拟门的打开与关闭，介绍添加限制角度约束的一般过程。

○步骤1　新建装配文件。选择 快速入门 功能选项卡 启动 区域中的□（新建）命令，系统会弹出 "新建文件" 对话框，在 "新建文件" 对话框中选择 Standard.iam 模板，单击 创建 按钮进入装配环境。

○步骤2　引入并定位第 1 个零部件。选择 装配 功能选型卡 零部件 ▾ 区域中的▨（放置）命令，系统会弹出 "装入零部件" 对话框，在打开的对话框中选择 D:\inventor2022\ch06.03 中的门框零件，然后单击 打开(O) 按钮，在图形区右击并选择 在原点处固定放置(G) 命令，即可把零部件固定到装配原点处，如图 6.47 所示。

○步骤3　引入第 2 个零部件。选择 装配 功能选型卡 零部件 ▾ 区域中的▨（放置）命令，系统会弹出 "装入零部件" 对话框，在打开的对话框中选择 D:\inventor2022\ ch06.03 中的门零件，然后单击 打开(O) 按钮，在图形区的合适位置单击放置零件，如图 6.48 所示，放置完成后按键盘上的 Esc 键。

图 6.46　限制角度约束

图 6.47　门框零件

图 6.48　门零件

○步骤4　添加第 2 个零部件的配合约束。选择 装配 功能选项卡 关系 ▾ 区域中的▨（约束）命令，系统会弹出 "放置约束" 对话框，在 类型 区域确认选中▨（配合）类型，在系统的提示下，选取如图 6.49 所示的面 1 与面 2 为参考，在 求解方法 区域选中 ▨（配合）选项，单击 应用 按钮完成配合约束的定义，完成后如图 6.50 所示。

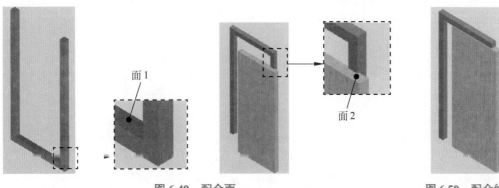

图 6.49　配合面　　　　　　　　　　　　　　　图 6.50　配合约束

◯步骤⑤ 添加第 2 个零部件的配合约束。在 **类型** 区域确认选中 ▥（配合）类型，在系统的提示下，选取如图 6.51 所示的边 1 与边 2 为参考，在 **求解方法** 区域选中 ▧（反向）选项，单击 **应用** 按钮完成配合约束的定义，完成后如图 6.52 所示。

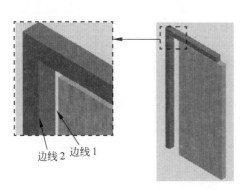

图 6.51　配合边线　　　　　　　　　图 6.52　重合配合 2

◯步骤⑥ 添加第 2 个零部件的角度约束。在 **类型** 区域确认选中 ◲（角度）类型，在系统的提示下，选取如图 6.53 所示的面 1 与面 2 为参考，在 **求解方法** 区域选中 ▥（未定向角度）选项，在 **偏移里** 文本框输入 30，单击"放置约束"对话框中的 ▸▸ "更多"按钮，在 **极限** 区域取消选中□ **使用偏移里作为基准位置** 复选项，选中☑ **最大值** 复选框，在☑ **最大值** 文本框输入 90，选中☑ **最小值** 复选框，在☑ **最小值** 文本框输入 0，单击 **确定** 按钮完成配合约束的定义，完成后如图 6.54 所示。

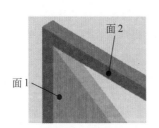

图 6.53　配合面　　　　　　　　　　图 6.54　配合约束

◯步骤⑦ 验证限制角度配合。在绘图区域中将鼠标指针放置到门零件表面，按住鼠标左键拖动，此时会看到门随着鼠标转动，并且转动角度范围为 0 ～ 90，如图 6.55 所示。

◯步骤⑧ 保存文件。选择"快速访问工具栏"中的"保存"命令，系统会弹出"另存为"对话框，在文件名文本框输入"限制角度约束"，单击"保存"按钮，完成保存操作。

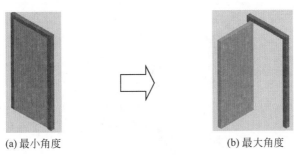

(a) 最小角度　　　　　　　　　　(b) 最大角度

图 6.55　验证角度的角度约束

3. "相切" 约束

"相切" 约束可以将所选两个元素处于相切位置（至少有一个元素为圆柱面、圆锥面或者球面），并且可以改变相切的方向，如图 6.56 所示。

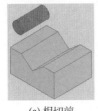

(a) 相切前　　　　　　　　　　(b) 相切后

图 6.56　相切配合

4. "插入" 约束

"插入" 约束是平面之间的面对面配合约束和两个零部件的轴之间的配合约束的组合，插入约束需要选择两个圆或者圆弧的参考，系统会将圆弧所在的面重合，圆弧所在圆柱（圆锥）面同心，如图 6.57 所示。

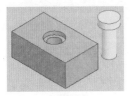 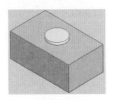

(a) 插入前　　　　　　　　　　(b) 插入后

图 6.57　插入约束

5. "对称" 约束

"对称" 约束可以添加两个零部件中某两个面关于某一个面是对称的关系，例如要让如图 6.58 所示的件 1 与件 2 关于面 1 对称，需要选取面 1 与面 2 为要对称的面，选取面 3 为对称中心面，添加后如图 6.59 所示。

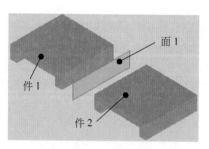

图 6.58　对称

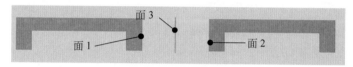

图 6.59　对称约束

6.4　零部件的复制

6.4.1　镜像复制

5min

　　在装配体中，经常会出现两个零部件关于某一平面对称的情况，此时，不需要再次为装配体添加相同的零部件，只需将原有零部件进行镜像复制。下面以图 6.60 所示的产品为例介绍镜像复制的一般操作过程。

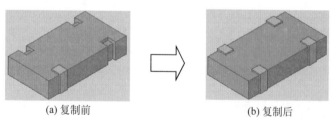

(a) 复制前　　　　　　　　　　　(b) 复制后

图 6.60　镜像复制

　◯步骤1　打开文件 D:\inventor2022\ ch06.04\ ch06.04.01\ 镜像复制 -ex。

　◯步骤2　选择命令。选择 装配 功能选型卡 阵列 ▾ 区域中的 镜像 命令，系统会弹出如图 6.61 所示的"镜像零部件：状态"对话框。

　◯步骤3　选择要镜像的零部件。在系统 选择零部件 的提示下，选取如图 6.62 所示的零件为要镜像的零件。

图 6.61　"镜像零部件：状态"对话框

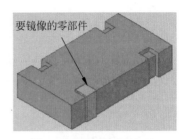

图 6.62　要镜像的零部件

○步骤 4　选择镜像中心面。在"镜像零部件"对话框中单击激活 镜像平面 前的 📐，在系统 选择镜像平面 的提示下，选取 YZ 平面为镜像中心面。

○步骤 5　选中 ☑镜像关系 复选框，单击 下一步 按钮，系统会弹出如图 6.63 所示的"镜像 零部件：文件名"对话框。

图 6.63　"镜像零部件：文件名"对话框

○步骤 6　采用系统默认的文件名参数，单击 确定 按钮，完成镜像零部件的操作，完 成后如图 6.64 所示。

○步骤 7　选择命令。选择 装配 功能选型卡 阵列▼ 区域中的 ▯镜像 命令，系统会弹出"镜像 零部件：状态"对话框。

○步骤 8　选择要镜像的零部件。在系统 选择零部件 的提示下，选取如图 6.64 所示的零部件为 要镜像的零部件。

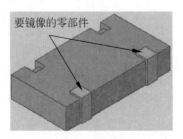

图 6.64　镜像零部件

◎步骤⑨ 选择镜像中心面。在"镜像零部件"对话框中单击激活 镜像平面 前的 ，在系统 选择镜像平面 的提示下，选取 XY 平面为镜像中心面。

◎步骤⑩ 确认选中 ☑镜像关系 复选框，单击 下一步 按钮，系统会弹出"镜像零部件：文件名"对话框。

◎步骤⑪ 采用系统默认的文件名参数，单击 确定 按钮，完成镜像零部件的操作。

6.4.2 阵列复制

▶5min

1. 矩形阵列

"矩形阵列"可以将零部件沿着一个或者两个线性的方向进行规律性复制，从而得到多个副本。下面以如图 6.65 所示的装配为例，介绍矩形阵列的一般操作过程。

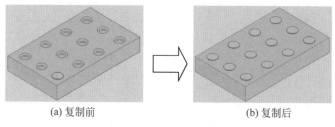

(a) 复制前   (b) 复制后

图 6.65 矩形阵列

◎步骤① 打开文件 D:\inventor2022\ ch06.04\ ch06.04.02\ 矩形阵列 -ex。

◎步骤② 选择命令。选择 装配 功能选型卡 阵列 ▾ 区域中的 阵列 命令，系统会弹出如图 6.66 所示的"阵列零部件"对话框。

◎步骤③ 选择要阵列的零部件。在系统 选择零部件进行阵列 的提示下，选取如图 6.67 所示的零件为要阵列的零件。

图 6.66 "阵列零部件"对话框

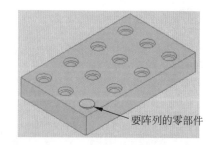

图 6.67 要阵列的零部件

◎步骤④ 定义阵列类型。在"阵列零部件"对话框中单击 "矩形"选项卡，将阵列类型设置为矩形阵列。

◎步骤⑤ 定义阵列方向 1 参数。在"阵列零部件"对话框中单击 列 区域中的 "列方向"按钮，选取如图 6.68 所示的边线 1 作为列方向参考，在 ◆◆◆ 文本框输入 4，在 ◇ 文本框输入 50。

○步骤 6　定义阵列方向 2 参数。在"阵列零部件"对话框中单击行区域中的 ▶ "行方向"按钮，选取如图 6.68 所示的边线 2 作为列方向参考，单击 ↗ 按钮调整至反向，在 ◆◆◆ 文本框输入 3，在 ◇ 文本框输入 40。

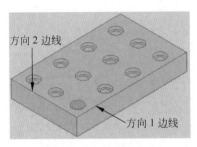

方向 2 边线

方向 1 边线

图 6.68　阵列方向参考

○步骤 7　单击 ▭确定 按钮，完成矩形阵列的操作。

2. 环形阵列

"环形阵列"可以将零部件绕着一根中心轴进行环形规律复制，从而得到多个副本。下面以如图 6.69 所示的装配为例，介绍环形阵列的一般操作过程。

▶ 3min

(a) 复制前　　　　　　　　　(b) 复制后

图 6.69　环形阵列

○步骤 1　打开文件 D:\inventor2022\ ch06.04\ ch06.04.03\ 环形阵列 -ex。

○步骤 2　选择命令。选择 装配 功能选型卡 阵列 ▾ 区域中的 ▦ 阵列 命令，系统会弹出如图 6.70 所示的"阵列零部件"对话框。

○步骤 3　选择要阵列的零部件。在系统 选择零部件进行阵列 的提示下，选取如图 6.70 所示的零件为要阵列的零件。

○步骤 4　定义阵列类型。在"阵列零部件"对话框中单击 ▥ "环形"选项卡，将阵列类型设置为环形阵列。

○步骤 5　定义环形阵列中心轴与参数。在"阵列零部件"对话框中单击环形区域中的 ▶ "轴向"按钮，选取如图 6.71 所示的圆柱面作为轴向方向参考，在 ▥ 文本框输入 3，在 ◆ 文本框输入 120，选中 旋转 区域中的 ▣ 选项。

○步骤⑥ 单击 确定 按钮，完成环形阵列的操作。

图 6.70　"阵列零部件"对话框

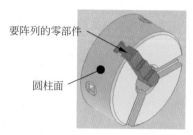

要阵列的零部件

圆柱面

图 6.71　阵列零部件与参数

3. 关联阵列

▶ 3min

　　关联阵列是以装配体中某一部件的阵列特征为参照进行部件的复制。如图 6.72 所示的 6 个螺钉阵列是参照装配体中底座上的 6 个阵列孔进行创建的，所以在创建"关联阵列"阵列之前应提前在装配体的某个零件中创建某一特征的阵列，该特征阵列将作为零部件阵列的参照。下面以如图 6.72 所示的装配为例，介绍关联阵列的一般操作过程。

(a) 复制前

(b) 复制后

图 6.72　关联阵列

　　○步骤① 打开文件 D:\inventor2022\ ch06.04\ ch06.04.04\ 关联阵列 -ex。

　　○步骤② 选择命令。选择 装配 功能选型卡 阵列 ▾ 区域中的 阵列 命令，系统会弹出"阵列零部件"对话框。

　　○步骤③ 选择要阵列的零部件。在系统 选择零部件进行阵列 的提示下，选取如图 6.73 所示的零件为要阵列的零件。

　　○步骤④ 定义阵列类型。在"阵列零部件"对话框中单击 "关联"选项卡，将阵列类型设置为关联阵列。

　　○步骤⑤ 定义阵列参考。在"阵列零部件"对话框中单击 特征阵列选择 区域中的 "关联特征阵列"按钮，选取如图 6.74 所示的矩形阵列。

　　○步骤⑥ 单击 确定 按钮，完成关联阵列的操作。

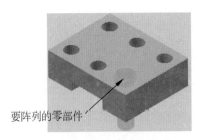

图 6.73　要阵列的零部件

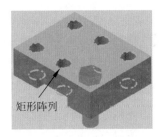

图 6.74　关联阵列参考

6.5　零部件的编辑

在装配体中，可以对该装配体中的任何零部件进行下面的一些操作：零部件的打开与删除、零部件尺寸的修改、零部件装配配合的修改（如距离配合中距离值的修改）及部件装配配合的重定义等。完成这些操作一般要从浏览器开始。

6.5.1　更改零部件名称

在一些比较大型的装配体中，通常会包含几百甚至几千个零件，如果需要选取其中的一个零部件，一般需要在浏览器中进行选取，此时浏览器中模型显示的名称就非常重要了。下面以如图 6.75 所示的浏览器为例，介绍在浏览器中更改零部件名称的一般操作过程。

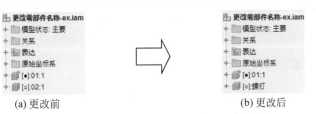

(a) 更改前　　　　　　　　　　　(b) 更改后

图 6.75　更改零部件名称

○步骤 1　打开文件 D:\inventor2022\ ch06.05\ ch06.05.01\ 更改零部件名称 -ex。

○步骤 2　在浏览器中右击 02 零件，在系统弹出的快捷菜单中选择 iProperty(I)... 命令，系统会弹出如图 6.76 所示的 iProperty 对话框。

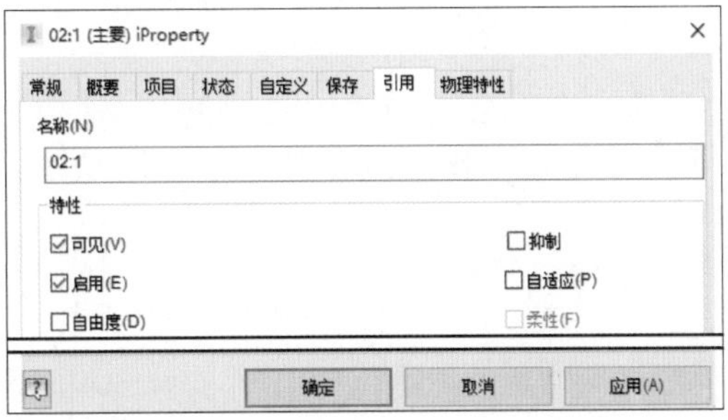

图 6.76　iProperty 对话框

○步骤3 在 iProperty 对话框中选择 引用 选项卡。在 名称(N) 文本框输入 "螺钉"。

○步骤4 单击 [确定] 按钮完成名称的修改。

6.5.2 修改零部件尺寸

5min

下面以如图 6.77 所示的装配体模型为例，介绍修改装配体中零部件尺寸的一般操作过程。

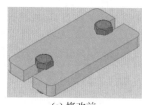 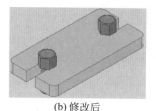

(a) 修改前   (b) 修改后

图 6.77 修改零部件尺寸

1. 单独打开修改零部件尺寸

○步骤1 打开文件 D:\inventor2022\ ch06.05\ ch06.05.02\ 修改零部件尺寸 -ex。

○步骤2 单独打开零部件。在浏览器中右击螺栓零件，在系统弹出的快捷菜单中选择 [打开(O)] 命令。

○步骤3 编辑特征尺寸。在浏览器中右击拉伸 2，在弹出的快捷菜单中选择 [编辑特征] 命令，在 距离A 文本框将尺寸修改为 20，单击 [确定] 按钮完成修改。

○步骤4 将窗口切换到总装配，完成后如图 6.77（b）所示。

2. 装配中直接编辑修改

○步骤1 打开文件 D:\inventor2022\ ch06.04\ ch06.05.02\ 修改零部件尺寸 -ex。

○步骤2 定义要修改的零部件。在浏览器中右击螺栓零件节点。

○步骤3 选择命令。在系统弹出的快捷菜单中选择 [编辑(E)] 命令，此时进入零件设计环境，如图 6.78 所示。

○步骤4 在浏览器中右击拉伸 2，在弹出的快捷菜单中选择 [编辑特征] 命令，在 距离A 文本框将尺寸修改为 20，单击 [确定] 按钮完成修改。

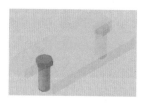

图 6.78 零件设计环境

○步骤5 单击 三维模型 功能选项卡 返回 区域中的 ◂● （返回）命令，即可返回装配设计环境，完成尺寸的修改，如图 6.77（b）所示。

6.5.3 添加装配特征

9min

在实际产品开发过程中，有些特征是将相关的零件安装到相应位置后，再进行一些结构的加工。用户可以在 Inventor 中使用 "装配环境下的草图与特征" 来表达这些结构。下面以如图 6.79 所示的装配体模型为例，介绍添加装配特征的一般操作过程。

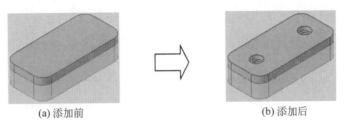

(a) 添加前　　　　　　　　　　(b) 添加后

图 6.79　添加装配特征

○步骤 1　打开文件 D:\inventor2022\ ch06.05\ ch06.05.03\ 添加装配特征 -ex。

○步骤 2　选择命令。选择 三维模型 功能选项卡 修改部件 区域中的 （孔）命令，系统会弹出孔 "特性" 对话框。

○步骤 3　定义打孔面与打孔位置。选取如图 6.80 所示的面为打孔面（选择的位置为第 1 个孔的初步位置），在打孔面上任意其他位置单击，以确定第 2 个孔的初步位置，如图 6.81 所示。

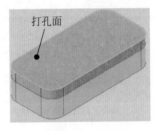

图 6.80　打孔面

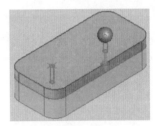

图 6.81　打孔位置初步定义

○步骤 4　定义孔的类型。在孔 "特性" 对话框的 类型 区域中选择 （简单孔）与 （沉头孔）类型。

○步骤 5　定义孔的参数。在孔 "特性" 对话框的 行为 区域选中 ，在 "沉头孔直径" 文本框输入 24，在 "沉头孔深度" 文本框输入 9，在 "直径" 文本框输入 15.5，单击 确定 按钮完成孔的初步创建。

○步骤 6　精确定义孔位置。在浏览器中右击 孔1 下的定位草图（草图 1），选择 编辑草图 命令，系统进入草图环境，添加约束后的效果如图 6.82 所示，单击 按钮完成定位。

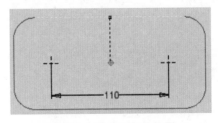

图 6.82　精确定义孔位置

说明

（1）装配体环境下的建模特征一般只有除料及阵列特征，如图 6.83 所示，拉伸、旋转、扫掠等特征只可以进行切除，因此在创建特征时对话框将没有布尔运算区域，如图 6.84 所示。

图 6.83　三维建模特征

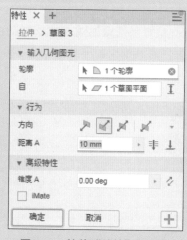

图 6.84　拉伸"特性"对话框

（2）默认情况下装配中创建的特征只有在装配中才可以看到，单独打开零件时不会有除料特征，如图 6.85 所示。

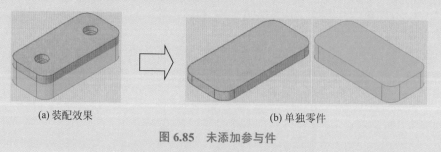

(a) 装配效果　　　　　　　　　　(b) 单独零件

图 6.85　未添加参与件

6.5.4　添加零部件

8min

下面以如图 6.86 所示的装配体模型为例，介绍添加零部件的一般操作过程。

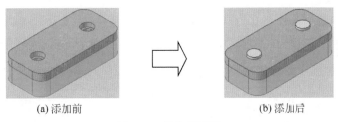

(a) 添加前　　　　　　　　　　　(b) 添加后

图 6.86　添加零部件

◎步骤 1　打开文件 D:\inventor2022\ ch06.05\ ch06.05.04\ 添加零部件 -ex。

◎步骤 2　选择命令。选择 装配 功能选型卡 零部件 ▾ 区域中的 🗋（创建）命令，系统会弹出如图 6.87 所示的"创建在位零部件"对话框。

图 6.87　"创建在位零部件"对话框

◎步骤 3　设置零件名称。在"创建在位零部件"对话框 新零部件名称(N) 文本框输入"固定螺栓"，单击 确定 按钮，在系统 为基础特征选择草图平面 的提示下，选取 XY 平面为参考平面，完成零部件的添加，浏览器如图 6.88 所示，图形区如图 6.89 所示。

图 6.88　浏览器

图 6.89　图形区

◎步骤 4　创建旋转特征。选择 三维模型 功能选项卡 创建 区域中的 🌀（旋转）命令，在系统提示下选取 XY 平面作为草图平面，绘制如图 6.90 所示的截面，在"旋转"对话框 行为 区域中选中 ↗（采用默认方向），在 角度A 文本框输入 360（旋转 360°），单击 确定 按钮，完成特征的创建，如图 6.91 所示。

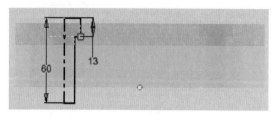

图 6.90 截面轮廓

图 6.91 旋转特征

◎步骤 5 单击 三维模型 功能选项卡 返回 区域中的 ◄◎（返回）命令，即可返回装配设计环境，完成零部件的创建。

◎步骤 6 镜像零部件。选择 装配 功能选型卡 阵列▾ 区域中的 镜像 命令，系统会弹出"镜像零部件：状态"对话框，在系统 选择零部件 的提示下，选取如图 6.92 所示的零件为要镜像的零件，单击激活 镜像平面 前的 ▷，在系统 选择镜像平面 的提示下，选取 YZ 平面为镜像中心面，确认选中 ☑镜像关系 复选框，单击 下一步 按钮，系统会弹出"镜像零部件：文件名"对话框，采用系统默认的文件名参数，单击 确定 按钮，完成镜像零部件的操作，效果如图 6.92 所示。

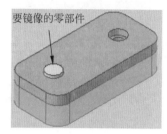

要镜像的零部件

图 6.92 镜像零部件

6.5.5 替换零部件

4min

假如当含有零件 1 的装配体创建完毕后，发现零件 1 的形状或结构不合适，而此时另一个设计师已经设计好了另一个与零件 1 作用相同的零件 2，并且零件 2 的设计更符合要求，所以希望用零件 2 替代零件 1，由于零件 1 与其他零件存在着父子关系，所以删除后再重新装配很容易使装配文件发生错误，在这里可使用 Inventor 的"替换"功能，并且替换后装配体中的装配约束关系、父子关系保持不变，这就是装配体中零部件替换的概念。

下面以如图 6.93 所示的装配体模型为例，介绍替换零部件的一般操作过程。

(a) 替换前　　　　　　　　　　　　　　　　(b) 替换后

图 6.93 替换零部件

◎步骤 1 打开文件 D:\inventor2022\ ch06.05\ ch06.05.05\ 替换零部件 -ex。

◎步骤 2 选择命令。在浏览器中右击"杯身 01"零件，在系统弹出的快捷菜单中依次选择 零部件 → 替换 命令，系统会弹出"装入零部件"对话框。

◎步骤3 定义替换件。在"装入零部件"对话框中选择"杯身02"为替换件。

◎步骤4 单击 [打开(O)] 按钮，系统会弹出如图 6.94 所示的"关系可能丢失"对话框，单击 [确定] 按钮完成替换，如图 6.93（b）所示。

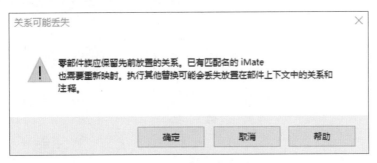

图 6.94 "关系可能丢失"对话框

6.6 爆炸视图

▶ 11min

装配体中的爆炸视图就是将装配体中的各零部件沿着直线或坐标轴移动，使各个零件从装配体中分解出来。爆炸视图对于表达装配体中所包含的零部件，以及各零部件之间的相对位置关系非常有帮助，实际应用中的装配工艺卡片就可以通过爆炸视图来具体制作。

下面以如图 6.95 所示的爆炸视图为例，介绍制作爆炸视图的一般操作过程。

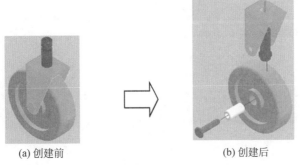

(a) 创建前   (b) 创建后

图 6.95 爆炸视图

◎步骤1 新建表达视图文件。选择 [快速入门] 功能选项卡 [启动] 区域中的 □ （新建）命令，系统会弹出"新建文件"对话框，在"新建文件"对话框中选择 Standard.ipn 模板，如图 6.96 所示，单击 [创建] 按钮进入表达视图环境，并且会弹出"插入"对话框。

◎步骤2 选择装配文件。在打开的对话框中选中 D:\inventor2022\ ch06.06\ 爆炸图文件，然后单击 [打开(O)] 按钮。

◎步骤3 创建爆炸视图步骤 1。

图 6.96 "新建文件"对话框

（1）选择命令。选择 表达视图 功能选项卡 零部件 区域中的 （调整零部件位置）命令，系统会弹出如图 6.97 所示的"调整零部件位置"对话框。

（2）定义要爆炸的零件。在图形区选取如图 6.98 所示的固定螺钉。

图 6.97 "调整零部件位置"对话框

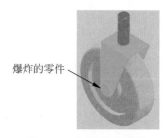

图 6.98 要爆炸的零件

（3）确定爆炸方向。在如图 6.99 所示的方向箭头上单击确定爆炸方向。

（4）定义移动距离。在 X 0.000 mm 文本框输入 100 并按 Enter 键，效果如图 6.100 所示。

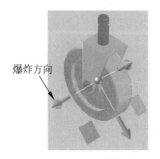

图 6.99 爆炸方向

图 6.100 爆炸视图步骤 1

◎步骤 4 创建爆炸视图步骤 2。

（1）选择命令。选择 表达视图 功能选项卡 零部件 区域中的 （调整零部件位置）命令，系统会弹出"调整零部件位置"对话框。

（2）定义要爆炸的零件。在图形区选取如图 6.101 所示的支架与连接轴零件（按住 Ctrl 键）。

（3）确定爆炸方向。在如图 6.102 所示的方向箭头上单击确定爆炸方向。

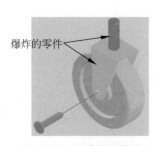

图 6.101　要爆炸的零件

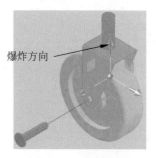

图 6.102　爆炸方向

（4）定义移动距离。在 X 0.000 mm 文本框输入 85 并按 Enter 键，效果如图 6.103 所示。

◎步骤 5 创建爆炸视图步骤 3。

（1）选择命令。选择 表达视图 功能选项卡 零部件 区域中的 （调整零部件位置）命令，系统会弹出"调整零部件位置"对话框。

（2）定义要爆炸的零件。在图形区选取如图 6.103 所示的连接轴零件。

（3）确定爆炸方向。在如图 6.104 所示的方向箭头上单击确定爆炸方向。

（4）定义移动距离。在 X 0.000 mm 文本框输入 70 并按 Enter 键，效果如图 6.105 所示。

◎步骤 6 创建爆炸视图步骤 4。

（1）选择命令。选择 表达视图 功能选项卡 零部件 区域中的 （调整零部件位置）命令，系统会弹出"调整零部件位置"对话框。

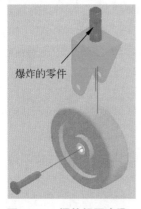

图 6.103　爆炸视图步骤 2

图 6.104　爆炸方向

（2）定义要爆炸的零件。在图形区选取如图 6.105 所示的定位销零件。

（3）确定爆炸方向。在如图 6.106 所示的方向箭头上单击确定爆炸方向。

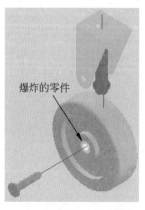

爆炸的零件

图 6.105　爆炸视图步骤 3

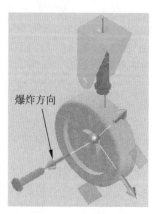

爆炸方向

图 6.106　爆炸方向

（4）定义移动距离。在 [x 0.000 mm] 文本框输入 50 并按 Enter 键，效果如图 6.107 所示。

图 6.107　爆炸视图步骤 4

◯步骤 7　查看拆卸动画。单击 故事板面板 区域中的 ▶▼ 按钮，即可查看产品的拆卸动画。

◯步骤 8　保存拆卸动画视频。选择 表达视图 功能选项卡 发布 区域中的 ㅛ（视频）命令，系统会弹出如图 6.108 所示的"发布为视频"对话框，在 发布范围 区域选中 ◉当前故事板 单选项，在 输出文件名 文本框输入"拆卸动画"，在 文件位置 区域设置动画保存的位置，在 文件格式 下拉列表中选择 AVI 文件 (*.avi)，单击 确定 按钮，系统会弹出如图 6.109 所示的"视频压缩"对话框，单击 确定 按钮完成操作，系统会显示如图 6.110 所示的进度条，完成后会弹出如图 6.111 所示的对话框，单击 确定 按钮完成保存。

◯步骤 9　查看组装动画。单击 故事板面板 区域中的 ◀▼ 按钮，即可查看产品的组装动画。

◯步骤 10　保存拆卸动画视频。选择 表达视图 功能选项卡 发布 区域中的 ㅛ（视频）命令，系统会弹出"发布为视频"对话框，在 发布范围 区域选中 ◉当前故事板 单选项，选中 ☑反转 复选框，在 输出文件名 文本框输入"组装动画"，在 文件位置 区域设置动画保存的位置，在 文件格式 下拉列表中选择

AVI 文件 (*.avi)，单击 确定 按钮，系统会弹出"视频压缩"对话框，单击 确定 按钮完成操作，系统会显示发布视频进度条，完成后单击 确定 按钮完成保存。

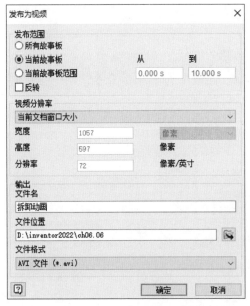

图 6.108　"发布为视频"对话框

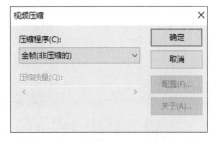

图 6.109　"视频压缩"对话框

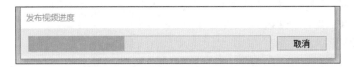

图 6.110　"发布视频进度"工具条

图 6.111　Inventor 对话框

◎步骤 11　保存文件。选择"快速访问工具栏"中的"保存"命令，系统会弹出"另存为"对话框，在文件名文本框输入"爆炸图"，单击"保存"按钮，完成保存操作。

6.7　iMate 自动化装配

iMate 是 Inventor 提供的可以预先添加到零部件上的装配约束标签。在实际装配过程中，　▶12min

系统可以自动搜索装配中已经存在的 iMate，达到自动装配的目的。使用 iMate 可以大大提高装配的效率。

6.7.1　创建 iMate

○步骤1　打开文件 D:\inventor2022\ ch06.07\ 上板。

○步骤2　选择命令。选择 管理 功能选项卡 编写 区域中的 ⊗ iMate 命令，系统会弹出如图 6.112 所示的"创建 iMate"对话框。

图 6.112　"创建 iMate"对话框

○步骤3　创建第 1 个插入 iMate。

（1）选择类型。在"创建 iMate"对话框 类型 区域选中 ⊞（插入）类型。

（2）选择对象。选取如图 6.113 所示的圆形边线。

（3）定义求解类型。在 求解方法 区域选中 ⊞ I（反向）。

（4）完成定义。单击 确定 按钮完成插入 iMate 的定义。

○步骤4　创建第 2 个插入 iMate。

（1）选择类型。在"创建 iMate"对话框 类型 区域选中 ⊞（插入）类型。

（2）选择对象。选取如图 6.114 所示的圆形边线。

（3）定义求解类型。在 求解方法 区域选中 ⊞ I（反向）。

（4）完成定义。单击 确定 按钮完成插入 iMate 的定义。

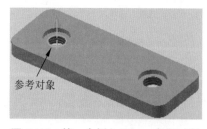

图 6.113　第一个插入 iMate 参考对象

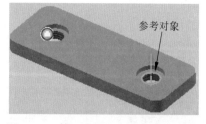

图 6.114　第二个插入 iMate 参考对象

○步骤5　创建第 1 个配合 iMate。

（1）选择类型。在"创建 iMate"对话框 类型 区域选中 ⊡（配合）类型。

（2）选择对象。选取如图 6.115 所示的面。

（3）定义求解类型。在**求解方法** 区域选中 I（配合）。

（4）完成定义。单击 确定 按钮完成配合 iMate 的定义。

步骤6 创建第 3 个插入 iMate。

（1）选择类型。在"创建 iMate"对话框 **类型** 区域选中 （插入）类型。

（2）选择对象。选取如图 6.116 所示的圆形边线。

（3）定义求解类型。在**求解方法** 区域选中 I（反向）。

（4）完成定义。单击 确定 按钮完成插入 iMate 的定义。

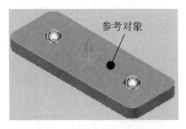

图 6.115　配合 iMate 参考对象

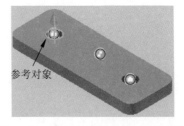

图 6.116　第 3 个插入 iMate 参考对象

步骤7 创建第 4 个插入 iMate。

（1）选择类型。在"创建 iMate"对话框 **类型** 区域选中 （插入）类型。

（2）选择对象。选取如图 6.117 所示的圆形边线。

（3）定义求解类型。在**求解方法** 区域选中 I(反向)。

（4）完成定义。单击 确定 按钮完成插入 iMate 的定义。

步骤8 组合 iMate。在浏览器 iMate 节点下选中 iMate1、iInsert3 与 iInsert4 并右击，在弹出的快捷菜单中选择 创建组合 命令，此时浏览器 iMate 节点如图 6.118 所示。

图 6.117　第 4 个插入 iMate 参考对象

图 6.118　组合 iMate

步骤9 保存文件。

步骤10 打开文件 D:\inventor2022\ ch06.07\ 下板。

步骤11 选择命令。选择 管理 功能选项卡 编写 区域中的 iMate 命令，系统会弹出"创建 iMate"对话框。

步骤12 创建第 1 个配合 iMate。

（1）选择类型。在"创建 iMate"对话框 **类型** 区域选中 （配合）类型。

（2）选择对象。选取如图 6.119 所示的面。

（3）定义求解类型。在**求解方法** 区域选中 I（配合）。

（4）完成定义。单击 确定 按钮完成配合 iMate 的定义。

步骤13 创建第 1 个插入 iMate。

（1）选择类型。在"创建 iMate"对话框 类型 区域选中 （插入）类型。

（2）选择对象。选取如图 6.120 所示的圆形边线。

（3）定义求解类型。在 求解方法 区域选中 I（反向）。

（4）完成定义。单击 确定 按钮完成插入 iMate 的定义。

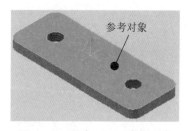

图 6.119　配合 iMate 参考对象

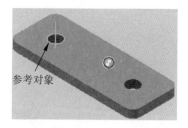

图 6.120　第 1 个插入 iMate 参考对象

步骤14 创建第 2 个插入 iMate。

（1）选择类型。在"创建 iMate"对话框 类型 区域选中 （插入）类型。

（2）选择对象。选取如图 6.121 所示的圆形边线。

（3）定义求解类型。在 求解方法 区域选中 I（反向）。

（4）完成定义。单击 确定 按钮完成插入 iMate 的定义。

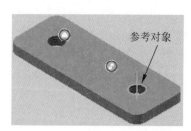

图 6.121　第 2 个插入 iMate 参考对象

步骤15 组合 iMate。在浏览器 iMate 节点下选中 iMate1、iInsert1 与 iInsert2 并右击，在弹出的快捷菜单中选择 创建组合 命令完成组合。

步骤16 保存文件。

步骤17 打开文件 D:\inventor2022\ ch06.07\ 螺钉。

步骤18 选择命令。选择 管理 功能选项卡 编写 区域中的 iMate 命令，系统会弹出"创建 iMate"对话框。

步骤19 创建插入 iMate。

（1）选择类型。在"创建 iMate"对话框 类型 区域选中 （插入）类型。

（2）选择对象。选取如图 6.122 所示的圆形边线。

（3）定义求解类型。在 求解方法 区域选中 I（反向）。

（4）完成定义。单击 确定 按钮完成插入 iMate 的定义。

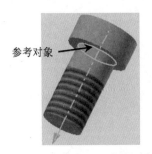

参考对象

图 6.122　插入 iMate 参考对象

◎步骤20 保存文件。

6.7.2　装配产品

◎步骤1 新建装配文件。选择 快速入门 功能选项卡 启动 区域中的 （新建）命令，系统会弹出"新建文件"对话框，在"新建文件"对话框中选择 Standard.iam 模板，单击 创建 按钮进入装配环境。

◎步骤2 添加第 1 个零部件。选择 装配 功能选型卡 零部件 区域中的 （放置）命令，系统会弹出"装入零部件"对话框，在打开的对话框中选择 D:\inventor2022\ ch06.07 中的上板零件，在"装入零部件"对话框中选中 （使用 iMate 交互放置），然后单击 打开(O) 按钮，在图形区右击并选择 在原点处固定放置(G) 命令完成零部件的放置，放置完成后按键盘上的 Esc 键，如图 6.123 所示。

◎步骤3 添加第 2 个零部件。选择 装配 功能选型卡 零部件 区域中的 （放置）命令，系统会弹出"装入零部件"对话框，在打开的对话框中选择 D:\inventor2022\ ch06.07 中的下板零件，在"装入零部件"对话框中选中 （使用 iMate 交互放置），然后单击 打开(O) 按钮，在图形区直接单击完成放置，放置完成后按键盘上的 Esc 键，如图 6.124 所示。

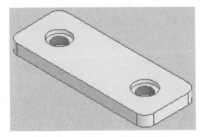

图 6.123　添加第 1 个零部件

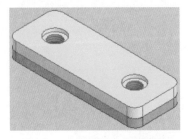

图 6.124　添加第 2 个零部件

◎步骤4 添加第 3 个零部件。选择 装配 功能选型卡 零部件 区域中的 （放置）命令，系统会弹出"装入零部件"对话框，在打开的对话框中选择 D:\inventor2022\ ch06.07 中的螺钉零件，在"装入零部件"对话框中选中 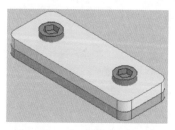（使用 iMate 交互放置），然后单击 打开(0) 按钮，在图形区单击两次完成放置，放置完成后按键盘上的 Esc 键，如图 6.125 所示。

图 6.125　添加第 3 个零部件

◎步骤 5　保存文件。选择"快速访问工具栏"中的"保存"命令，系统会弹出"另存为"对话框，在文件名文本框输入 iMate，单击"保存"按钮，完成保存操作。

第7章

Inventor 模型的测量与分析

7.1 模型的测量

7.1.1 概述

产品的设计离不开模型的测量与分析，本节主要介绍空间点、线、面距离的测量，以及角度的测量、曲线长度的测量、面积的测量等，这些测量工具在产品零件设计及装配设计中经常用到。

7.1.2 测量距离

Inventor 中可以测量的距离包括点到点的距离、点到线的距离、点到面的距离、线到线的距离、面到面的距离等。下面以如图 7.1 所示的模型为例，介绍测量距离的一般操作过程。

◎步骤 1 打开文件 D:\inventor2022\ ch07.01\ 模型的测量 01。

◎步骤 2 选择命令。选择 工具 功能选项卡 测量 ▾ 区域中的 ▭（测量）命令，系统会弹出如图 7.2 所示的"测量"对话框。

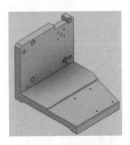

图 7.1 测量距离

测量 ✕ ✛		≡
▾ 高级特性		
精度	3.123	▾
角度精度	2.12	▾
双重单位	无	▾
完毕		✛

图 7.2 "测量"对话框

◎步骤 3 测量面到面的距离。依次选取如图 7.3 所示的面 1 与面 2，在图形区及如图 7.4 所示的"测量"对话框中会显示测量的结果。

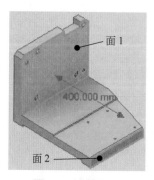

图 7.3　测量面

图 7.4　结果显示

说明

在开始新的测量前在图形区单击即可自动清空所选对象，然后选取新的对象。

◎步骤4　测量点到面的距离，如图7.5所示。

◎步骤5　测量点到线的距离，如图7.6所示。

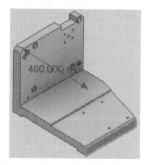

图 7.5　测量点到面的距离

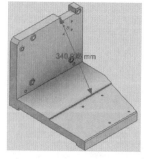

图 7.6　测量点到线的距离

◎步骤6　测量点到点的距离，如图7.7所示。

◎步骤7　测量线到线的距离，如图7.8所示。

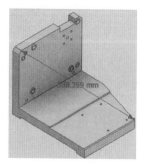

图 7.7　测量点到点的距离

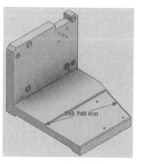

图 7.8　测量线到线的距离

◎步骤 8　测量线到面的距离，如图 7.9 所示。

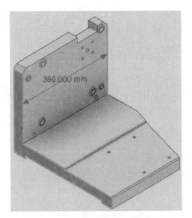

图 7.9　测量线到面的距离

图 7.4 "测量"对话框部分选项的说明如下。

（1）**精度** 下拉列表：用于控制尺寸的显示精度，如图 7.10 所示。

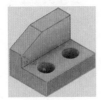  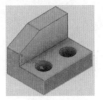

(a) 保留三位小数　　　　(b) 保留零位小数　　　　(c) 保留五位小数

图 7.10　精度

（2）**角度精度** 下拉列表：用于控制尺寸的显示精度，如图 7.11 所示。

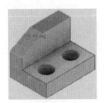  

(a) 保留两位小数　　　　(b) 保留零位小数　　　　(c) 保留五位小数

图 7.11　角度精度

（3）**双重单位** 下拉列表：用于设置双制尺寸的单位，如图 7.12 所示。

▼ 测量结果	
最小距离	24.00 mm
角度	0.00000 deg

▼ 测量结果		
最小距离	24.00 mm	0.94 in
角度	0.00000...	0.00000 rad

▼ 测量结果		
最小距离	24.00 mm	0.02 m
角度	0.00000...	0.00000 rad

(a) 无　　　　　　　　(b) 英寸　　　　　　　　(c) 米

图 7.12　双制单位

2min

7.1.3　测量角度

在 Inventor 中可以测量的角度包括线与线的角度、线与面的角度、面与面的角度等。下面以如图 7.13 所示的模型为例，介绍测量角度的一般操作过程。

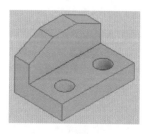

○步骤1　打开文件 D:\inventor2022\ ch07.01\ 模型的测量 03。

○步骤2　选择命令。选择 工具 功能选项卡 测量▼ 区域中的 ⟺（测量）命令，系统会弹出"测量"对话框。

图 7.13　测量角度

○步骤3　测量面与面的角度。依次选取如图 7.14 所示的面 1 与面 2，在图形区及如图 7.15 所示的"测量"对话框中会显示测量的结果。

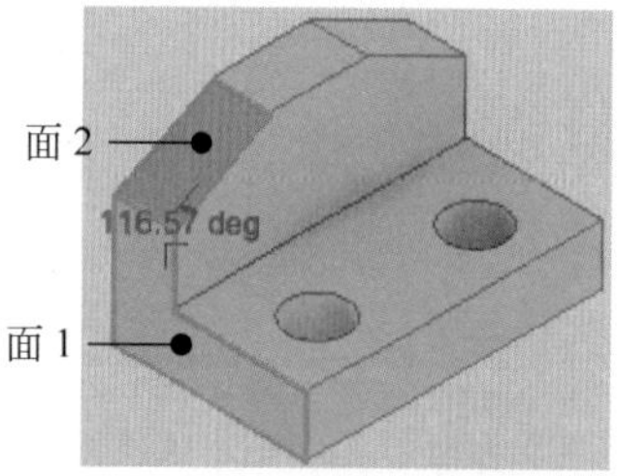

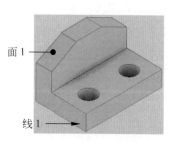

图 7.14　测量面与面的角度

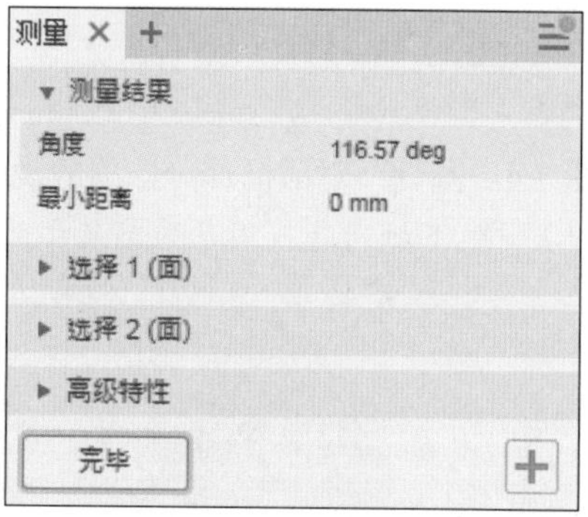

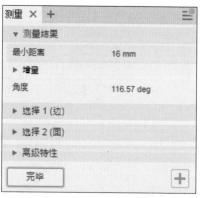

图 7.15　"测量"对话框显示的结果

○步骤4　测量线与面的角度。首先清空上一步所选取的对象，然后依次选取如图 7.16 所示的线 1 与面 1，在如图 7.17 所示的"测量"对话框会显示测量的结果。

图 7.16　测量线与面的角度

图 7.17　"测量"对话框显示的结果

○步骤5　测量线与线的角度。首先清空上一步所选取的对象，然后依次选取如图 7.18 所示的线 1 与线 2，在如图 7.19 所示的"测量"对话框会显示测量的结果。

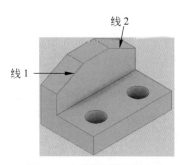

图 7.18　测量线与面的角度

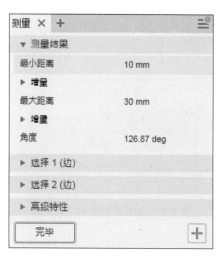

图 7.19　"测量"对话框显示的结果

7.1.4　测量曲线长度

2min

下面以如图 7.20 所示的模型为例，介绍测量曲线长度的一般操作过程。

◎步骤1 打开文件 D:\inventor2022\ ch07.01\ 模型的测量 04。

◎步骤2 选择命令。选择 工具 功能选项卡 测量▾ 区域中的 ↔（测量）命令，系统会弹出"测量"对话框。

◎步骤3 测量曲线长度。在绘图区选取如图 7.21 所示的样条曲线，在图形区及如图 7.22 所示的"测量"对话框中会显示测量的结果。

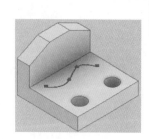

图 7.20　测量曲线长度

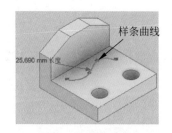

图 7.21　测量曲线长度

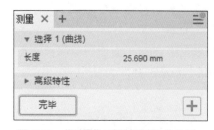

图 7.22　"测量"对话框显示的结果

◎步骤4 测量圆的长度。首先清空上一步所选取的对象，然后依次选取如图 7.23 所示的圆形边线（图对象），在如图 7.24 所示的"测量"对话框会显示测量的结果。

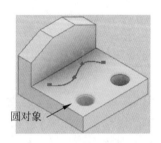

图 7.23 测量圆的长度

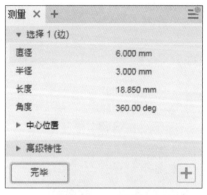

图 7.24 "测量"对话框显示的结果

2min

7.1.5 测量面积与周长

下面以如图 7.25 所示的模型为例，介绍测量面积与周长的一般操作过程。

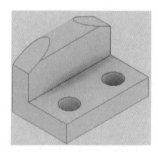

图 7.25 测量面积与周长

◎步骤 1 打开文件 D:\inventor2022\ ch07.01\ 模型的测量 05。

◎步骤 2 选择命令。选择 工具 功能选项卡 测量▾ 区域中的 📏（测量）命令，系统会弹出"测量"对话框。

◎步骤 3 测量平面面积与周长。在绘图区选取如图 7.26 所示的平面，在如图 7.27 所示的"测量"对话框会显示测量的结果。

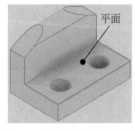

图 7.26 测量平面面积与周长

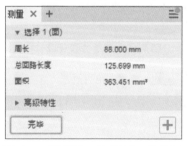

图 7.27 "测量"对话框显示的结果

◎步骤 4　测量曲面面积与周长。在绘图区选取如图 7.28 所示的曲面，在如图 7.29 所示的"测量"对话框中会显示测量的结果。

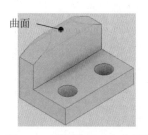

图 7.28　测量曲面面积与周长

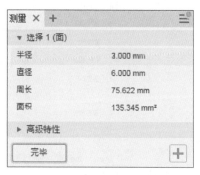

图 7.29　"测量"对话框显示的结果

7.2　模型的分析

　　模型的分析指的是单个零件或组件的基本分析。基本分析主要用于获取单个模型的物理数据或装配体中元件之间的干涉。这些分析都是静态的，如果需要对某些产品或者机构进行动态分析，就要用到 Inventor 的运动仿真模块。

7.2.1　质量属性分析

4min

　　通过质量属性的分析，可以获得模型的体积、总的表面积、质量、密度、重心位置和惯性特性等数据，对产品设计有很大参考价值。

◎步骤 1　打开文件 D:\inventor2022\ ch07.02\ 模型的分析。

◎步骤 2　设置材料属性。选择 工具 功能选项卡 材料和外观 ▾区域中的 ⊗（材料）命令，系统会弹出"材料浏览器"对话框，在"材料浏览器"对话框"Inventor 材料库"区域中单击"钢、合金"材料后的 ⊡ 按钮，单击 ✖ 按钮，完成材料的添加。

◎步骤 3　选择命令。选择下拉菜单 文件 → ▤ iProperty 命令，系统会弹出如图 7.30 所示的 iProperty 对话框。

◎步骤 4　单击 iProperty 对话框 物理特性 功能选项卡，即可查看模型的质量信息、面积信息、体积信息、重心等相关信息。

> **说明**
>
> 　　如果对话框信息属性为空，用户则可以单击 更新(U) 按钮获得更新后的信息。

图 7.30 "模型的分析（主要）iProperty"对话框

图 7.30"模型的分析（主要）iProperty"对话框部分选项的说明如下。

（1）**实体(S)**下拉菜单：仅在多实体零件中可用。使用下拉菜单计算整个零件或仅选定实体的特性。

（2）**材料(M)**下拉菜单：用于选择或者调整实体的材料属性。

（3）**密度(D)**文本框：用于列出所选材料的密度信息。

（4）**质量(S)**文本框：用于显示所选实体的质量信息。

（5）**面积(R)**文本框：用于显示所选实体的面积信息。

（6）**体积(V)**文本框：用于显示所选实体的体积信息。

（7）**重心：**用于列出所选零部件的重心相对于部件原始坐标系的 X、Y、Z 坐标。

（8）**主惯性矩：**用于计算主惯性轴上的主惯性矩。

（9）**相对于主轴转角：**用于计算从激活编辑目标的坐标系到其 X、Y 和 Z 轴为主惯性轴的坐标系的转角。

7.2.2 干涉检查

4min

在产品设计过程中，当各零部件组装完成后，设计者最关心的是各个零部件之间的干涉情况，使用 检验 功能选项卡 干涉 区域中的▣（干涉检查）命令可以帮助设计者了解这些信息。下面以检查如图 7.31 所示的车轮产品为例，介绍干涉检查分析的一般操作过程。

◎步骤1　打开文件 D:\inventor2022\ ch07.02\ 干涉检查 \ 车轮。

◎步骤2　选择命令。选择 检验 功能选项卡 干涉 区域中的▣（干涉检查）命令，系统会弹出如图 7.32 所示的"干涉检查"对话框

图 7.31　干涉检查

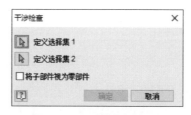

图 7.32　"干涉检查"对话框

图 7.32 所示"干涉检查"对话框部分选项的说明如下。

（1）▣ 定义选择集1：用于在图形窗口或浏览器中选择要分析的第 1 个零部件或零部件组。如果要检查所有零部件是否存在干涉，则可以框选所有零部件后添加到"选择集 1"，然后单击"确定"按钮分析即可。

（2）▣ 定义选择集2 文本框：用于选择要检查的第 2 个零部件或零部件组。

（3）□将子部件视为零部件 复选框：用于设置是否将子部件视为单个零部件，并忽略子部件内的干涉。

◎步骤3　选择需检查的零部件。在系统 选择要添加到选择集的零部件 的提示下，在图形区框选所有模型。

◎步骤4　查看检查结果。完成上步操作后，单击"干涉检查"窗口中的 确定 按钮，此时系统会弹出如图 7.33 所示的"检查到干涉"对话框，同时图形区中发生干涉的面也会高亮显示，如图 7.34 所示。

图 7.33　干涉检查对话框显示的结果

图 7.34　干涉结果图形区显示

第 8 章

Inventor 工程图设计

8.1　工程图概述

　　工程图是指以投影原理为基础，用多个视图清晰详尽地表达出设计产品的几何形状、结构及加工参数的图纸。工程图严格遵守国标的要求，它实现了设计者与制造者之间的有效沟通，使设计者的设计意图能够简单明了地展现在图样上。从某种意义上讲，工程图是一门沟通设计者与制造者的语言，在现代制造业中占据着极其重要的位置。

8.1.1　工程图的重要性

　　工程图的重要性如下：

　　（1）立体模型（三维"图纸"）无法像二维工程图那样可以标注完整的加工参数，如尺寸、几何公差、加工精度、基准、表面粗糙度符号和焊缝符号等。

　　（2）不是所有零件都需要采用 CNC 或 NC 等数控机床加工，而只需出示工程图即可在普通机床上进行传统加工。

　　（3）立体模型（三维"图纸"）仍然存在无法表达清楚的局部结构，如零件中的斜槽和凹孔等，这时可以在二维工程图中通过不同方位的视图来表达局部细节。

　　（4）通常把零件交给第三方厂家加工生产时，需要出示工程图。

8.1.2　Inventor 工程图的特点

　　使用 Inventor 工程图环境中的工具可创建三维模型的工程图，并且视图与模型相关联，因此，工程图视图能够反映模型在设计阶段中的更改，可以使工程图视图与装配模型或单个零部件保持同步，其主要特点如下：

　　（1）制图界面直观、简洁、易用，可以快速方便地创建工程图。

　　（2）通过自定义工程图模板和格式文件可以节省大量的重复劳动。在工程图模板中添加相应的设置，可创建符合国标和企标的制图环境。

（3）可以快速地将视图插入工程图，系统会自动对齐视图。

（4）具有从图形窗口编辑大多数工程图项目（如尺寸、符号等）的功能。可以创建工程图项目，并可以对其进行编辑。

（5）可以通过各种方式添加注释文本，文本样式可以自定义。

（6）可以根据制图需要添加符合国标或企标的基准符号、尺寸公差、形位公差、表面粗糙度符号与焊缝符号等。

（7）可以创建普通表格、孔表、材料明细表及修订表等。

（8）可从外部插入工程图文件，也可以导出不同类型的工程图文件，实现对其他软件的兼容。

（9）可以快速准确地打印工程图图纸。

8.1.3　工程图的组成

工程图主要由三部分组成，如图 8.1 所示。

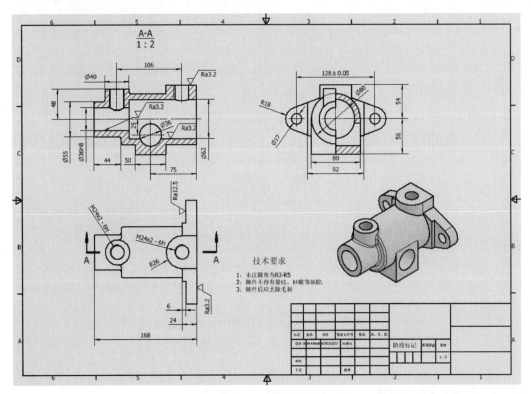

图 8.1　工程图组成

（1）图框、标题栏。

（2）视图：包括基本视图（前视图、后视图、左视图、右视图、仰视图、俯视图和轴测图）、各种剖视图、局部放大图、折断视图等。在制作工程图时，根据实际零件的特点，选择不同的视图组合，以便简单清楚地把各个设计参数表达清楚。

（3）尺寸、公差、表面粗糙度及注释文本：包括形状尺寸、位置尺寸、尺寸公差、基准符号、形状公差、位置公差、零件的表面粗糙度及注释文本等。

3min

8.2 新建工程图

下面介绍新建工程图的一般操作步骤。

○步骤1 选择命令。选择 快速入门 功能选项卡 启动 区域中的 ▢（新建）命令，系统会弹出如图 8.2 所示的"新建文件"对话框。

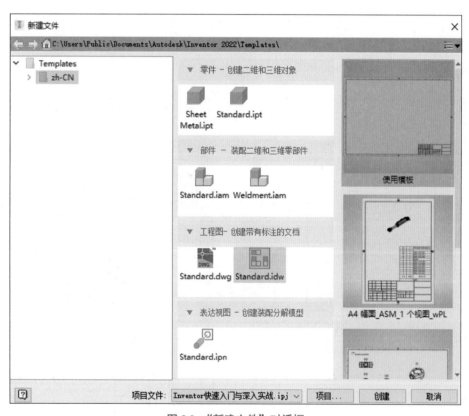

图 8.2 "新建文件"对话框

○步骤2 选择工程图模板。在"新建文件"对话框中选择 Standard.idw，然后单击 创建 按钮进入工程图环境。

○步骤3 调整图纸大小。在浏览器中右击"图纸 1"选择 编辑图纸(E)... 命令，系统会弹出如图 8.3 所示的"编辑图纸"对话框，在 大小(S) 下拉列表中选择 A3，其他参数采用默认，单击 确定 按钮完成大小的调整。

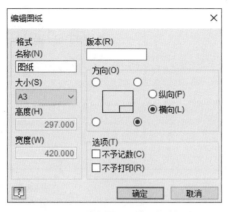

图 8.3　"编辑图纸"对话框

图 8.3 所示的"编辑图纸"对话框中各选项的说明如下。

（1）名称(N) 文本框：用于设置当前图纸的名称。

（2）大小(S) 下拉列表：用于选择图纸的大小。

（3）方向(O) 区域：用于设置图纸方向与标题栏的位置，选中 ⊙横向(L)，效果如图 8.4 所示，选中 ⊙纵向(P)，效果如图 8.5 所示。标题栏位置可以选中右下（如图 8.4 所示）、左下（如图 8.6 所示）、左上（如图 8.7 所示）与右上（如图 8.8 所示）。

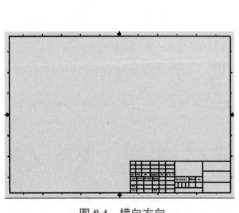

图 8.4　横向方向

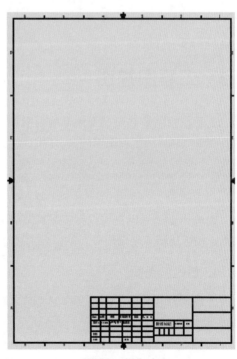

图 8.5　纵向方向

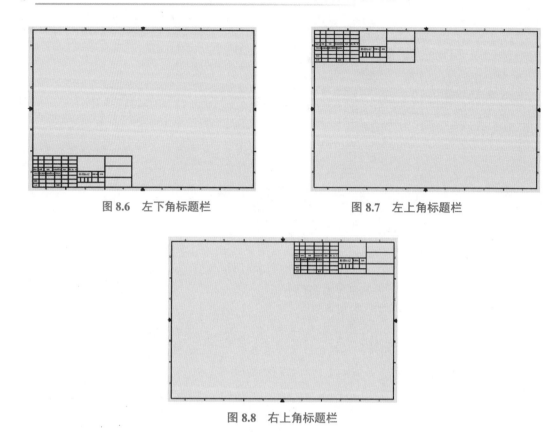

图 8.6　左下角标题栏　　　　　　　　图 8.7　左上角标题栏

图 8.8　右上角标题栏

8.3　工程图视图

工程图视图是按照三维模型的投影关系生成的，主要用来表达部件模型的外部结构及形状。在 Inventor 的工程图模块中，视图包括基本视图、各种剖视图、局部放大图和折断视图等。

8.3.1　基本工程图视图

通过投影法可以直接投影得到的视图就是基本视图，基本视图在 Inventor 中主要包括主视图、投影视图和轴测图等，下面分别进行介绍。

1. 创建主视图

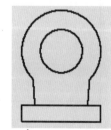

下面以创建如图 8.9 所示的主视图为例，介绍创建主视图的一般操作过程。

◎步骤1　新建工程图文件。选择 快速入门 功能选项卡 启动 区域中的 □（新建）命令，在"新建文件"对话框中选择 Standard.idw，然后单击 创建 按钮进入工程图环境。

图 8.9　主视图

○步骤 2　调整图纸大小。在浏览器中右击"图纸 1"选择 编辑图纸(E)... 命令，系统会弹出"编辑图纸"对话框，在 大小(S) 下拉列表中选择 A3 ，其他参数采用默认，单击 确定 按钮完成大小的调整。

○步骤 3　选择命令。选择 放置视图 功能选项卡 创建 区域中的 🗔（基础视图）命令。系统会弹出如图 8.10 所示的"工程视图"对话框。

图 8.10　"工程视图"对话框

○步骤 4　选择零件模型。在"工程视图"对话框选择 🖾（打开现有文件）按钮。在系统弹出的"打开"对话框中找到 D:\inventor2022\ ch08.03\ 01 中的"基本视图"文件并打开。

○步骤 5　定义视图参数。

（1）定义视图方向。在图形区将 ViewCube 方位调整至如图 8.11 所示，在"工程视图"对话框中选中 ☑ 6ᴏᵈ ，在绘图区可以预览要生成的视图，如图 8.12 所示。

图 8.11　定义视图方向

图 8.12　视图预览

（2）定义视图显示样式。在 样式(T) 区域选中 🖲（不显示隐藏线）单选项，如图 8.13 所示。

（3）定义视图比例。在 比例 下拉列表中选择 1∶2，如图 8.14 所示。

样式(T)

□光栅视图

图 8.13　定义视图显示样式

比例

1:2

图 8.14　定义视图比例

（4）放置视图。将鼠标指针放在图形区视图上，按住鼠标左键移动鼠标，选择合适位置松开鼠标即可。

（5）单击"工程视图"对话框中的 确定 按钮，完成操作。

2. 创建投影视图

▶ 2min

投影视图包括仰视图、俯视图、右视图和左视图。下面以如图 8.15 所示的视图为例，说明创建投影视图的一般操作过程。

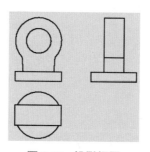

图 8.15　投影视图

○步骤 1 打开文件 D:\inventor2022\ ch08.03\ 01\ 投影视图 -ex。

○步骤 2 选择命令。选择 放置视图 功能选项卡 创建 区域中的 （投影视图）命令。

○步骤 3 选择父视图。在系统 选择视图 的提示下，选取图形区的主视图作为父视图。

○步骤 4 放置视图。在主视图的右侧单击，生成左视图，在主视图的下侧单击，生成俯视图。

○步骤 5 完成操作。在图形区右击并选择 创建(C) 命令完成操作，效果如图 8.15 所示。

3. 等轴测视图

▶ 3min

下面以如图 8.16 所示的轴测图为例，说明创建轴测图的一般操作过程。

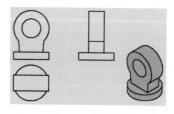

图 8.16　轴测图

○步骤 1 打开文件 D:\inventor2022\ ch08.03\01\ 等轴测视图 -ex。

步骤 2　选择命令。选择 放置视图 功能选项卡 创建 区域中的 ▦（基础视图）命令。系统会弹出"工程视图"对话框。

步骤 3　选择零件模型。在"工程视图"对话框选择 ⬚（打开现有文件）按钮。在系统弹出的"打开"对话框中找到 D:\inventor2022\ ch08.03 中的"基本视图"文件并打开。

步骤 4　定义视图参数。

（1）定义视图方向。在图形区将 ViewCube 方位调整至如图 8.17 所示，在"工程视图"对话框中选中 ☑ 6⌒，在绘图区可以预览要生成的视图，如图 8.18 所示。

图 8.17　定义视图方向　　　　图 8.18　视图预览

（2）定义视图显示样式。在 样式(T) 区域选中 ⬚（不显示隐藏线）与 ⬚（着色）单选项。

（3）定义视图比例。在 比例 下拉列表中选择 1∶2。

（4）放置视图。将鼠标指针放在图形区视图上，按住鼠标左键移动至合适位置松开鼠标即可。

（5）单击"工程视图"对话框中的 确定 按钮，完成操作。

8.3.2　视图常用编辑

19min

1. 移动视图

在创建完主视图和投影视图后，如果它们在图纸上的位置不合适、视图间距太小或太大，用户则可以根据自己的需要移动视图，具体方法为将鼠标指针停放在视图的虚线框上，此时光标会变成 ⬚（左视图）、⬚（俯视图）、⬚（轴测图）或者 ⬚（主视图），按住鼠标左键并移动至合适的位置后放开。

> **说明**
>
> 如果移动投影视图的父视图（如主视图），则其投影视图也会随之移动；如果移动投影视图，则只能上下或左右移动，以保证与父视图的对齐关系，除非解除对齐关系。

2. 对齐视图

根据"高平齐、宽相等"的原则（左、右视图与主视图水平对齐，俯、仰视图与主视图竖直对齐），用户移动投影视图时只能横向或纵向移动视图。在特征树中选中要移动的视图并右击（或者在图纸中选中视图并右击），在弹出的快捷菜单中依次选择 对齐视图(A) → 打断(B) 命令，可移动视图至任意位置，如图 8.19 所示。当用户再次右击并选择 对齐视图(A) → 竖直(V) 命令时，选取主视图作为要对齐的视图，与主视图默认竖直对齐。

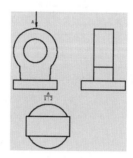

图 8.19　任意移动位置

3. 旋转视图

右击要旋转的视图，在弹出的快捷菜单中选择 旋转(R) 命令，系统会弹出如图 8.20 所示的"旋转视图"对话框。

在"旋转视图"对话框的 依据 下拉列表中选择"绝对角度"，在角度文本框输入 30，选中 ⟳（顺时针）单选项，如图 8.21 所示。

图 8.20　"旋转视图"对话框

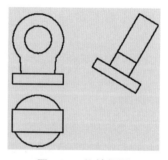

图 8.21　旋转视图

图 8.20 所示的"旋转视图"对话框中各选项的说明如下。

（1） 依据 下拉列表：用于设置以边线还是以角度为参考旋转视图。

☑ 边 ：用于以边线为参考旋转视图，用户可以将所选边线水平或者竖直放置调整视图角度，如图 8.22 所示。

(a) 旋转前

(b) 旋转后

图 8.22　边

☑ 绝对角度：用于以原始视图角度为参考，旋转特定的角度，如图 8.23 所示。

(a) 原始视图　　　　　　　(b) 旋转30°

图 8.23　绝对角度

☑ 相对角度：用于以当前视图角度为参考，旋转特定的角度，如图 8.24 所示。

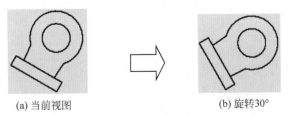

(a) 当前视图　　　　　　　(b) 旋转30°

图 8.24　相对角度

（2）⟳（顺时针）：用于顺时针旋转视图，如图 8.25（a）所示。

（3）⟲（逆时针）：用于逆时针旋转视图，如图 8.25（b）所示。

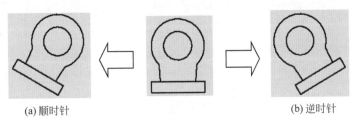

(a) 顺时针　　　　　　　　　　　　(b) 逆时针

图 8.25　旋转方向

（4）⊙旋转照相机：当旋转主视图时，从属的投影视图也会发生相应变化，如图 8.26 所示。

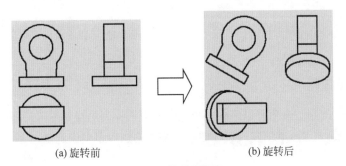

(a) 旋转前　　　　　　　　　(b) 旋转后

图 8.26　旋转照相机

（5）⊙旋转视图 当旋转主视图时，从属的投影视图不会发生相应变化，如图 8.27 所示。

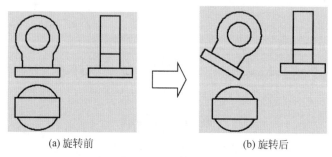

(a) 旋转前   (b) 旋转后

图 8.27　旋转视图

4. 删除视图

要将某个视图删除，可先选中该视图按 Delete 键，或右击，然后在弹出的快捷菜单中选择 删除(D) 命令，系统会弹出如图 8.28 所示的 Inventor 对话框，单击"确定"按钮即可删除该视图。

说明

当删除主视图时，系统会弹出如图 8.29 所示的"删除视图"对话框，对于从属的工程图视图用户可以决定是否一并删除。

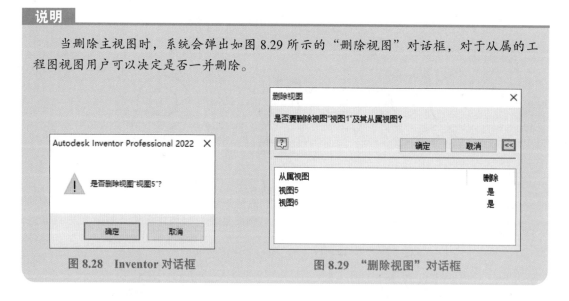

图 8.28　Inventor 对话框   图 8.29　"删除视图"对话框

5. 隐藏显示视图

工程图中的"抑制"命令可以隐藏整个视图，取消抑制可显示隐藏的视图。

右击如图 8.30（a）所示的左视图，然后在弹出的快捷菜单中选择 抑制(S) 命令，完成左视图的隐藏。

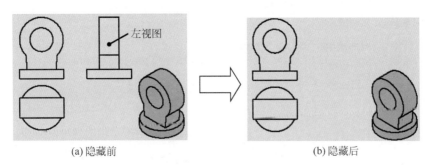

(a) 隐藏前　　　　　　　　　　　　　　　(b) 隐藏后

图 8.30　隐藏视图

说明

也可以在设计树中右击视图名称，在弹出的快捷菜单中选择 抑制⑤ 命令来隐藏视图。

在浏览器中右击需要显示的视图，在弹出的快捷菜单中选择 ✓ 抑制⑤ 命令，完成视图的显示。

6. 切边显示

切边是两个面在相切处所形成的过渡边线，最常见的切边是圆角过渡形成的边线。在工程视图中，在 Inventor 中默认情况下在轴测视图中显示切边，如图 8.31（a）所示，而在正交视图中隐藏切边，如图 8.31（b）所示。

(a) 切边可见　　　　　　　　　　　　(b) 切边不可见

图 8.31　切边

用户也可以根据实际情况控制切边是否可见，双击需要调整的视图，系统会弹出如图 8.32 所示的"工程视图"对话框，单击 显示选项 选项卡，选中 ☑相切边 代表切边可见，取消选中 ☐相切边 代表切边不可见。

对于可见的切边，用户可以控制切边的显示线型，在如图 8.32 所示的"工程视图"对话框中，不选中 ☐断开 代表切边以实线方式显示，如图 8.33 所示，选中 ☑断开 代表切边以虚线方式显示，如图 8.34 所示

图 8.32 "工程视图"对话框

图 8.33 不选中"断开"

图 8.34 选中"断开"

7. 螺纹显示

在 Inventor 中螺纹特征默认为可见，如图 8.35 所示。如不想显示螺纹，用户可以通过双击视图，在系统弹出的"工程视图"对话框中的 **显示选项** 选项卡下取消选中☐**螺纹特征**，效果如图 8.36 所示。

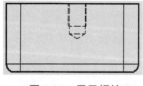

图 8.35 显示螺纹

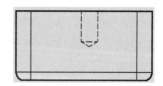

图 8.36 不显示螺纹

8. 修改视图比例

在图形区域中右击视图，在弹出的快捷菜单中选择 编辑视图(E)... 命令（或者双击视图），如果选择的视图是通过基础视图命令创建的，则可直接在 **比例** 文本框中选择或者输入合适的比例；如果选择的视图是通过其他命令创建的，则需要在"工程视图"对话框中取消选中 **比例** 后的囗 🖩（与基础视图样式一致），然后修改比例即可。

9. 视图与模型的关联

如果在零件设计中修改了零件模型，则该零件的工程图也要进行相应更新才能保持图纸与模型的表达一致。下面以正视图为例来讲解更新视图的一般操作步骤。

◎步骤 1 打开文件 D:\inventor2022\ ch08.03\02\ 更新视图 .ipt 零件。

◎步骤 2 打开文件 D:\inventor2022\ ch08.03\02\ 更新视图 .idw 工程图。

◎步骤 3 更改三维模型参数。

（1）将窗口切换到三维模型的窗口。

（2）添加圆角特征。选择 三维模型 功能选项卡 修改 ▾ 区域中的 🌑（圆角）命令，在"圆角"对话框中选中 🔲（添加等半径边集）单选项，在系统提示下选取如图 8.37 所示的边线作为圆角对象，在"圆角"对话框的半径文本框中输入圆角半径 10，单击 **确定** 按钮，完成圆角的创建，如图 8.38 所示。

选取此边线

图 8.37　圆角对象

图 8.38　圆角

◎步骤 4 更新工程图。

（1）将窗口切换到工程图的窗口。

（2）系统自动更新工程图（如果系统没有自动更新，用户则可以手动地进行更新）。

8.3.3　视图的显示模式

4min

与模型可以设置模型显示方式一样，工程图也可以改变显示方式，Inventor 提供了 3 种工程视图显示模式，下面分别进行介绍。

（1）🖼（显示隐藏线）：视图以线框形式显示，可见边线显示为实线，不可见边线显示为虚线，如图 8.39 所示。

（2）🖼（不显示隐藏线）：视图以线框形式显示，可见边线显示为实线，不可见边线被隐藏，如图 8.40 所示。

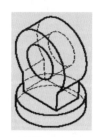

图 8.39　显示隐藏线

图 8.40　不显示隐藏线

（3）⬚（着色）：视图以实体形式显示，选中⬚（显示隐藏线）效果如图 8.41 所示，选中⬚（不显示隐藏线）效果如图 8.42 所示。

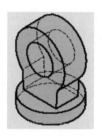

图 8.41　显示隐藏线着色

图 8.42　不显示隐藏线着色

下面以图 8.43 为例，介绍将视图设置为⬚的一般操作过程。

○步骤 1　打开文件 D:\inventor2022\ ch08.03\03\ 视图显示模式 -ex。

○步骤 2　选择视图。在图形区双击主视图，系统会弹出"工程视图"对话框。

○步骤 3　选择显示样式。在"工程视图"对话框的 **样式(T)** 区域选中⬚（显示隐藏线）。

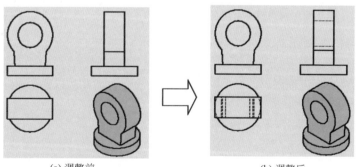

(a) 调整前　　　　　　　　　　　　(b) 调整后

图 8.43　调整显示方式

> **说明**
>
> 　　默认情况下，投影视图的显示方式与主视图一致，如果用户想单独调整投影视图的显示方式，则可以通过双击视图，在系统弹出的"工程视图"对话框中取消选中□⬚（与基础视图样式一致），然后选择合适的视图样式即可。

◎步骤4 单击 确定 按钮，完成操作。

8.3.4　全剖视图

▶ 3min

全剖视图是用剖切面完全地剖开零件得到的剖视图。全剖视图主要用于表达内部形状比较复杂的不对称机件。下面以创建如图 8.44 所示的全剖视图为例，介绍创建全剖视图的一般操作过程。

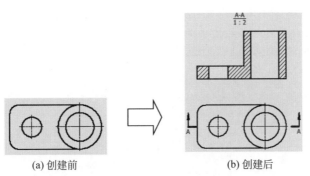

(a) 创建前　　　　　　　　(b) 创建后

图 8.44　全剖视图

◎步骤1 打开文件 D:\inventor2022\ ch08.03\04\ 全剖视图 -ex。

◎步骤2 选择命令。选择 放置视图 功能选项卡 创建 区域中的 ▯（剖视）命令。

◎步骤3 选择剖切主视图。在系统 选择视图或视图草图 的提示下，选取如图 8.44（a）所示的视图作为主视图。

◎步骤4 绘制剖切线。在系统提示下绘制如图 8.45 所示的剖切线，绘制完成后右击并选择 ⇨ 继续(C) 命令，系统会弹出如图 8.46 所示的"剖视图"对话框。

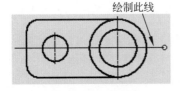

绘制此线

图 8.45　剖切线

图 8.46　"剖视图"对话框

◎步骤 5　定义剖视图参数。在 视图标识符 文本框输入 A，在 剖切深度(D) 下拉列表中选择 全部，在 视图投影 区域选中 ⊙平行视图，其他参数采用默认。

◎步骤 6　放置视图。在图纸主视图上方的合适位置单击放置全剖视图。

说明

系统在默认情况下会将剖视图的视图标签显示出来，如果用户不想显示，或者想要修改系统默认的显示方式，则可以通过选择 管理 功能选项卡 样式和标准 区域中的 ✿（样式编辑器）命令，系统会弹出如图 8.47 所示的"样式和标准编辑器"对话框，在 视图配置 选项卡下可以设置视图标签、投影类型及螺纹显示等内容。

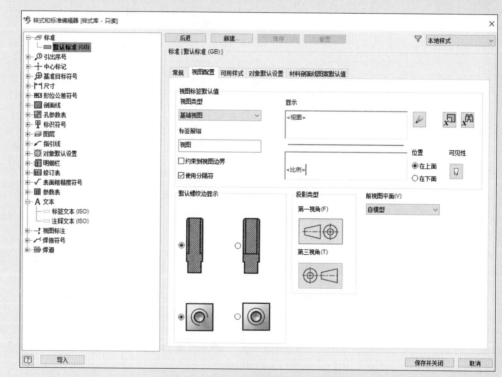

图 8.47　"样式和标准编辑器"对话框

在视图标签上右击，在弹出的快捷菜单中选择"编辑视图标签"命令，系统会弹出"文本格式"对话框，在该对话框中就可以对视图标签进行编辑了。

如果用户想要修改制图标示符，则可以双击全剖视图，在弹出的"工程视图"对话框的"标签"文本框中输入相应的标示符即可。

在创建带有剖面的视图时，系统会在其父视图上创建出带有箭头的剖切线，此时的箭头是系统默认的样式，用户可根据需要做出相应的修改，以便于满足一定的表达要求。在视图中带有箭头的剖切线上右击，在弹出的快捷菜单中选择"编辑第 1 个箭头"或者选择"编辑第 2 个箭头"命令，就可以单独地编辑箭头的显示。通过选择 管理 功能选项卡 样式和标准 区域中的 ✍️（样式编辑器）命令，在如图 8.48 所示的"视图标注（GB）"节点下可以统一修改剖切线的格式及箭头的样式。

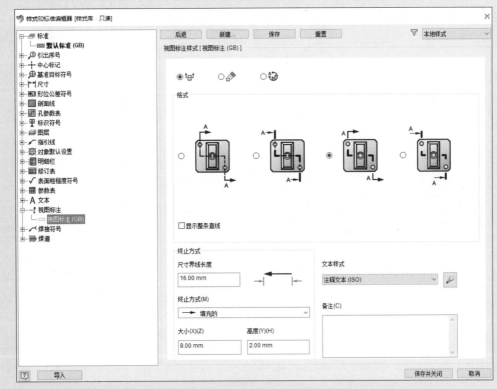

图 8.48　视图标注节点

在创建剖视图时，系统会在其父视图上创建剖切线，以指示剖切的位置。在创建好剖视图后可以根据需要重新调整剖切线的长度、剖切线引线的长度、剖视的剖切方向及替换剖切线等，以便于满足一定的表达要求。用户可以通过选中要编辑的剖切线，并通过如图 8.49 所示的端点调整剖切线的长度；用户也可以通过选中剖切线并右击，在系统弹出的快捷菜单中选择 🔲 编辑 命令，在草图环境中修改直线的长度；在剖切线上右击并选择 反向(R) 命令可以调整剖切的方向，如图 8.50 所示。

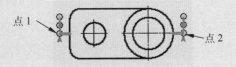

图 8.49　手动调整剖切线长度

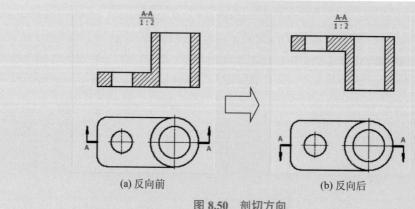

(a) 反向前   (b) 反向后

图 8.50　剖切方向

当创建剖视图时，零件被剖切的部分以剖面线显示。在 Inventor 软件中，用户可以通过双击剖面线，在弹出的如图 8.51 所示的"编辑剖面线图案"对话框中调整剖面线的间距和角度等使剖面线符合工程图要求。

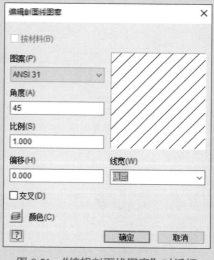

图 8.51　"编辑剖面线图案"对话框

3min

8.3.5　半剖视图

当机件具有对称平面时，以对称平面为界，在垂直于对称平面的投影面上投影得到的并由半个剖视图和半个视图合并组成的图形称为半剖视图。半剖视图既充分地表达了机件的内部结构，又保留了机件的外部形状，因此它具有内外兼顾的特点。半剖视图只适宜于表达对称的或基本对称的机件。下面以创建如图 8.52 所示的半剖视图为例，介绍创建半剖视图的一般操作过程。

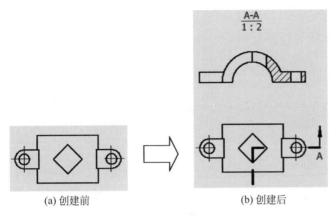

(a) 创建前　　　　　　　　　　(b) 创建后

图 8.52　半剖视图

步骤 1　打开文件 D:\inventor2022\ ch08.03\05\ 半剖视图 -ex。

步骤 2　选择命令。选择 放置视图 功能选项卡 创建 区域中的 □▮（剖视）命令。

步骤 3　选择剖切主视图。在系统 选择视图或视图草图 的提示下，选取如图 8.52（a）所示的视图作为主视图。

步骤 4　绘制剖切线。在系统提示下绘制如图 8.53 所示的直线 1 与直线 2，绘制完成后右击并选择 ⇨ 继续(C) 命令，系统会弹出如图 8.46 所示的"剖视图"对话框。

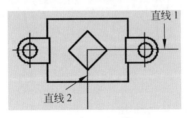

图 8.53　剖切线

步骤 5　定义剖视图参数。在 视图标识符 文本框输入 A，在 剖切深度(D) 下拉列表中选择 全部 ，在 视图投影 区域选中 ⦿平行视图 ，其他参数采用默认。

步骤 6　放置视图。在图纸主视图上方的合适位置单击放置半剖视图。

8.3.6　阶梯剖视图

3min

用两个或多个互相平行的剖切平面把机件剖开的方法称为阶梯剖，所画出的剖视图称为阶梯剖视图。它适宜于表达机件内部结构的中心线排列在两个或多个互相平行的平面内的情况。下面以创建如图 8.54 所示的阶梯剖视图为例，介绍创建阶梯剖视图的一般操作过程。

步骤 1　打开文件 D:\inventor2022\ ch08.03\06\ 阶梯剖视图 -ex。

步骤 2　选择命令。选择 放置视图 功能选项卡 创建 区域中的 □▮（剖视）命令。

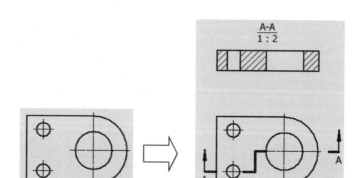

图 8.54 阶梯剖视图

◎步骤3 选择剖切主视图。在系统 选择视图或视图草图 的提示下，选取如图 8.54（a）所示的视图作为主视图。

◎步骤4 绘制剖切线。在系统提示下绘制如图 8.55 所示的直线 1、直线 2 与直线 3，绘制完成后右击并选择 ⇨ 继续(C) 命令，系统会弹出如图 8.46 所示的"剖视图"对话框。

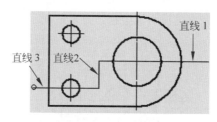

图 8.55 剖切线

◎步骤5 定义剖视图参数。在 视图标识符 文本框输入 A，在 剖切深度(D) 下拉列表中选择 全部 ，在 视图投影 区域选中 ◉平行视图 ，其他参数采用默认。

◎步骤6 放置视图。在图纸主视图上方的合适位置单击放置阶梯剖视图。

◎步骤7 隐藏多余的投影线。选取如图 8.56 所示的投影线，右击，从系统弹出的快捷菜单中选择 ✔ 可见性(V) 命令。

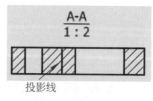

图 8.56 隐藏多余投影线

8.3.7 旋转剖视图

4min 用两个相交的剖切平面（交线垂直于某一基本投影面）剖开机件的方法称为旋转剖，所画出的剖视图称为旋转剖视图。下面以创建如图 8.57 所示的旋转剖视图为例，介绍创建旋转剖视图的一般操作过程。

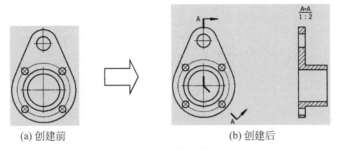

(a) 创建前　　　　　　　　　　(b) 创建后

图 8.57　旋转剖视图

◎步骤1 打开文件 D:\inventor2022\ ch08.03\07\ 旋转剖视图 -ex。

◎步骤2 选择命令。选择 放置视图 功能选项卡 创建 区域中的 □▤ （剖视）命令。

◎步骤3 选择剖切主视图。在系统 选择视图或视图草图 的提示下，选取如图 8.57（a）所示的视图作为主视图。

◎步骤4 绘制剖切线。在系统提示下绘制如图 8.58 所示的直线 1 与直线 2，绘制完成后右击并选择 ⇨ 继续(C) 命令，系统会弹出如图 8.46 所示的"剖视图"对话框。

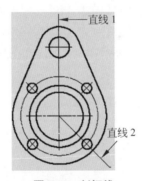

图 8.58　剖切线

◎步骤5 定义剖视图参数。在 视图标识符 文本框输入 A，在 剖切深度(D) 下拉列表中选择 全部 ，在 视图投影 区域选中 ◉平行视图 ，在 方式 区域选中 ◉对齐 ，其他参数采用默认。

◎步骤6 放置视图。在图纸主视图右侧合适位置单击放置旋转剖视图。

8.3.8　局部剖视图

▶ 6min

将机件局部剖开后进行投影得到的剖视图称为局部剖视图。局部剖视图也是在同一视图上同时表达内外形状的方法，并且用波浪线作为剖视图与视图的界线。局部剖视是一种比较灵活的表达方法，剖切范围根据实际需要决定，但使用时要考虑到看图方便，剖切不要过于零碎。它常用于下列两种情况：机件只有局部内形要表达，而又不必或不宜采用全剖视图时；

不对称机件需要同时表达其内、外形状时，宜采用局部剖视图。下面以创建如图 8.59 所示的局部剖视图为例，介绍创建局部剖视图的一般操作过程。

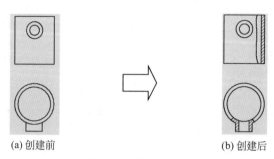

(a) 创建前　　　　　　　　　　(b) 创建后

图 8.59　局部剖视图

○步骤1 打开文件 D:\inventor2022\ch08.03\08\局部剖视图-ex。

○步骤2 定义局部剖区域。选择 草图 功能选项卡 草图 区域中的 ◻（开始创建二维草图）命令，在系统提示下在图形区选取俯视图，绘制如图 8.60 所示的样条曲线作为剖切范围。

○步骤3 选择命令。选择 放置视图 功能选项卡 修改 区域中的◻（局部剖视图）命令。

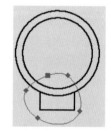

○步骤4 选择剖切父视图。在系统 选择视图 的提示下，选取俯视 图 8.60　局部剖范围（1）
图作为剖切父视图，系统会弹出如图 8.61 所示的"局部剖视图"对话框。

○步骤5 定义剖切深度。在"局部剖视图"对话框 深度 区域的下拉列表中选择 自点 选项，然后选择如图 8.62 所示的点作为深度参考。

图 8.61　"局部剖视图"对话框

图 8.62　剖切深度参考

○步骤6 单击 确定 按钮完成局部剖视图的创建，如图 8.63 所示。

○步骤7 定义局部剖区域。选择 草图 功能选项卡 草图 区域中的◻（开始创建二维草图）

命令，在系统提示下在图形区选取主视图，绘制如图 8.64 所示的样条曲线作为剖切范围。

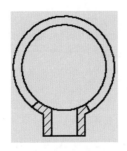

图 8.63　局部剖视图（1）

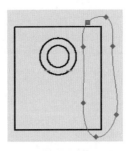

图 8.64　局部剖范围（2）

○步骤8 选择命令。选择 放置视图 功能选项卡 修改 区域中的 ◻（局部剖视图）命令。

○步骤9 选择剖切父视图。在系统 选择视图 的提示下，选取主视图作为剖切父视图，系统会弹出"局部剖视图"对话框

○步骤10 定义剖切深度。在"局部剖视图"对话框 深度 区域的下拉列表中选择 自点 选项，然后选择如图 8.65 所示的点作为深度参考。

○步骤11 单击 确定 按钮完成局部剖视图的创建，如图 8.66 所示。

剖切深度点

图 8.65　剖切深度参考

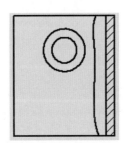

图 8.66　局部剖视图（2）

说明

　　在绘制草图曲线时，一定要确保绘制的曲线在要创建的局部剖视的视图中，并且是一个封闭曲线，否则将无法创建局部剖视图。如果视图中仅存在一个封闭曲线，系统则会自动选中该曲线作为剖切范围；否则，用户需要从其中选择一个封闭曲线作为剖切范围。

8.3.9　局部放大图

7min

　　当机件上某些细小结构在视图中表达得还不够清楚或不便于标注尺寸时，可将这些部分用大于原图形所采用的比例画出，这种图称为局部放大图。下面以创建如图 8.67 所示的局部放大图为例，介绍创建局部放大图的一般操作过程。

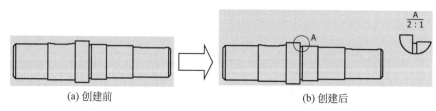

(a) 创建前　　　　　　　　　　　　　　(b) 创建后

图 8.67　局部放大图

◎步骤 1 打开文件 D:\inventor2022\ ch08.03\09\ 局部放大图 -ex。

◎步骤 2 选择命令。选择 放置视图 功能选项卡 创建 区域中的 🔘（局部视图）命令。

◎步骤 3 选择父视图。在系统 选择视图 的提示下，选取主视图作为局部放大图的父视图，系统会弹出如图 8.68 所示的"局部视图"对话框。

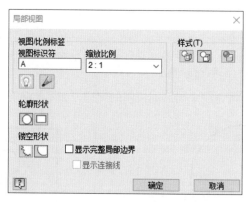

图 8.68　"局部视图"对话框

◎步骤 4 定义局部放大图参数。在"视图标识符"文本框输入 A，在"缩放比例"下拉列表中选择"2：1"，在 锁空形状 区域选中 🔘，其他参数采用系统默认。

◎步骤 5 定义局部范围。在系统提示下绘制如图 8.69 所示的圆作为局部范围。

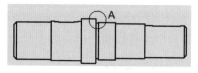

图 8.69　局部范围

◎步骤 6 放置视图。在图纸区主视图右上角合适的位置单击，完成局部放大图的创建。

图 8.71 所示"局部视图"对话框部分选项的说明如下。

（1） 锁空形状 区域：用于控制绘制局部放大区域的形状，如图 8.70 所示。

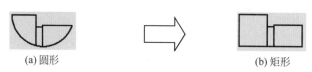

(a) 圆形　　　　　　　　　　　　　　(b) 矩形

图 8.70　轮廓形状

（2）镂空形状 区域：用于控制局部放大图的边界显示样式，如图 8.71 所示。

(a) 锯齿形　　　　　　　(b) 平滑

图 8.71　镂空形状

（3）□显示完整局部边界 复选项：用于设置是否需要显示局部放大图的完整边界，如图 8.72 所示，当将 镂空形状 设置为 ⌐ 时可用。

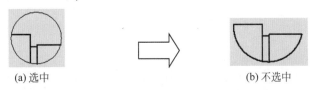

(a) 选中　　　　　　　　(b) 不选中

图 8.72　显示完整边界

（4）□显示连接线 复选项：用于设置是否需要在放大视图与主视图之间添加连接线，如图 8.73 所示，选中 ☑显示完整局部边界 时可用。

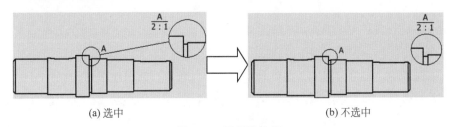

(a) 选中　　　　　　　　　　　　　　　(b) 不选中

图 8.73　显示连接线

8.3.10　斜视图

▶3min

斜视图类似于投影视图，但它是垂直于现有视图中参考边线的投影视图，该参考边线可以是模型的一条边、侧影轮廓线、轴线或草图直线。斜视图一般只要求表达出倾斜面的形状。下面以创建如图 8.74 所示的斜视图为例，介绍创建斜视图的一般操作过程。

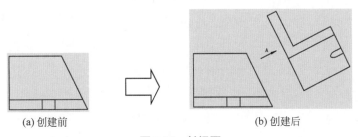

(a) 创建前　　　　　　　　　　(b) 创建后

图 8.74　斜视图

○步骤1 打开文件 D:\inventor2022\ ch08.03\10\ 斜视图 -ex。

○步骤2 选择命令。选择 放置视图 功能选项卡 创建 区域中的 (斜视图) 命令。

○步骤3 选择父视图。在系统 选择视图 的提示下，选取主视图作为局部放大图的父视图，系统会弹出如图 8.75 所示的"斜视图"对话框。

○步骤4 定义斜视图参数。在"视图标识符"文本框输入 A，在"缩放比例"下拉列表中选择"1：1"，其他参数采用系统默认。

○步骤5 选择参考线。在系统 选择线性模型边以定义视图方向 提示下，选取如图 8.76 所示的边线。

○步骤6 放置视图。在图纸区主视图右上方合适的位置单击，生成视图并调整其位置。

图 8.75　"斜视图"对话框

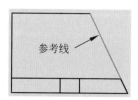

图 8.76　定义参考边线

8min

8.3.11　断裂视图

在机械制图中，经常会遇到一些细长的零部件，若要反映整个零件的尺寸形状，需用大幅面的图纸来绘制。为了既节省图纸幅面，又可以反映零件的形状及尺寸，在实际绘图中常采用断裂视图。断裂视图指的是从零件视图中删除选定两点之间的视图部分，将余下的两部分合并成一个带折断线的视图。下面以创建如图 8.77 所示的断裂视图为例，介绍创建断裂视图的一般操作过程。

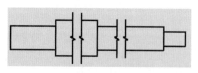

图 8.77　断裂视图

○步骤1 打开文件 D:\inventor2022\ ch08.03\11\ 断裂视图 -ex，如图 8.78 所示。

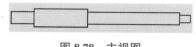

图 8.78　主视图

○步骤2 选择命令。选择 放置视图 功能选项卡 修改 区域中的 (断裂画法) 命令。

○步骤3 选择父视图。在系统 选择视图 的提示下，选取主视图作为断裂视图的父视图，系统会弹出如图 8.79 所示的"断开"对话框。

〇步骤 4　定义断裂视图参数选项。在"断开"对话框 样式 区域选中 ⌷⌷（构造样式）类型，在 方向 区域选中 ⌷（水平方向），在 间隙 文本框输入 6，在 符号 文本框输入 1。

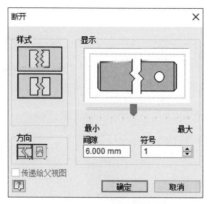

图 8.79　"断开"对话框

〇步骤 5　定义断裂视图断裂。在系统提示下依次选取如图 8.80 所示的第一断裂线与第二断裂线，完成后如图 8.81 所示。

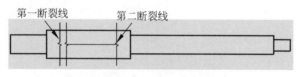

图 8.80　定义断裂线位置

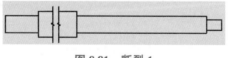

图 8.81　断裂 1

〇步骤 6　选择命令。选择 放置视图 功能选项卡 修改 区域中的 ⌷⌷（断裂画法）命令。

〇步骤 7　选择父视图。在系统 选择视图 的提示下，选取主视图作为断裂视图的父视图，系统会弹出"断开"对话框。

〇步骤 8　定义断裂视图参数选项。采用与步骤 4 相同的参数。

〇步骤 9　定义断裂视图断裂位置。在系统提示下依次选取如图 8.82 所示的第一断裂线与第二断裂线。

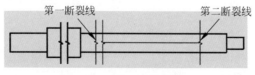

图 8.82　定义断裂线位置

图 8.79 所示"断开"对话框部分选项的说明如下。

（1）▣（构造样式）：用于创建构造样式的断裂线，如图 8.83 所示。

（2）▣（矩形样式）：用于创建矩形样式的断裂线，如图 8.84 所示。

图 8.83　构造样式　　　　　　　　　　　图 8.84　矩形样式

（3）▣（水平方向）：用于创建水平方向的断裂线，如图 8.84 所示。

（4）▣（竖直方向）：用于创建竖直方向的断裂线，如图 8.85 所示。

图 8.85　竖直方向

（5）间隙文本框：用于设置折断线之间的间距，如图 8.86 所示。

(a) 间隙为10　　　　　　　　　　　　(b) 间隙为5

图 8.86　缝隙间隙

（6）符号文本框：用于设置折断线符号的数量，如图 8.87 所示。

(a) 数量为1　　　　　　　　　　　　(b) 数量为3

图 8.87　符号数量

2min

8.3.12　修剪视图

使用修剪视图可以删除视图中多余的部分，显示需要的部分。下面以创建如图 8.88 所示的视图为例，介绍创建修剪视图的一般操作过程。

◎步骤 1　打开文件 D:\inventor2022\ ch08.03\12\ 裁剪视图 -ex。

(a) 修剪前　　　　　　　　　　　　　　(b) 修剪后

图 8.88　修剪视图

◯步骤2 定义修剪范围。选择 草图 功能选项卡 草图 区域中的 ▨（开始创建草图）命令，在系统提示下在图形区选取如图 8.88（a）所示的视图，绘制如图 8.89 所示的样条曲线作为剖切范围。

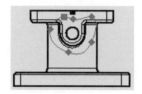

图 8.89　剪切区域

◯步骤3 选择命令。选择 放置视图 功能选项卡 修改 区域中的 ▱（修剪）命令。
◯步骤4 选择裁剪边界。在系统提示下选取步骤 2 创建的封闭样条曲线。

8.3.13　移除断面图

▶ 5min

断面图常用在只需表达零件断面的场合下，这样可以使视图简化，又能使视图所表达的零件结构清晰易懂。下面以创建如图 8.90 所示的视图为例，介绍创建断面图的一般操作过程。

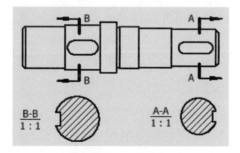

图 8.90　断面图

◯步骤1 打开文件 D:\inventor2022\ ch08.03\13\ 断面图 -ex。
◯步骤2 选择命令。选择 放置视图 功能选项卡 创建 区域中的 ▫（剖视）命令。
◯步骤3 选择剖切主视图。在系统 选择视图或视图草图 的提示下，选取主视图。

步骤 4 绘制剖切线。在系统提示下绘制如图 8.91 所示的剖切线，绘制完成后右击并选择 ➡ 继续(C) 命令，系统会弹出如图 8.46 所示的"剖视图"对话框。

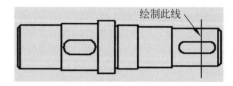

图 8.91　剖切线（1）

步骤 5 定义剖视图参数。在 视图标识符 文本框输入 A，在 剖切深度(D) 下拉列表中选择 全部 ，在 切片 区域选中☑包括切片 与 ☑剖切整个零件 复选项，在 视图投影 区域选中 ⊙无 ，其他参数采用默认。

步骤 6 放置视图。在图纸主视图下方合适的位置单击放置断面图，如图 8.92 所示。

步骤 7 选择命令。选择 放置视图 功能选项卡 创建 区域中的 ▢◻（剖视图）命令。

步骤 8 选择剖切主视图。在系统 选择视图或视图草图 的提示下，选取主视图。

步骤 9 绘制剖切线。在系统提示下绘制如图 8.93 所示的剖切线，绘制完成后右击并选择 ➡ 继续(C) 命令，系统会弹出"剖视图"对话框。

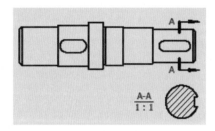

图 8.92　断面图

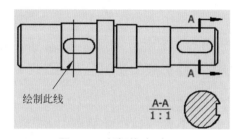

图 8.93　剖切线（2）

步骤 10 定义剖视图参数。在 视图标识符 文本框输入 B，在 剖切深度(D) 下拉列表中选择 全部 ，在 切片 区域选中☑包括切片 与 ☑剖切整个零件 复选项，在 视图投影 区域选中 ⊙无 ，其他参数采用默认。

步骤 11 放置视图。在图纸主视图下方合适的位置单击放置断面图，如图 8.90 所示。

8.3.14　加强筋的剖切

下面以创建如图 8.94 所示的剖视图为例，介绍创建加强筋的剖视图的一般操作过程。

6min

说明

在国家标准中规定，当剖切到加强筋结构时，需要按照不剖处理。

步骤 1 打开文件 D:\inventor2022\ ch08.03\14\ 加强筋剖切 -ex。

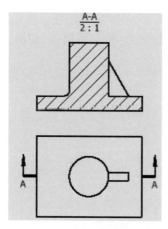

图 8.94　加强筋的剖切

（◎步骤 2）选择命令。选择 放置视图 功能选项卡 创建 区域中的 □▮（剖视）命令。

（◎步骤 3）选择剖切主视图。在系统 选择视图或视图草图 的提示下，选取主视图。

（◎步骤 4）绘制剖切线。在系统提示下绘制如图 8.95 所示的剖切线，绘制完成后右击并选择 ⇨ 继续(C) 命令，系统会弹出"剖视图"对话框。

（◎步骤 5）定义剖视图参数。在 视图标识符 文本框输入 A，在 剖切深度(D) 下拉列表中选择 全部，在 视图投影 区域选中 ◉平行视图，其他参数采用默认。

（◎步骤 6）放置视图。在图纸主视图上方合适的位置单击放置视图，如图 8.96 所示。

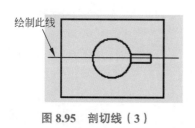

图 8.95　剖切线（3）

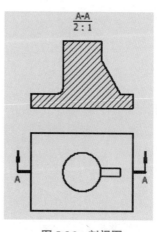

图 8.96　剖视图

（◎步骤 7）隐藏剖面线。在剖面线上右击并选择 隐藏(H) 命令即可隐藏剖面线，如图 8.97 所示。

（◎步骤 8）定义剖面线范围草图。选择 草图 功能选项卡 草图 区域中的 ☑（开始创建草图）命令，在系统提示下在图形区选取如图 8.97 所示的视图，绘制如图 8.98 所示的草图作为剖面线范围（首先通过投影几何图元复制现有所有对象，然后绘制两条直线）。

◉步骤9 添加剖面线。选择 ◊（用剖面线填充面域）命令，系统会弹出"剖面线"对话框，在图 8.98 中间的封闭区域单击完成剖面线的填充，单击 确定 按钮，效果如图 8.99 所示。

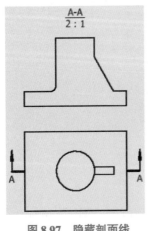

图 8.97 隐藏剖面线

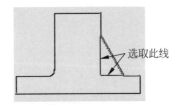

图 8.98 剖切范围草图

◉步骤10 调整线宽。选中如图 8.98 所示的两条直线并右击，在系统弹出的快捷菜单中选择 特性... 命令，系统会弹出如图 8.100 所示的"草图特性"对话框，在 线宽(W) 下拉列表中选择 0.7mm，单击 确定 按钮完成线宽的调整。

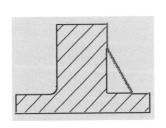

图 8.99 添加剖面线

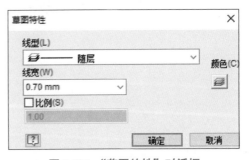

图 8.100 "草图特性"对话框

◉步骤11 完成操作。单击 ✔（完成草图）按钮完成视图的修改。

8.3.15 装配体的剖切视图

9min

装配体工程图视图的创建与零件工程图视图相似，但是在国家标准中针对装配体出工程图也有两点不同之处：一是装配体工程图中不同的零件在剖切时需要有不同的剖面线；二是装配体中有一些零件（例如标准件）不可参与剖切。下面以创建如图 8.101 所示的装配体全剖视图为例，介绍创建装配体剖切视图的一般操作过程。

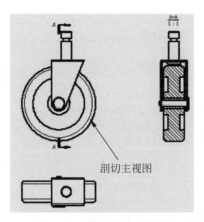

图 8.101　装配体剖切视图

○步骤1　打开文件 D:\inventor2022\ ch08.03\15\ 装配体剖切 -ex。

○步骤2　选择命令。选择 放置视图 功能选项卡 创建 区域中的 🗔 （剖视）命令。

○步骤3　选择剖切主视图。在系统 选择视图或视图草图 的提示下，选取如图 8.101 所示的视图为剖切主视图。

○步骤4　绘制剖切线。在系统提示下绘制如图 8.102 所示的剖切线（剖切线经过车轮的圆心），绘制完成后右击并选择 ⇨ 继续(C) 命令，系统会弹出"剖视图"对话框。

○步骤5　定义剖视图参数。在 视图标识符 文本框输入 A，在 剖切深度(D) 下拉列表中选择 全部 ，在 视图投影 区域选中 ⊙平行视图 ，其他参数采用默认。

○步骤6　放置视图。在图纸主视图右侧合适的位置单击放置视图，如图 8.103 所示。

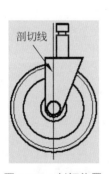

图 8.102　剖切位置

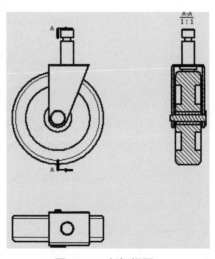

图 8.103　剖切视图

○步骤7　定义剖切参与件。在浏览器中右击如图 8.104 所示的"固定螺钉"零件，在系统弹出的快捷菜单中依次选择 剖切参与件(S) → 无 命令。

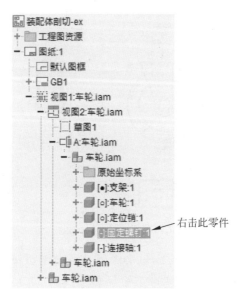

图 8.104　剖切件

8.3.16　爆炸视图

为了全面地反映装配体的零件组成，可以通过创建爆炸视图来达到目的。下面以创建如图 8.105 所示的爆炸视图为例，介绍创建装配体爆炸视图的一般操作过程。

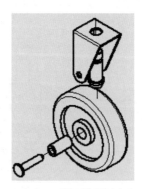

图 8.105　装配体爆炸视图

○步骤 1 打开文件 D:\inventor2022\ ch08.03\16\ 爆炸视图 -ex。

○步骤 2 选择命令。选择 放置视图 功能选项卡 创建 区域中的 ▦（基础视图）命令。系统会弹出"工程视图"对话框。

○步骤 3 选择零件模型。在"工程视图"对话框选择 ◙（打开现有文件）按钮。在系统弹出的"打开"对话框中找到 D:\inventor2022\ ch08.03\ 16 中的"爆炸图 .ipn"文件并打开。

○步骤 4 在系统弹出的如图 8.106 所示的对话框中单击 确定 按钮。

图 8.106　Inventor 对话框

⚪步骤 5　定义视图参数。

（1）定义视图方向。在 **视图** 下拉列表中选择 View1 ，选中☑**显示轨迹** 复选项。

（2）定义视图显示样式。在 **样式(T)** 区域选中◉（不显示隐藏线）单选项。

（3）定义视图比例。在 **比例** 下拉列表中选择 1∶1。

（4）放置视图。将鼠标指针放在图形区视图上，按住鼠标左键移动鼠标选择合适位置松开鼠标即可。

（5）单击"工程视图"对话框中的 ▭确定▭ 按钮，完成操作。

8.4　工程图标注

在工程图中，标注的重要性是不言而喻的。工程图作为设计者与制造者之间交流的语言，重在向其用户反映零部件的各种信息，这些信息中的绝大部分是通过工程图中的标注来反映的，因此一张高质量的工程图必须具备完整、合理的标注。

工程图中的标注种类很多，如尺寸标注、注释标注、基准标注、公差标注、表面粗糙度标注、焊缝符号标注等。

（1）尺寸标注：对于刚创建完视图的工程图，习惯上先添加尺寸标注。在标注尺寸的过程中，要注意国家制图标准中关于尺寸标注的具体规定，以免所标注出的尺寸不符合国标的要求。

（2）注释标注：作为加工图样的工程图很多情况下需要使用文本方式来指引性地说明零部件的加工、装配体的技术要求，这可通过添加注释实现。Inventor 系统提供了多种不同的注释标注方式，可根据具体情况加以选择。

（3）基准标注：在 Inventor 系统中，选择 标注 功能选项卡下的 Ⓐ 命令，可创建基准特征符号，所创建的基准特征符号主要作为创建几何公差时公差的参照。

（4）公差标注：公差标注主要用于对加工所需要达到的要求作相应的规定。公差包括尺寸公差和几何公差两部分。其中，尺寸公差可通过尺寸编辑来将其显示。

（5）表面粗糙度标注：对零件表面有特殊要求的零部件需标注表面粗糙度。在 Inventor 系统中，表面粗糙度有各种不同的符号，应根据要求选取。

（6）焊接符号标注：对于有焊接要求的零件或装配体，还需要添加焊接符号。由于有不同的焊接形式，所以具体的焊接符号也不一样，因此在添加焊接符号时需要用户自己先选取一种标准，再添加到工程图中。

Inventor 的工程图模块具有方便的尺寸标注功能，既可以由系统根据已有约束自动标注尺寸，也可以根据需要手动标注尺寸。

8.4.1　尺寸标注

在工程图的各种标注中，尺寸标注是最重要的一种，它有着自身的特点与要求。首先尺寸是反映零件几何形状的重要信息（对于装配体，尺寸是反映连接配合部分、关键零部件尺寸等的重要信息）。在具体的工程图尺寸标注中，应力求尺寸能全面地反映零件的几何形状，不能有遗漏的尺寸，也不能有重复的尺寸（在本书中，为了便于介绍某些尺寸的操作，并未标注出能全面反映零件几何形状的全部尺寸）；其次，工程图中的尺寸标注是与模型相关联的，而且模型中的变更会反映到工程图中，在工程图中改变尺寸也会改变模型。最后由于尺寸标注属于机械制图的一个必不可少的部分，因此标注应符合制图标准中的相关要求。

下面将详细介绍标注通用尺寸、基准尺寸、链尺寸、尺寸链、孔标注和倒角尺寸的方法。

1. 通用尺寸标注

8min

通用尺寸标注是系统自动根据用户所选择的对象判断尺寸类型完成尺寸标注，此功能与草图环境中的尺寸标注比较类似。下面以标注如图 8.107 所示的尺寸为例，介绍通用尺寸标注的一般操作过程。

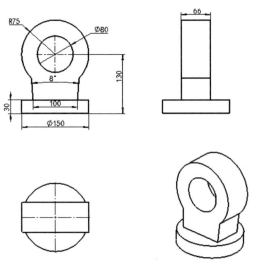

图 8.107　通用尺寸标注

◎步骤1　打开文件 D:\inventor2022\ ch08.04\01\ 通用尺寸标注 -ex。

◯步骤 2　选择命令。选择 标注 功能选项卡 尺寸 区域中的 ⊢ （尺寸）命令。

◯步骤 3　标注水平竖直尺寸。在系统 选择模型或草图几何图元 的提示下，选取如图 8.108 所示的竖直直线为标注对象，在左侧合适位置单击即可放置尺寸，如图 8.109 所示。

图 8.108　标注对象

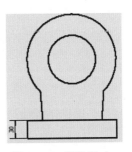

图 8.109　标注尺寸

◯步骤 4　参考步骤 3 标注其他的水平竖直尺寸，完成后如图 8.110 所示。

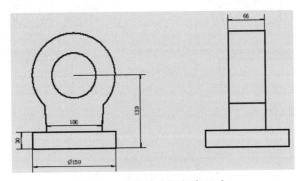

图 8.110　其他水平竖直尺寸

◯步骤 5　标注半径及直径尺寸。选取如图 8.111 所示的圆形边线，在合适位置单击即可放置尺寸，如图 8.112 所示。

图 8.111　标注对象

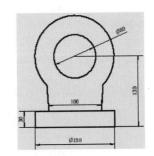

图 8.112　直径尺寸

◯步骤 6　参考步骤 5 标注其他的半径及直径尺寸，完成后如图 8.113 所示。

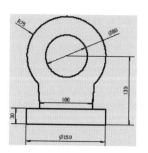

图 8.113　其他半径及直径尺寸

◯步骤7 标注角度尺寸。选取如图 8.114 所示的两条边线，在合适位置单击即可放置尺寸，如图 8.115 所示。

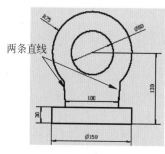

图 8.114　标注对象

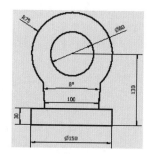

图 8.115　角度标注

说明

如果读者在标注角度尺寸时显示为 8°0′0″，则可以通过选择 管理 功能选项卡 样式和标准 区域中的 ✄（样式编辑器）命令，在"样式和标准编辑器"对话框中选择 ┣━┫尺寸 下的 ▭ 默认 (GB) 节点，在单位选项卡 角度 区域的 精度(P) 下拉列表中选择 DD 。

3min

2. 标注基线尺寸

下面以标注如图 8.116 所示的尺寸为例，介绍标注基线尺寸的一般操作过程。

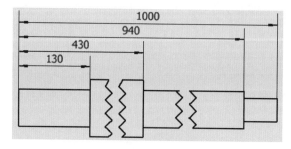

图 8.116　标注基线尺寸

步骤 1　打开文件 D:\inventor2022\ ch08.04\01\ 基线尺寸 -ex。

步骤 2　选择命令。选择 标注 功能选项卡 尺寸 区域中的 □ 基线 ·命令。

步骤 3　选择标注参考对象。在系统 选择模型或草图几何图元 提示下，依次选取如图 8.117 所示的直线 1、直线 2、直线 3、直线 4 与直线 5。

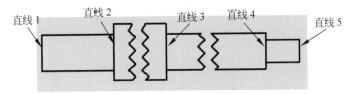

图 8.117　标注参考对象

步骤 4　在图纸区右击选择 ⇨ 继续(C) 命令，然后选择合适的位置放置尺寸。

步骤 5　在图纸区右击选择 创建(C) 命令，完成基线尺寸标注的创建。

3. 同基准尺寸

下面以标注如图 8.118 所示的尺寸为例，介绍标注同基准尺寸的一般操作过程。

3min

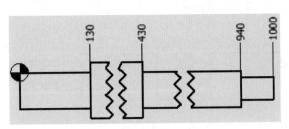

图 8.118　标注同基准尺寸

步骤 1　打开文件 D:\inventor2022\ ch08.04\01\ 同基准尺寸 -ex。

步骤 2　选择命令。选择 标注 功能选项卡 尺寸 区域中的 冚 同基准 ·命令。

步骤 3　选择视图。在系统 选择视图 的提示下，选取主视图作为要标注尺寸的视图。

步骤 4　选择原点位置。在系统 选择原点位置 的提示下，选取如图 8.119 所示的直线 1 的上端点作为原点。

步骤 5　选择标注参考对象。在系统 选择模型或草图几何图元 提示下，依次选取如图 8.119 所示的直线 2、直线 3、直线 4 与直线 5。

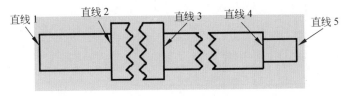

图 8.119　标注参考对象

◎步骤 6 在图纸区右击选择 ⇒ 继续(C) 命令，然后选择上方合适的位置放置尺寸。

◎步骤 7 在图纸区右击选择 ✔ 确定 命令，完成同基准尺寸标注的创建。

4. 连续尺寸标注

下面以标注如图 8.120 所示的尺寸为例，介绍连续尺寸标注的一般操作过程。

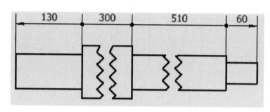

图 8.120　连续尺寸标注

◎步骤 1 打开文件 D:\inventor2022\ ch08.04\01\ 连续尺寸 -ex。

◎步骤 2 选择命令。选择 标注 功能选项卡 尺寸 区域中的 ⊢⊣ 连续尺寸 · 命令。

◎步骤 3 选择标注参考对象。在系统 选择模型或草图几何图元 提示下，依次选取如图 8.121 所示的直线 1、直线 2、直线 3、直线 4 与直线 5。

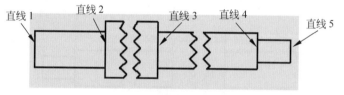

图 8.121　标注参考对象

◎步骤 4 在图纸区右击选择 ⇒ 继续(C) 命令，然后选择上方合适的位置放置尺寸。

◎步骤 5 在图纸区右击选择 创建(C) 命令，完成连续尺寸标注的创建。

5. 孔或螺纹标注

使用"通用尺寸"命令可标注一般的圆柱（孔）尺寸，如只含单一圆柱的通孔，对于标注含较多尺寸信息的圆柱孔，如沉孔等，可使用"孔或螺纹标注"命令来创建。下面以标注如图 8.122 所示的尺寸为例，介绍孔或螺纹标注的一般操作过程。

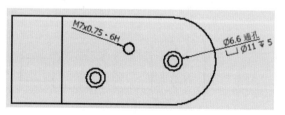

图 8.122　孔或螺纹标注

步骤 1 打开文件 D:\inventor2022\ ch08.04\01\ 孔或螺纹标注 -ex。

步骤 2 选择命令。选择 标注 功能选项卡 特征注释 区域中的 🗔（孔和螺纹）命令。

步骤 3 选择标注参考对象。在系统 选择孔或螺纹的特征边 的提示下，选取如图 8.123 所示的圆 1。

步骤 4 放置尺寸。在合适位置单击放置尺寸，如图 8.124 所示。

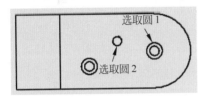

图 8.123　标注参考对象

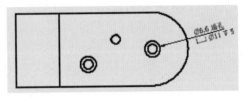

图 8.124　孔标注

步骤 5 选择标注参考对象。在系统 选择孔或螺纹的特征边 的提示下，选取如图 8.123 所示的圆 2。

步骤 6 放置尺寸。在合适位置单击放置尺寸，如图 8.122 所示，在图纸区右击选择 ✔ 确定 命令，完成孔和螺纹标注的创建。

6. 标注倒角尺寸

5min

标注倒角尺寸时，先选取倒角边线，再选择引入边线，然后单击图形区域来放置尺寸。下面以标注如图 8.125 所示的尺寸为例，介绍标注倒角尺寸的一般操作过程。

步骤 1 打开文件 D:\inventor2022\ ch08.04\01\ 倒角尺寸 -ex。

步骤 2 选择命令。选择 标注 功能选项卡 特征注释 区域中的 ⁂ 倒角 命令。

步骤 3 选择倒角参考对象。在系统 选择倒角边 的提示下选取如图 8.126 所示的直线 1，在系统 选择引用边 的提示下，选取如图 8.126 所示的直线 2。

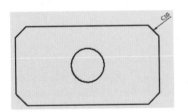

图 8.125　标注倒角尺寸

图 8.126　倒角参考对象

步骤 4 放置尺寸。选择合适的位置单击，以放置尺寸。

步骤 5 按 Esc 键退出命令，完成倒角尺寸的标注。

> **说明**
>
> 　倒角尺寸的标注样式默认为 C+ 倒角值的形式，用户可以根据实际需求自定义标注样式，选择 管理 功能选项卡 样式和标准 区域中的 ⁑（样式编辑器）命令，在"样式和标准编辑器"对话框中选择 ⊩ 尺寸 下的 ⎁ 默认 (GB) 节点，在注释和指引线选项卡下选择 ⊚ ⁊（倒角注释设置），在注释格式区域设置为 C<DIST1>，效果如图 8.125 所示；在注释格式区域设置为

<DIST1>x<DIST2>，效果如图 8.127 所示；在**注释格式**区域设置为 <DIST1>x<ANGL>，效果如图 8.128 所示。

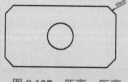

图 8.127 距离 x 距离

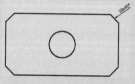

图 8.128 距离 x 角度

4min

8.4.2 公差标注

在 Inventor 系统下的工程图模式中，尺寸公差只能在手动标注或在编辑尺寸时才能添加公差值。尺寸公差一般以最大极限偏差和最小极限偏差的形式显示尺寸、以公称尺寸并带有一个上偏差和一个下偏差的形式显示尺寸和以公称尺寸之后加上一个正负号显示尺寸等。在默认情况下，系统只显示尺寸的公称值，可以通过编辑来显示尺寸的公差。

下面以标注如图 8.129 所示的公差为例，介绍标注公差尺寸的一般操作过程。

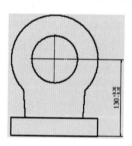

图 8.129 公差尺寸标注

◎步骤 1 打开文件 D:\inventor2022\ ch08.04\02\ 公差尺寸 -ex。

◎步骤 2 选取要添加公差的尺寸。选取如图 8.130 所示的尺寸"130"，系统会弹出如图 8.131 所示的"编辑尺寸"对话框。

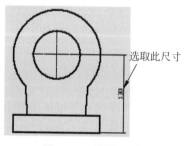

选取此尺寸

图 8.130 选取尺寸

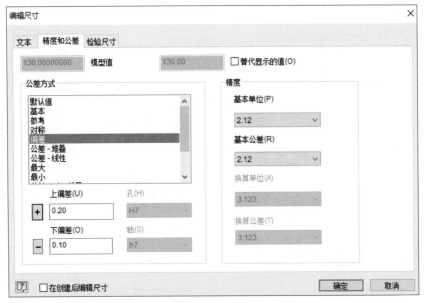

图 8.131　"编辑尺寸"对话框

○步骤 3　定义公差类型。在"编辑尺寸"对话框选中**精度和公差**选项卡，在**公差方式**区域选中"偏差"类型。

○步骤 4　定义公差值。在**上偏差(U)**文本框输入 0.2，在**下偏差(O)**文本框输入 0.1。

○步骤 5　单击 确定 按钮，完成公差的添加。

图 8.135 所示的"编辑尺寸"对话框 **公差方式** 区域的各选项说明如下。

（1）"基本"选项：选取该选项，在尺寸文字上添加一个方框来表示基本尺寸，如图 8.132 所示。

（2）"参考"选项：选取该选项，在尺寸文字上添加一个括号来表示参考尺寸，如图 8.133 所示。

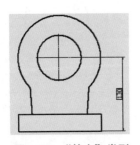

图 8.132　"基本"类型

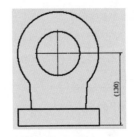

图 8.133　"参考"类型

（3）"对称"选项：选取该选项，在 **上偏差(U)** 文本框中输入尺寸相等的偏差值，公差文字显示在公称尺寸的后面，如图 8.134 所示。

（4）"偏差"选项：选取该选项，在 **上偏差(U)** 和 **下偏差(O)** 文本框中输入尺寸的上偏差和下偏差，公差值显示在尺寸值后面，如图 8.135 所示。

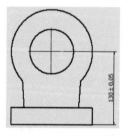

图 8.134 "对称" 类型

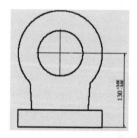

图 8.135 "偏差" 类型

（5）"公差 - 堆叠"选项：选取该选项，在 **上偏差(U)** 和 **下偏差(O)** 文本框中输入尺寸的最大值和最小值，大尺寸在上，小尺寸在下堆叠放置，如图 8.136 所示。

（6）"公差 - 线性"选项：选取该选项，在 **上偏差(U)** 和 **下偏差(O)** 文本框中输入尺寸的最大值和最小值，大尺寸在前，小尺寸在后线性放置，如图 8.137 所示。

图 8.136 "公差 - 堆叠" 类型

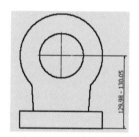

图 8.137 "公差 - 线性" 类型

（7）"最大"选项：选取该选项，在尺寸值后面添加 MAX 后缀，如图 8.138 所示。

（8）"最小"选项：选取该选项，在尺寸值后面添加 MIN 后缀，如图 8.139 所示。

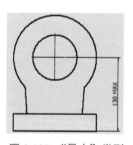

图 8.138 "最大" 类型

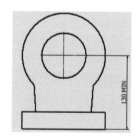

图 8.139 "最小" 类型

（9）"公差配合 - 堆叠"选项：选取该选项，用户可以选择孔基准代号与轴基准代号，并以堆叠方式显示公差，如图 8.140 所示。

（10）"公差配合 - 线性"选项：选取该选项，用户可以选择孔基准代号与轴基准代号，并以线性方式显示公差，如图 8.141 所示。

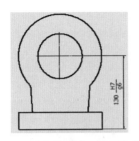

图 8.140　"公差配合 - 堆叠"类型

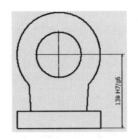

图 8.141　"公差配合 - 线性"类型

（11）"公差配合 - 显示大小限制"选项：选取该选项，用户可以选择孔基准代号并显示，并在基准代号后以堆叠方式显示尺寸范围，如图 8.142 所示。

（12）"公差配合 - 显示公差"选项：选取该选项，用户可以选择孔基准代号并显示，并在基准代号后以堆叠方式显示公差范围，如图 8.143 所示。

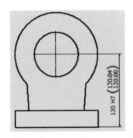

图 8.142　"公差配合 - 显示大小限制"类型

图 8.143　"公差配合 - 显示公差"类型

8.4.3　基准标注

5min

在工程图中，基准标注（基准面和基准轴）常被作为几何公差的参照。基准面一般标注在视图的边线上，基准轴一般标注在中心轴或尺寸上。在 Inventor 中标注基准面和基准轴都通过"基准特征"命令实现。下面以标注如图 8.144 所示的基准标注为例，介绍基准标注的一般操作过程。

◎步骤 1　打开文件 D:\inventor2022\ ch08.04\03\ 基准标注 -ex。

◎步骤 2　选择命令。单击 标注 功能选项卡 符号 区域中的 ▼ 按钮，选择 Ａ （基准特征符号）命令。

◎步骤 3　放置基准特征符号。在系统 在一个位置上单击 的提示下，选取如图 8.145 所示的边线，在下方合适位置单击放置基准符号，系统会弹出如图 8.146 所示的"文本格式"对话框，确认输入基准符号为 A。

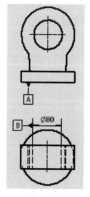

图 8.144　基准标注

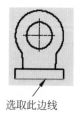

选取此边线

图 8.145　参考边线

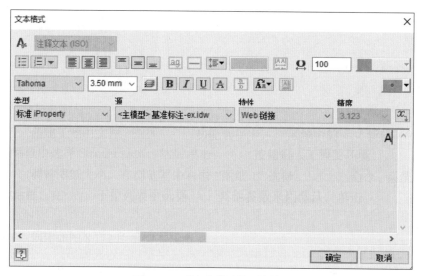

图 8.146　"文本格式"对话框

◎步骤 4　单击 确定 按钮，然后按 Esc 键退出完成基准符号的标注。

◎步骤 5　选择命令。单击 标注 功能选项卡 符号 区域中的 ▼ 按钮，选择 🄰（基准特征符号）命令。

◎步骤 6　放置基准特征符号。在系统 在一个位置上单击 的提示下，选取直径 80 的尺寸，在左侧合适位置单击放置基准符号，系统会弹出"文本格式"对话框，将基准符号修改为 B。

◎步骤 7　单击 确定 按钮，然后按 Esc 键退出完成基准符号的标注。

说明

　　如果基准特征符号的位置不合适，用户则可以选中基准特征符号，此时如图 8.147 所示，拖动点 1 可以调整基准符号的位置，如图 8.148 所示，拖动点 2 可以调整基准字母的位置，如图 8.149 所示。

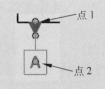

图 8.147　选中符号

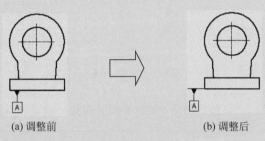

(a) 调整前　　　　　　　　　　　　　(b) 调整后

图 8.148　基准符号位置

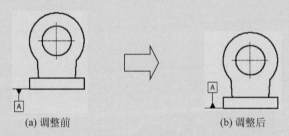

(a) 调整前　　　　　　　　　　　　　(b) 调整后

图 8.149　基准字母位置

　　如果基准特征符号的样式无法符合实际要求，用户则可以根据实际需求重新调整标注样式，选择 管理 功能选项卡 样式和标准 区域中的 ✎（样式编辑器）命令，在"样式和标准编辑器"对话框中选择 📐 标识符号下的 📙 基准标识符号 (GB) 节点，在形状(S)下拉列表中有可以选择的形状，各形状的效果如图 8.150 所示；选中☑允许尺寸标注线(A)的效果如图 8.151（a）所示，不选中☐允许尺寸标注线(A)的效果如图 8.151（b）所示；单击指引线样式(L)中的 ✎，在箭头(A)下拉列表中可以选择合适的指引线箭头样式，如图 8.152 所示。

(a) 无　　　　　　　(b) 圆形　　　　　　　(c) 方形

图 8.150　基准特征符号形状

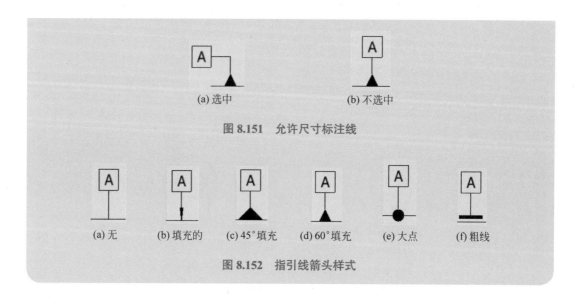

图 8.151　允许尺寸标注线

(a) 选中　　　　　(b) 不选中

(a) 无　(b) 填充的　(c) 45°填充　(d) 60°填充　(e) 大点　(f) 粗线

图 8.152　指引线箭头样式

▶ 3min

8.4.4　形位公差标注

　　形状公差和位置公差简称形位公差，也叫作几何公差，用来指定零件的尺寸和形状与精确值之间所允许的最大偏差。下面以标注如图 8.153 所示的形位公差为例，介绍形位公差标注的一般操作过程。

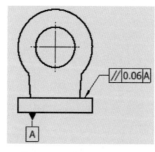

图 8.153　形位公差标注

　　步骤 1　打开文件 D:\inventor2022\ ch08.04\04\ 形位公差标注 -ex。

　　步骤 2　选择命令。单击 标注 功能选项卡 符号 区域中的 ▾ 按钮，选择 ⊞1（形位公差符号）命令。

　　步骤 3　放置形位公差符号。在系统 在一个位置上单击 的提示下，选取如图 8.154 所示的边线，在右上方合适的位置单击放置形位公差符号，右击并选择 ⇨ 继续(C) 命令，系统会弹出如图 8.155 所示的"形位公差符号"对话框。

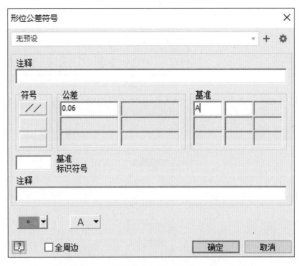

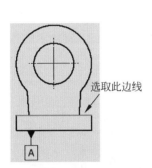

选取此边线

图 8.154　选取放置参考　　　　图 8.155　"形位公差符号"对话框

○步骤 4　定义形位公差。在"形位公差符号"对话框中单击 符号 区域的"项目特征符号"按钮 ⌖，在弹出的特征符号列表中选择 ∥ 按钮，在 公差 文本框中输入公差值 0.06，在 基准 文本框中输入基准符号 A。

○步骤 5　单击 确定 按钮，然后按 Esc 键完成形位公差的标注。

8.4.5　粗糙度符号标注

4min

在机械制造中，任何材料表面经过加工后，加工表面上都会具有较小间距和峰谷的不同起伏，这种微观的几何形状误差叫作表面粗糙度。下面以标注如图 8.156 所示的粗糙度符号为例，介绍粗糙度符号标注的一般操作过程。

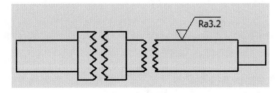

图 8.156　粗糙度符号标注

○步骤 1　打开文件 D:\inventor2022\ ch08.04\05\ 粗糙度符号 -ex。

○步骤 2　选择命令。单击 标注 功能选项卡 符号 区域中的 按钮，选择 √（粗糙度符号）命令。

○步骤 3　放置粗糙度符号。在系统 在一个位置上单击 的提示下，选取如图 8.157 所示的边线，右击并选择 ⇨ 继续(C) 命令，系统会弹出"表面粗糙度符号"对话框。

选取此边线

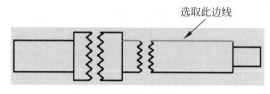

图 8.157　选取放置参考

○步骤 4 定义表面粗糙度符号。在"表面粗糙度"对话框设置如图 8.158 所示的参数。

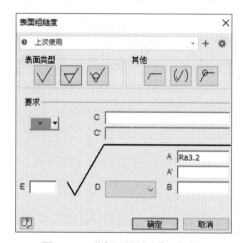

图 8.158　"表面粗糙度"对话框

○步骤 5 单击 确定 按钮，然后按 Esc 键完成表面粗糙度符号的标注。

图 8.158 所示的"表面粗糙度"窗口中部分选项说明如下。

（1）☑（基本表面粗糙度符号）：用于标注基本的表面粗糙度符号，如图 8.159 所示。

（2）☑（表面用去除材料的方法获得）：用于标注表面用去除材料的方法获得的表面粗糙度符号，如图 8.160 所示。

图 8.159　基本表面粗糙度符号

图 8.160　表面用去除材料的方法获得

（3）☑（表面用不去除材料的方法获得）：用于标注表面用不去除材料的方法获得的表面粗糙度符号，如图 8.161 所示。

图 8.161　表面不用去除材料的方法获得

（4）☐（长边加横线）：用于为表面粗糙度符号添加尾部符号。

（5）☑（多数）：用于表示这个符号为工程图指定了标准表面特征，如图 8.162 所示。

（6）（全周边）：用于为符号添加全周边指示器。直径在指引线样式中指定，如图 8.163 所示。

（7）要求-区域：用于定义表面特征的值。在框中输入适当的值。字段的布局由表面粗糙度符号样式确定。

图 8.162　多数　　　　　　　　　图 8.163　全周边

8.4.6　注释文本标注

在工程图中，除了尺寸标注外，还应有相应的文字说明，即技术要求，如工件的热处理要求、表面处理要求等，所以在创建完视图的尺寸标注后，还需要创建相应的注释标注。工程图中的注释主要分为两类，即带引线的注释与不带引线的注释。下面以标注如图 8.164 所示的注释为例，介绍注释标注的一般操作过程。

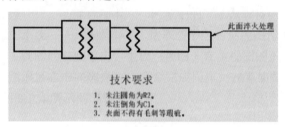

图 8.164　注释文本

○步骤1 打开文件 D:\inventor2022\ ch08.04\06\ 注释文本 -ex。

○步骤2 选择命令。选择 标注 功能选项卡 文本 区域中的 A（文本）命令。

○步骤3 定义注释文本的位置。在系统 在某处或两角处单击 的提示下，在图纸合适位置单击确定注释文本的放置位置，系统会弹出如图 8.165 所示的"文本格式"对话框。

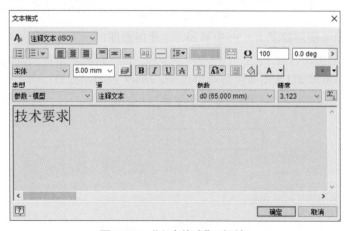

图 8.165　"文本格式"对话框

◎步骤④ 设置字体与大小。在"文本格式"对话框中将字体设置为宋体，将字高设置为 5，其他采用默认。

◎步骤⑤ 输入注释文本。在"文本格式"对话框文本输入区域输入"技术要求"。

◎步骤⑥ 单击 确定 按钮，然后按 Esc 键完成注释文本的输入，如图 8.166 所示。

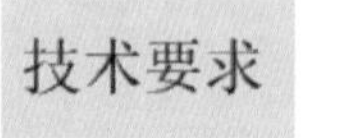

技术要求

图 8.166 注释文本

◎步骤⑦ 选择命令。选择 标注 功能选项卡 文本 区域中的 **A**（文本）命令。

◎步骤⑧ 定义注释文本的位置。在系统 在某处或两角处单击 的提示下，在图纸合适的位置单击确定注释文本的放置位置，系统会弹出"文本格式"对话框。

◎步骤⑨ 设置字体与大小。在"文本格式"对话框中将字体设置为宋体，将字高设置为 3.5，其他采用默认。

◎步骤⑩ 输入注释文本。在"文本格式"对话框文本输入区域输入"1. 未注圆角为 R2。2. 未注倒角为 C1。3. 表面不得有毛刺等瑕疵。"

◎步骤⑪ 单击 确定 按钮，然后按 Esc 键完成注释文本的输入，如图 8.167 所示。

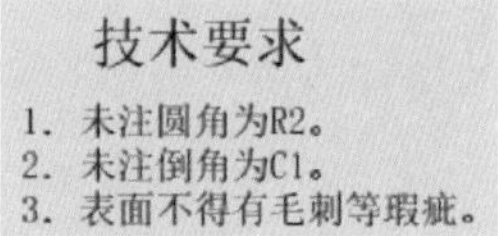

技术要求
1. 未注圆角为R2。
2. 未注倒角为C1。
3. 表面不得有毛刺等瑕疵。

图 8.167 注释文本

◎步骤⑫ 选择命令。选择 标注 功能选项卡 文本 区域中的 **A**（指引线文本）命令。

◎步骤⑬ 定义注释文本的位置。在系统 在某处或两角处单击 的提示下，在视图最右侧竖直边线上单击确定注释文本的引线位置，再从其他合适位置单击确定注释文本的放置位置，右击并选择 继续(C) 命令系统会弹出"文本格式"对话框。

◎步骤⑭ 设置字体与大小。在"文本格式"对话框中将字体设置为宋体，将字高设置为 3.5，其他采用默认。

◎步骤⑮ 输入注释文本。在"文本格式"对话框文本输入区域输入"此面淬火处理"。

◎步骤⑯ 单击 确定 按钮，然后按 Esc 键完成注释文本的输入，如图 8.164 所示。

8.4.7　焊接符号标注

2min

焊接符号可以简单、明了地在图纸上说明焊缝的形状、几何尺寸和焊接方法。下面以标注如图 8.168 所示的焊接符号为例，介绍焊接符号标注的一般操作过程。

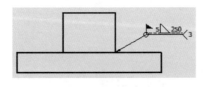

图 8.168 焊接符号标注

◎步骤① 打开文件 D:\inventor2022\ch08.04\07\焊接符号 -ex。

○步骤2　选择命令。单击 标注 功能选项卡 符号 区域中的 ▾ 按钮，选择 ╱ （焊接符号）命令。

○步骤3　放置粗糙度符号。在系统 在一个位置上单击 的提示下，选取如图 8.169 所示的交点为指引位置，再从其他合适位置单击确定焊接符号的放置位置，右击并选择 ⇨ 继续(C) 命令，系统会弹出"焊接符号"对话框。

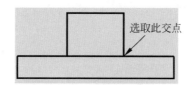

选取此交点

图 8.169　选取放置参考

○步骤4　定义焊接符号属性。设置如图 8.170 所示的参数。

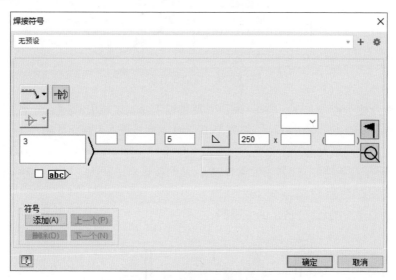

图 8.170　"焊接符号"对话框

○步骤5　单击 确定 按钮，然后按 Esc 键完成焊接符号的标注，如图 8.168 所示。

8.5　钣金工程图

8.5.1　概述

▶10min

钣金工程图的创建方法与一般零件的创建方法基本相同，所不同的是钣金件的工程图需要创建平面展开图。创建钣金工程图时，需要在钣金设计环境中创建一个展开的模式，此展开模式用于创建钣金展开视图。

8.5.2　钣金工程图一般操作过程

下面以创建如图 8.171 所示的工程图为例，介绍钣金工程图创建的一般操作过程。

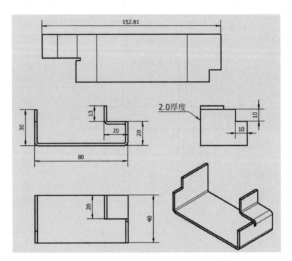

图 8.171　钣金工程图

○步骤 1 新建工程图文件。选择 快速入门 功能选项卡 启动 区域中的 □（新建）命令，在"新建文件"对话框中选择 Standard.idw，然后单击 创建 按钮进入工程图环境。

○步骤 2 调整图纸大小。在浏览器中右击"图纸 1"选择 编辑图纸(E)... 命令，系统会弹出"编辑图纸"对话框，在 大小(S) 下拉列表中选择 A3，其他参数采用默认，单击 确定 按钮完成大小的调整。

○步骤 3 创建如图 8.172 所示的主视图。

图 8.172　主视图

（1）选择命令。选择 放置视图 功能选项卡 创建 区域中的 ▤（基础视图）命令。系统会弹出"工程视图"对话框。

（2）选择零件模型。在"工程视图"对话框选择 ◩（打开现有文件）按钮。在系统弹出的"打开"对话框中找到 D:\inventor2022\ ch08.05 中的"钣金工程图"文件并打开。

（3）定义视图方向。在图形区将 ViewCube 方位调整至前视方位，在"工程视图"对话框中选中 ☑ 66'，在绘图区可以预览要生成的视图。

（4）定义视图显示样式。在 **样式(T)** 区域选中 🔲（不显示隐藏线）单选项。

（5）定义视图比例。在 **比例** 下拉列表中选择 1：1。

（6）放置视图。将鼠标指针放在图形区视图上，按住鼠标左键移动鼠标选择合适位置松开鼠标即可。

（7）单击"工程视图"对话框中的 ▭确定▭ 按钮，完成操作。

🔘步骤 4 创建如图 8.173 所示的投影视图。

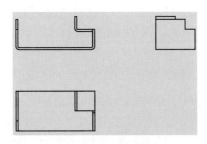

图 8.173　投影视图

（1）选择命令。选择 放置视图 功能选项卡 创建 区域中的 🔲（投影视图）命令。

（2）选择父视图。在系统 选择视图 的提示下，选取图形区的主视图作为父视图。

（3）放置视图。在主视图的右侧单击，生成左视图，在主视图的下侧单击，生成俯视图。

（4）完成操作。在图形区右击并选择 创建(C) 命令完成操作，效果如图 8.173 所示。

🔘步骤 5 创建如图 8.174 所示的等轴测视图。

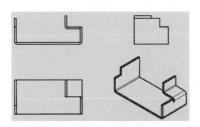

图 8.174　等轴测视图

（1）选择命令。选择 放置视图 功能选项卡 创建 区域中的 🔲（基础视图）命令。系统会弹出"工程视图"对话框。

（2）定义视图方向。在图形区将 ViewCube 方位调整至如图 8.175 所示的方位，在"工程视图"对话框中选中 ☑️👓，在绘图区可以预览要生成的视图。

图 8.175　轴测方位

（3）定义视图显示样式。在 **样式(T)** 区域选中 ⬚（不显示隐藏线）单选项。

（4）定义视图比例。在 **比例** 下拉列表中选择 1 ∶ 1。

（5）放置视图。将鼠标指针放在图形区视图上，按住鼠标左键移动鼠标选择合适位置松开鼠标即可。

（6）单击"工程视图"对话框中的 **确定** 按钮，完成操作。

◎步骤6 创建展开模式。

（1）打开钣金模型。在图纸中右击任意一个视图，选择 **打开(O)** 命令。

（2）选择命令。选择 **钣金** 功能选项卡 **展开模式** 区域中的 ⬚（创建展开模式）命令，此时效果如图 8.176 所示。

（3）转至折叠零件。选择 **展开模式** 功能选项卡 **折叠零件** 区域中的 ⬚（转至折叠零件）命令，效果如图 8.177 所示。

图 8.176 展开模式

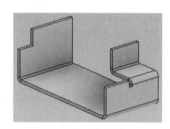

图 8.177 折叠零件

◎步骤7 创建如图 8.178 所示的展开视图。

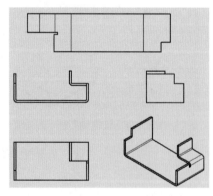

图 8.178 展开视图

（1）将窗口切换到工程图。

（2）选择命令。选择 **放置视图** 功能选项卡 **创建** 区域中的 ⬚（基本视图）命令。系统会弹出"工程视图"对话框。

（3）定义视图方向。在"工程视图"对话框 **钣金视图** 区域中选中 ◉ ⬚ **展开模式** 单选项。

（4）定义视图显示样式。在 **样式(T)** 区域选中 ⬚（不显示隐藏线）单选项。

（5）定义视图比例。在**比例**下拉列表中选择 1∶1。

（6）放置视图。将鼠标指针放在图形区视图上，按住鼠标左键移动鼠标选择合适位置松开鼠标即可。

（7）单击"工程视图"对话框中的 确定 按钮，完成操作。

◯步骤8　选择 标注 功能选项卡 尺寸 区域中的 ├─┤（尺寸）命令，创建如图 8.179 所示的尺寸标注。

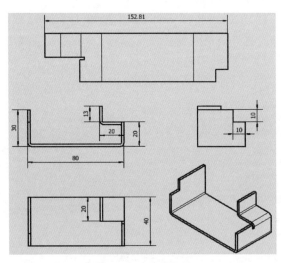

图 8.179　尺寸标注

◯步骤9　创建如图 8.180 所示的注释。

（1）选择命令。选择 标注 功能选项卡 文本 区域中的 ⌐A（指引线文本）命令。

（2）定义注释文本的位置。在系统 在某处或两角处单击 的提示下，在如图 8.181 所示的视图边线上单击确定注释文本的引线位置，再从其他合适位置单击确定注释文本的放置位置，右击并选择⇨ 继续© 命令系统会弹出"文本格式"对话框。

图 8.180　注释标注　　　　　　图 8.181　参考边线

（3）设置字体与大小。在"文本格式"对话框中将字体设置为宋体，将字高设置为 5，其他采用默认。

（4）输入注释文本。在"文本格式"对话框文本输入区域输入"2.0 厚度"

（5）单击 确定 按钮，然后按 Esc 键完成注释文本的输入。

◯步骤10　保存文件。选择"快速访问工具栏"中的"保存"命令，系统会弹出"另存为"对话框，在文件名文本框输入"钣金工程图"，单击"保存"按钮，完成保存操作。

4min

8.6 工程图打印出图

打印出图是 CAD 设计中必不可少的一个环节，在 Inventor 软件中的零件环境、装配体环境和工程图环境中都可以打印出图，本节将讲解 Inventor 工程图打印。在打印工程图时，可以打印当前图纸，也可以打印所有图纸，可以选择黑白打印，也可以选择彩色打印。

下面讲解打印工程图的操作方法。

步骤1 打开文件 D:\inventor2022\ ch08.06\ 工程图打印 .idw。

步骤2 选择命令。选择下拉菜单 文件 → 🖨 打印 命令，系统会弹出如图 8.182 所示的"打印工程图"对话框。

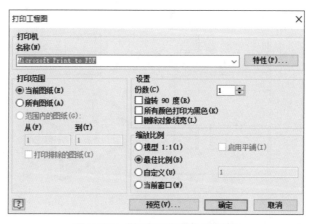

图 8.182 "打印工程图"对话框

步骤3 选择打印机。在"打印工程图"对话框的 名称(N) 下拉列表中选择合适的打印机，例如选择 Microsoft Print to PDF。

步骤4 选择打印范围。在"打印工程图"对话框 打印范围 区域选中 ◉当前图纸(E) 单选项。

步骤5 定义打印设置。在"打印工程图"对话框 设置 区域的 份数(C) 文本框输入打印的份数，取消选中 □旋转 90 度(R) 、□所有颜色打印为黑色(K) 与□删除对象线宽(L)。

步骤6 定义缩放比例。在"打印工程图"对话框 缩放比例 区域选中 ◉最佳比例(B) 单选项。

步骤7 至此，打印前的各项设置已添加完成，在"打印工程图"对话框中单击 确定 按钮，开始打印。

图 8.182 所示的"打印工程图"对话框中各选项的功能说明如下。

（1） 名称(N) 下拉菜单：用于指定打印机或绘图仪，如果要改变打印机或绘图仪，则可以在列表中选择调整。

（2） 特性(P)... 按钮：用于设定纸张大小与方向等特性信息。

（3） 打印范围 区域：用于指定要打印的图纸。

☑ ◉当前图纸(E) ：用于打印工程图中激活的图纸。

☑ ◉所有图纸(A) ：用于打印工程图中全部的图纸，对于在"编辑图纸"对话框中标记为"不予打印"的图纸，默认不予打印，用户可以选中 ☑打印排除的图纸(X) 进行打印。

☑ ◉范围内的图纸(G)：用于打印在"从"和"到"框中指定的范围内的图纸。

（4）设置 区域：用于对颜色、黑白、线宽和旋转进行设置。打印设置将在打印时应用。

☑ 份数(C) 文本框：用于设置要打印的份数，在框中输入数量。

☑ □旋转 90 度(R)：用于将纸张上的工程图方向旋转 90°。□所有颜色打印为黑色(K)：用于以黑白色打印工程图，嵌入的图像和着色视图仍以彩色打印。

☑ □删除对象线宽(L)：用于将所有线宽打印为相同宽度，而忽略工程图中的线宽设置。

（5）缩放比例 区域：用于在工程图中对指定图纸尺寸和在打印机或绘图仪指定图纸尺寸设置缩放比例。

☑ ○模型 1:1(1) 单选项：用于将图纸和纸张设定为相同比例。如果纸张小于指定的图纸尺寸，就只能打印部分图纸。也用于在多页上打印而平铺工程图。

☑ ◉最佳比例(B) 单选项：用于自动设定适合纸张大小的图纸比例。

☑ ○自定义(U) 单选项：用于设置自定义比例。在框中输入所需的比例或单击箭头从列表中选择比例。

☑ ○当前窗口(W) 单选项：用于缩放整个工程图，以适合纸张大小。

8.7　工程图设计综合应用案例

本案例是一个综合案例，不仅使用了基础视图、投影视图、全剖视图、局部剖视图等视图的创建，并且还有尺寸标注、粗糙度符号、注释、尺寸公差等。本案例创建的工程图如图 8.183 所示。

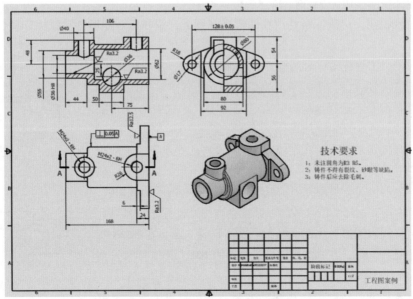

图 8.183　工程图综合应用案例

◎步骤 1 新建工程图文件。选择 快速入门 功能选项卡 启动 区域中的 ▢（新建）命令，在"新建文件"对话框中选择 Standard.idw，然后单击 创建 按钮进入工程图环境。

◎步骤 2 调整图纸大小。在浏览器中右击"图纸 1"选择 编辑图纸(E)... 命令，系统会弹出"编辑图纸"对话框，在 大小(S) 下拉列表中选择 A3 ，其他参数采用默认，单击 确定 按钮完成大小的调整。

◎步骤 3 创建如图 8.184 所示的主视图。

（1）选择命令。选择 放置视图 功能选项卡 创建 区域中的 ▦（基础视图）命令。系统会弹出"工程视图"对话框。

（2）选择零件模型。在"工程视图"对话框选择 ▣（打开现有文件）按钮。在系统弹出的"打开"对话框中找到 D:\inventor2022\ ch08.07 中的"工程图案例"文件并打开。

（3）定义视图方向。在图形区将 ViewCube 方位调整至如图 8.185 所示的方位，在"工程视图"对话框中选中 ☑ 👓 ，在绘图区可以预览要生成的视图。

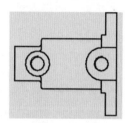

图 8.184　主视图

图 8.185　视图方位

（4）定义视图显示样式。在 样式(T) 区域选中 ▣（不显示隐藏线）单选项。

（5）定义视图比例。在 比例 下拉列表中选择 1：2。

（6）放置视图。将鼠标指针放在图形区视图上，按住鼠标左键移动鼠标选择合适位置松开鼠标即可。

（7）单击"工程视图"对话框中的 确定 按钮，完成操作。

◎步骤 4 创建如图 8.186 所示的全剖视图。

（1）选择命令。选择 放置视图 功能选项卡 创建 区域中的 ▭（剖视图）命令。

（2）选择剖切主视图。在系统 选择视图或视图草图 的提示下，选取步骤 3 创建的主视图。

（3）绘制剖切线。在系统提示下绘制如图 8.187 所示的剖切线，绘制完成后右击并选择 ➡ 继续(C) 命令，系统会弹出"剖视图"对话框。

（4）定义剖视图参数。在 视图标识符 文本框输入 A，在 剖切深度(D) 下拉列表中选择 全部 ，在 视图投影 区域选中 ⦿ 平行视图 ，其他参数采用默认。

（5）放置视图。在图纸主视图上方合适的位置单击放置全剖视图。

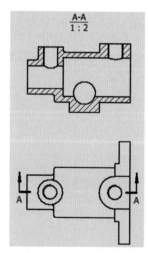

图 8.186　全剖视

○步骤5 创建如图 8.188 所示的投影视图。

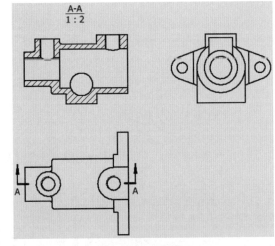

图 8.188　投影视图

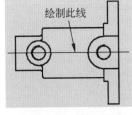

图 8.187　剖切线

（1）选择命令。选择 放置视图 功能选项卡 创建 区域中的 🔛（投影视图）命令。

（2）选择俯视图。在系统 选择视图 的提示下，选取步骤 4 创建的全剖视图作为俯视图。

（3）放置视图。在俯视图的右侧单击，生成左视图。

（4）完成操作。在图形区右击并选择 创建(C) 命令完成操作。

○步骤6 创建如图 8.189 所示的局部剖视图。

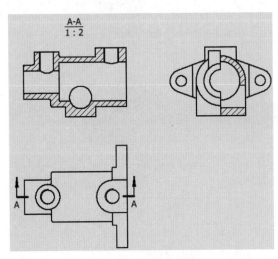

图 8.189　局部剖视图

（1）定义局部剖区域。选择 草图 功能选项卡 草图 区域中的 🔳（开始创建二维草图）命令，在系统提示下在图形区选取步骤 5 创建的视图，绘制如图 8.190 所示的矩形作为剖切范围。

（2）选择命令。选择 放置视图 功能选项卡 修改 区域中的 🔄（局部剖视图）命令。

（3）选择剖切俯视图。在系统 选择视图 的提示下，选取步骤 5 创建的视图作为剖切俯视图，系统会弹出"局部剖视图"对话框。

（4）定义剖切深度。在"局部剖视图"对话框 深度 区域的下拉列表中选择 自点 选项，然后选择如图 8.191 所示的点（象限点）作为深度参考。

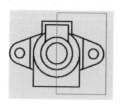

图 8.190　剖切剖区域

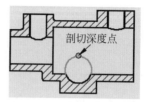

图 8.191　剖切深度参考

（5）单击 确定 按钮完成局部剖视图的创建。

◉步骤 7 创建如图 8.192 所示的等轴测视图。

（1）选择命令。选择 放置视图 功能选项卡 创建 区域中的 ▦（基础视图）命令。系统会弹出"工程视图"对话框。

（2）定义视图方向。在图形区将 ViewCube 方位调整至如图 8.193 所示的方位，在"工程视图"对话框中选中 ☑ 🔄，在绘图区可以预览要生成的视图。

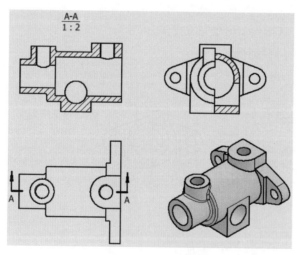

图 8.192　等轴测视图

图 8.193　轴测方位

（3）定义视图显示样式。在 样式(T) 区域选中 🔲（不显示隐藏线）与 🔳（着色）。

（4）定义视图比例。在 比例 下拉列表中选择 1：2。

（5）放置视图。将鼠标指针放在图形区视图上，按住鼠标左键移动鼠标选择合适位置松开鼠标即可。

（6）单击"工程视图"对话框中的 确定 按钮，完成操作。

◉步骤 8 标注如图 8.194 所示的中心线。

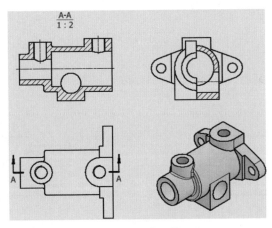

图 8.194　中心线

（1）选择命令。选择 标注 功能选项卡 符号 区域中的 ✐（对分中心线）命令。

（2）在系统提示下，依次选取如图 8.195 所示的直线 1 与直线 2 参考，效果如图 8.196 所示（中心线的长短可以通过选中中心线进行调整）。

（3）参考（1）与（2）完成其他中心线的创建。

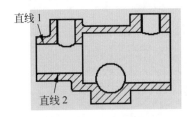

图 8.195　中心线参考

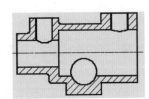

图 8.196　中心线

◯步骤 9 标注如图 8.197 所示的中心符号线。

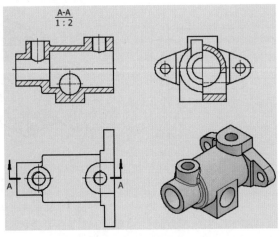

图 8.197　中心符号线（1）

（1）选择命令。选择 标注 功能选项卡 符号 区域中的 + （中心标记）命令。

（2）在系统提示下，选取如图 8.198 所示的圆参考，效果如图 8.199 所示（中心符号线的长短可以通过选中中心符号线进行调整）。

（3）参考（2）完成其他中心的创建。

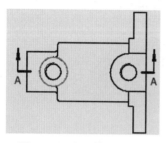

图 8.198 中心符号线参考

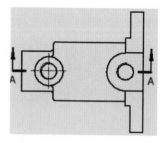

图 8.199 中心符号线（2）

○步骤 10 标注如图 8.200 所示的尺寸。

选择 标注 功能选项卡 尺寸 区域中的 ⊢⊣（尺寸）命令，通过选取各个不同对象标注如图 8.200 所示的尺寸。

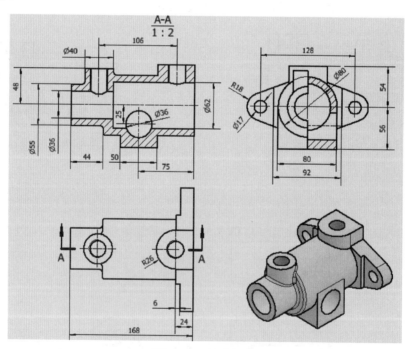

图 8.200 尺寸标注

○步骤 11 标注如图 8.201 所示的公差尺寸。

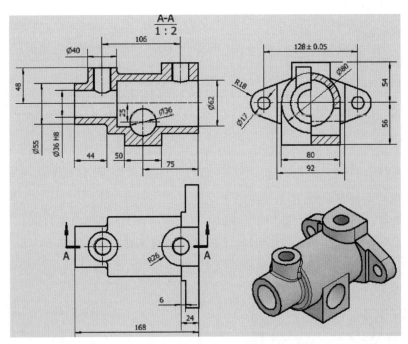

图 8.201　公差尺寸标注

（1）双击如图 8.202 所示的尺寸"128"，系统会弹出"编辑尺寸"对话框。在"编辑尺寸"对话框选中 **精度和公差** 选项卡，在 **公差方式** 区域选中"对称"类型，在 **上偏差(U)** 文本框输入 0.05，单击 [确定] 按钮，完成公差的添加，如图 8.203 所示。

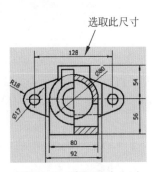

图 8.202　选取尺寸（1）

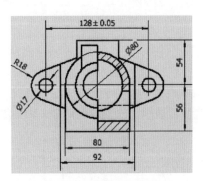

图 8.203　公差尺寸（1）

（2）选取要添加公差的尺寸。双击如图 8.204 所示的尺寸"φ36"，系统会弹出"编辑尺寸"对话框。在"编辑尺寸"对话框选中 **精度和公差** 选项卡，在 **公差方式** 区域选中"公差配合 - 线性"类型，在 **孔(H)** 下拉列表中选择"H8"，在 **轴(S)** 下拉列表中选择"不适用"，单击 [确定] 按钮，完成公差的添加，如图 8.205 所示。

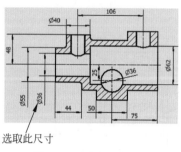

图 8.204　选取尺寸（2）

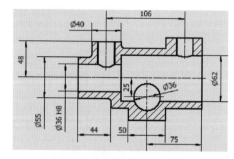

图 8.205　公差尺寸（2）

◎步骤12 标注如图 8.206 所示的孔尺寸。

（1）选择命令。选择 标注 功能选项卡 特征注释 区域中的 ⓔ（孔和螺纹）命令。

（2）选取如图 8.207 所示的圆形边线，然后在合适位置放置生成孔标注。

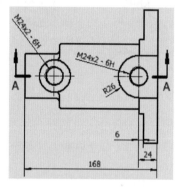

图 8.206　标注孔尺寸

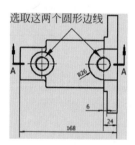

图 8.207　选取参考对象

◎步骤13 标注如图 8.208 所示的基准特征符号。

（1）选择命令。单击 标注 功能选项卡 符号 区域中的 ▾ 按钮，选择 Ⓐ（基准特征符号）命令。

（2）放置基准特征符号。在系统 在一个位置上单击 的提示下，选取如图 8.209 所示的边线，在下方合适位置单击放置基准符号，系统会弹出"文本格式"对话框，确认输入的基准符号为 A。

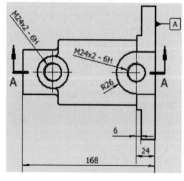

图 8.208　基准标注

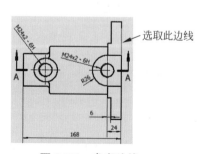

图 8.209　参考边线

（3）单击 确定 按钮，然后按 Esc 键完成基准符号的标注。

步骤14 标注如图 8.210 所示的形位公差。

（1）选择命令。单击 标注 功能选项卡 符号 区域中的 ⊽ 按钮，选择 ⊕1（形位公差符号）命令。

（2）放置形位公差符号。在系统 在一个位置上单击 的提示下，选取如图 8.211 所示的边线，在右上方合适位置单击放置形位公差符号，右击并选择 ⇨ 继续(C)命令，系统会弹出"形位公差符号"对话框。

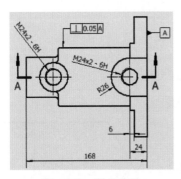

图 8.210　形位公差

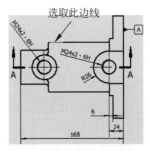

图 8.211　选取放置参考

（3）定义形位公差。在"形位公差符号"对话框中单击 符号 区域的"项目特征符号"按钮 ⊕，在弹出的特征符号列表中选择 ⊥ 按钮，在 公差 文本框中输入公差值 0.06，在 基准 文本框中输入基准符号 A。

（4）单击 确定 按钮，然后按 Esc 键完成形位公差的标注。

步骤15 标注如图 8.212 所示的表面粗糙度符号。

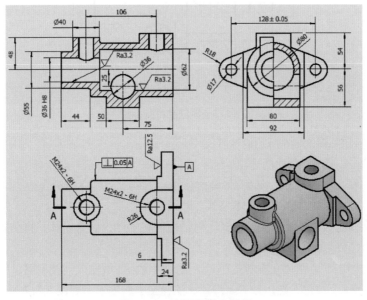

图 8.212　表面粗糙度符号

（1）单击 标注 功能选项卡 符号 区域中的 ▾ 按钮，选择 √（粗糙度符号）命令。在系统 在一个位置上单击 的提示下，选取如图 8.213 所示的边线，右击并选择 ⇨ 继续(C) 命令，系统会弹出"表面粗糙度符号"对话框，在"表面粗糙度"对话框设置如图 8.214 所示的参数，单击 确定 按钮，然后按 Esc 键完成表面粗糙度符号的标注，完成后如图 8.215 所示。

（2）参考（1）完成其他粗糙度符号的标注。

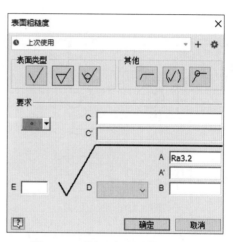

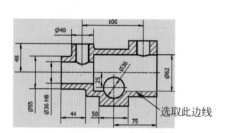

图 8.213 选取放置参考   图 8.214 "表面粗糙度"对话框

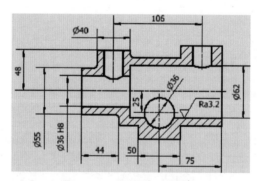

图 8.215 粗糙度符号标注

◯步骤16 标注如图 8.216 所示的注释文本。

（1）选择命令。选择 标注 功能选项卡 文本 区域中的 A（文本）命令。

（2）定义注释文本的位置。在系统 在某处或两角处单击 的提示下，在图纸合适的位置单击确定注释文本的放置位置，系统会弹出"文本格式"对话框。

（3）设置字体与大小。在"文本格式"对话框中将字体设置为宋体，将字高设置为 7，其他采用默认。

（4）输入注释文本。在"文本格式"对话框文本输入区域输入"技术要求"。

（5）单击 确定 按钮，然后按 Esc 键完成注释文本的输入，如图 8.217 所示。

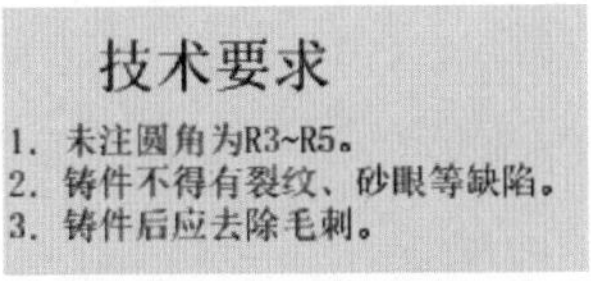

技术要求

1. 未注圆角为R3~R5。
2. 铸件不得有裂纹、砂眼等缺陷。
3. 铸件后应去除毛刺。

图 8.216　注释文本

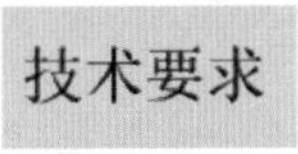

技术要求

图 8.217　技术要求

（6）选择命令。选择 标注 功能选项卡 文本 区域中的 **A**（文本）命令。

（7）定义注释文本的位置。在系统 在某处或两角处单击 的提示下，在图纸合适的位置单击确定注释文本的放置位置，系统会弹出"文本格式"对话框。

（8）设置字体与大小。在"文本格式"对话框中将字体设置为宋体，将字高设置为 4，其他采用默认。

（9）输入注释文本。在"文本格式"对话框文本输入区域输入"1. 未注圆角为 R3 ～ R5。2. 铸件不得有裂纹、砂眼等缺陷。3. 铸件后应去除毛刺。"

（10）单击 确定 按钮，然后按 Esc 键完成注释文本的输入，如图 8.216 所示。

○步骤17 保存文件。选择"快速访问工具栏"中的"保存"命令，系统会弹出"另存为"对话框，在文件名文本框输入"工程图案例"，单击"保存"按钮，完成保存操作。

图 书 推 荐

书　名	作　者
HarmonyOS 应用开发实战（JavaScript 版）	徐礼文
鸿蒙操作系统开发入门经典	徐礼文
鸿蒙应用程序开发	董昱
鸿蒙操作系统应用开发实践	陈美汝、郑森文、武延军、吴敬征
HarmonyOS 移动应用开发	刘安战、余雨萍、李勇军 等
HarmonyOS App 开发从 0 到 1	张诏添、李凯杰
HarmonyOS 从入门到精通 40 例	戈帅
JavaScript 基础语法详解	张旭乾
华为方舟编译器之美——基于开源代码的架构分析与实现	史宁宁
Android Runtime 源码解析	史宁宁
鲲鹏架构入门与实战	张磊
鲲鹏开发套件应用快速入门	张磊
华为 HCIA 路由与交换技术实战	江礼教
深度探索 Go 语言——对象模型与 runtime 的原理、特性及应用	封幼林
深度探索 Flutter——企业应用开发实战	赵龙
Flutter 组件精讲与实战	赵龙
Flutter 组件详解与实战	[加] 王浩然（Bradley Wang）
Flutter 跨平台移动开发实战	董运成
Dart 语言实战——基于 Flutter 框架的程序开发（第 2 版）	亢少军
Dart 语言实战——基于 Angular 框架的 Web 开发	刘仕文
IntelliJ IDEA 软件开发与应用	乔国辉
Vue+Spring Boot 前后端分离开发实战	贾志杰
Vue.js 企业开发实战	千锋教育高教产品研发部
Python 从入门到全栈开发	钱超
Python 全栈开发——基础入门	夏正东
Python 全栈开发——高阶编程	夏正东
Python 游戏编程项目开发实战	李志远
Python 人工智能——原理、实践及应用	杨博雄主编，于营、肖衡、潘玉霞、高华玲、梁志勇副主编
Python 深度学习	王志立
Python 预测分析与机器学习	王沁晨
Python 异步编程实战——基于 AIO 的全栈开发技术	陈少佳
Python 数据分析实战——从 Excel 轻松入门 Pandas	曾贤志
Python 数据分析从 0 到 1	邓立文、俞心宇、牛瑶
Python Web 数据分析可视化——基于 Django 框架的开发实战	韩伟、赵盼
Python 玩转数学问题——轻松学习 NumPy、SciPy 和 Matplotlib	张骞
Pandas 通关实战	黄福星
深入浅出 Power Query M 语言	黄福星

书　名	作　者
云原生开发实践	高尚衡
虚拟化 KVM 极速入门	陈涛
虚拟化 KVM 进阶实践	陈涛
边缘计算	方娟、陆帅冰
物联网——嵌入式开发实战	连志安
动手学推荐系统——基于 PyTorch 的算法实现（微课视频版）	於方仁
人工智能算法——原理、技巧及应用	韩龙、张娜、汝洪芳
跟我一起学机器学习	王成、黄晓辉
TensorFlow 计算机视觉原理与实战	欧阳鹏程、任浩然
分布式机器学习实战	陈敬雷
计算机视觉——基于 OpenCV 与 TensorFlow 的深度学习方法	余海林、翟中华
深度学习——理论、方法与 PyTorch 实践	翟中华、孟翔宇
深度学习原理与 PyTorch 实战	张伟振
AR Foundation 增强现实开发实战（ARCore 版）	汪祥春
ARKit 原生开发入门精粹——RealityKit + Swift + SwiftUI	汪祥春
HoloLens 2 开发入门精要——基于 Unity 和 MRTK	汪祥春
Altium Designer 20 PCB 设计实战（视频微课版）	白军杰
Cadence 高速 PCB 设计——基于手机高阶板的案例分析与实现	李卫国、张彬、林超文
Octave 程序设计	于红博
ANSYS 19.0 实例详解	李大勇、周宝
AutoCAD 2022 快速入门、进阶与精通	邵为龙
SolidWorks 2020 快速入门与深入实战	邵为龙
SolidWorks 2021 快速入门与深入实战	邵为龙
UG NX 1926 快速入门与深入实战	邵为龙
西门子 S7-200 SMART PLC 编程及应用（视频微课版）	徐宁、赵丽君
三菱 FX3U PLC 编程及应用（视频微课版）	吴文灵
全栈 UI 自动化测试实战	胡胜强、单镜石、李睿
FFmpeg 入门详解——音视频原理及应用	梅会东
pytest 框架与自动化测试应用	房荔枝、梁丽丽
软件测试与面试通识	于晶、张丹
智慧教育技术与应用	［澳］朱佳（Jia Zhu）
敏捷测试从零开始	陈霁、王富、武夏
智慧建造——物联网在建筑设计与管理中的实践	［美］周晨光（Timothy Chou）著；段晨东、柯吉译
深入理解微电子电路设计——电子元器件原理及应用（原书第 5 版）	［美］理查德·C. 耶格（Richard C. Jaeger）、［美］特拉维斯·N. 布莱洛克（Travis N. Blalock）著；宋廷强译
深入理解微电子电路设计——数字电子技术及应用（原书第 5 版）	［美］理查德·C. 耶格（Richard C.Jaeger）、［美］特拉维斯·N. 布莱洛克（Travis N.Blalock）著；宋廷强译
深入理解微电子电路设计——模拟电子技术及应用（原书第 5 版）	［美］理查德·C. 耶格（Richard C.Jaeger）、［美］特拉维斯·N. 布莱洛克（Travis N.Blalock）著；宋廷强译